工业和信息化部“十四五”规划教材
航空航天领域智能制造丛书

机器人技术基础与应用

主　编　陈　柏　吴青聪
副主编　刘　凯　鞠　锋　王禹林　杨小龙　李　耀
主　审　吴洪涛

科 学 出 版 社
北　京

内 容 简 介

本书面向航空航天、智能制造、国防军事、医疗康复等国家重大战略与学科前沿发展的迫切应用需求，立足“两化融合”特色，详细介绍机器人技术的基本原理及其典型应用。

本书以读者为中心，注重教材新形态立体化建设，注重融入思政元素，注重产教融合，增强教材的可读性和实用性。本书分为 6 章，主要内容涉及机器人的概念、发展历史、组成、分类、主要技术参数；机器人运动描述的数学基础、正运动学、逆运动学、雅可比矩阵、轨迹规划、动力学；并联机器人运动学、奇异性、工作空间、动力学；机器人感知系统、驱动系统；机器人控制方法、控制装置；机器人在航空航天、军事、工业、医疗康复、服务、教育等领域的应用。

本书采用现代信息技术，运用书中二维码关联视频资源，帮助读者理解和拓展相关知识内容。

本书可作为普通高等教育机器人工程、智能制造等相关专业的本科教材，也可供相关专业研究生参考学习，还可作为相关领域科研和技术人员的参考书。

图书在版编目(CIP)数据

机器人技术基础与应用/陈柏，吴青聪主编. —北京：科学出版社，2022.8
（航空航天领域智能制造丛书）
工业和信息化部“十四五”规划教材
ISBN 978-7-03-073054-1

Ⅰ. ①机… Ⅱ. ①陈… ②吴… Ⅲ. ①机器人技术-高等学校-教材 Ⅳ. ①TP24

中国版本图书馆 CIP 数据核字(2022)第 161549 号

责任编辑：邓 静 / 责任校对：王 瑞
责任印制：张 伟 / 封面设计：迷底书装

科 学 出 版 社 出版
北京东黄城根北街 16 号
邮政编码：100717
http://www.sciencep.com
涿州市般润文化传播有限公司 印刷
科学出版社发行 各地新华书店经销
*
2022 年 8 月第 一 版 开本：787×1092 1/16
2023 年 1 月第二次印刷 印张：12 1/4
字数：300 000

定价：59.00 元

（如有印装质量问题，我社负责调换）

航空航天领域智能制造丛书
编委会

丛书序

当今世界百年未有之大变局加速演进，国际环境错综复杂，全球产业链与供应链面临系统重塑。制造业是实体经济的重要基础，我国正在坚定不移地建设制造强国。2020 年 6 月，习近平总书记主持召开中央全面深化改革委员会第十四次会议，会议强调加快推进新一代信息技术和制造业融合发展，要顺应新一轮科技革命和产业变革趋势，以供给侧结构性改革为主线，以智能制造为主攻方向，加快工业互联网创新发展，加快制造业生产方式和企业形态根本性变革，夯实融合发展的基础支撑，健全法律法规，提升制造业数字化、网络化、智能化发展水平。

智能制造是实现我国制造业由大变强的核心技术和主线，发展高质量制造更需要优先推进制造业数字化、网络化、智能化制造。智能制造就是将数字化设计、制造工艺、数字化装备等制造技术、软件、管理技术、智能及信息技术等集成创新与融合发展。智能产品与智能装备具有信息感知、优化决策、执行控制等功能，能更高效、优质、清洁、安全地制造产品、服务用户。数字制造、智能制造、工业互联网变革制造业发展模式，代表制造业的未来。变革制造模式，推动生产资料与生产工具协同，实现网络化制造；变革管理模式，推动异地管理与远程服务融合，实现数字化管理；变革生产方式，推动数字世界与机器世界融合，实现智能化生产。通过发展智能制造，人、机、物全面互联互通，数据驱动，高度智能，从订单管理到设计、生产、销售、原辅材料采购与服务，可实现产品全流程、全生命周期的数字化、智能化、网络化。不仅可以用数字化智能化技术与装备促进传统制造业转型升级，而且可以用数字化智能化技术促进产业基础高级化、产业链现代化。涌现出离散型智能制造、流程型智能制造、网络协同制造、大规模个性化定制、远程运维服务等制造业新模式新业态。更好适应差异化更大的定制化服务、更小的生产批量和不可预知的供应链变更，应对制造复杂系统的不确定性，实现数据驱动从规模化生产到定制化生产，推动更高质量、更高效率、更高价值的制造。

要发展智能制造，就需要加大智能制造相关理论方法、工艺技术与系统装备创新研发，就需要加快培养智能制造领域高水平人才。智能制造工程技术人员主要来自于机械、计算机、仪器仪表、电子信息、自动化等专业领域从业人员，未来需要大量从事智能制造的专门人才。航空航天是关系国家安全和战略发展的高技术产业，是知识密集型、技术密集型、综合性强、多学科集成的产业，也是引领国家技术创新的主战场。与一般机械制造相比，航空航天装备服役环境特殊，产品结构和工艺过程复杂，配套零件种类、数量众多，生产制造过程协同关系繁杂，同时质量控制严格和可靠性要求高，普遍具有多品种变批量特点，这些都为航空航天实现智能制造带来了诸多挑战。为更好实现航空航天领域的数字化智能化发展，推动我国航空航天领域智能制造理论体系建设和人才培养，我们以南京航空航天大学在航空航天制造领域的数字化智能化科研创新成果及特色优势为基础，依托工业和信息化部“十四五”规划航空航天领域智能制造教材建设重点研究基地，从智能制造基本内涵和基本范式出发，面向航空航天领域的重大工程需求，规划编纂了航空航天领域智能制造系列教材，包括智能设计、智能成形、智能加工、智能装配、智能检测、智能系统、应用实践等。这套丛书汇聚了长期活跃在航空航天领域教学科研一线的专家学者，在翔实的研究实践基础上凝练出切实可行的理论方法、典型案例，具有较强的原创性、学术前瞻性与工程实践性。本套丛书主要面向航空航天领域智能制造相关专业的本科生和研究生，亦可作为从事智能制造领域的工程技术人员的参考书目。由衷希望广大读者多提宝贵意见和建议，以便不断完善丛书内容。

航空航天智能制造发展对高水平创新人才提出新需求，衷心希望这套丛书能够更好地赋能教育教学、科研创新和工程实践，更好地赋能高水平人才培养和高水平科技自立自强。让我们携起手来，努力为科技强国、人才强国、制造强国、网络强国建设贡献更多的智慧和力量。

最后，谨向为这套丛书的出版给予关心支持、指导帮助与付出辛勤劳动的各位领导、专家学者表示衷心的感谢。

单忠德

中国工程院院士

2022 年 6 月

前　　言

机器人技术是20世纪人类伟大的发明之一。随着计算机技术、通信技术、传感器技术、控制技术、微电子技术、材料技术等的迅速发展和社会的进步，现代机器人不仅广泛应用于工业生产和制造业，而且在航空航天、军事国防、海洋探测、医疗康复、家庭服务、抢险救灾以及教育娱乐等领域都得到了大量的应用。各种各样的机器人不但已经成为现代高科技的应用载体，自身也迅速发展为一个相对独立的研究领域与交叉技术，形成了特有的理论研究和学术发展方向。

本书编写的宗旨是适应机器人技术在航空航天、智能制造、国防军事、医疗康复等领域的发展要求，满足制造强国和网络强国的“两个强国”建设对新工科人才培养模式与培养目标的需求。在内容编排方面，基于航空航天背景，科学统筹知识面、知识点和侧重点，系统体现基础知识、核心技术和前沿成果，力求全面准确地反映出在广度上应用普遍、在深度上行业先进的机器人技术理论与应用知识。在编写细节方面，树立“以读者为中心”的原则，注重教材编写的主线性与内容编排的可读性；注重教材新形态立体化建设，在教材中植入二维码，关联动画、视频、微课等数字资源，拓展了教材的内容维度；注重融入课程思政元素，侧重选择具有启发性、参与性与中国特色的航空航天、国防、智能制造特色素材，激发读者的学习兴趣、爱国情怀与航空报国志；同时注重产教融合，将来自产业一线的典型工程应用实例纳入教材体系，增强教材的可读性和实用性。

本书共分为 6 章，涉及机器人的发展概况、组成分类、运动学、动力学、并联机器人、传感驱动、控制技术、典型应用等多方面的原理及研究成果，章后均设置有习题，帮助学生巩固章节学习内容。第 1 章主要概述机器人的基本概念、发展历史、组成、分类、主要技术参数；第 2 章主要讲述串联机器人的正运动学建模方法与实例、逆运动学建模方法与实例、机器人雅可比矩阵推导方法、机器人轨迹规划、机器人牛顿-欧拉动力学与第二类拉格朗日动力学建模方法与实例等；第 3 章主要讲述并联机器人的运动学、奇异性、工作空间、动力学，并以 6-U<u>P</u>S 机构为例展开实例分析；第 4 章主要讲述机器人的感知系统和驱动系统；第 5 章主要讲述机器人的控制方法与控制装置，并以 6-U<u>P</u>S 并联机器人系统为例进行实例分析；第 6 章主要讲述机器人在航空航天领域、军事领域、工业领域、医疗康复领域、服务领域、教育领域的应用实例与研究重点。

本书是工业和信息化部“十四五”规划教材。本书由陈柏、吴青聪担任主编，刘凯、鞠锋、王禹林、杨小龙、李耀担任副主编，吴洪涛担任主审。其中，第 1 章主要由吴青聪编写，第 2 章主要由陈柏编写，第 3 章主要由杨小龙、李耀编写，第 4 章主要由鞠锋编写，第 5 章主要由刘凯编写，第 6 章主要由吴青聪、王禹林编写。全书由陈柏、吴青聪统稿和定稿。此外，朱杨辉、王灵禺、丁亚东、康升征、吴阳、杨璐、廖梓宇、郭昊、张祖国、常天佐、许悦、陈志贤、赵子越、张烨虹、赖纪超、汪祥、周亮、邵子宴、陈喜、徐大文、李想、潘亮、方海东、张家辉、胡松佩、车权齐、秦棕江等参与了本书部分内容的撰写、绘图、编排与校审工作。

在本书编写过程中，参考了国内外学者的大量论著和资料，限于篇幅，不能在书中详尽列出，谨在此对其作者表示衷心的谢意。

由于机器人技术一直处于高速发展中，编者水平有限，难以全面完整地对当前的研究前沿和研究热点问题一一进行探讨。书中难免存在不足和疏漏之处，敬请广大读者给予批评指正。

编　者

2022 年 1 月

目　录

第1章 绪　论

1.1 概　述

机器人是融合了机械电子、自动化、信息科学、人工智能、材料科学、仿生学等领域交叉研究成果的高新技术，已经被广泛应用于国民经济的诸多方面。国际上有舆论认为，机器人是“制造业皇冠顶端的明珠”，其研发、制造、应用是衡量一个国家科技创新和高端制造业水平的重要标志。国务院在2015年印发的《中国制造2025》战略文件中，将机器人领域列为十大重点领域之一，明确了机器人技术在推进制造强国战略过程中的重要支点作用。本章重点介绍机器人的发展历史、组成、分类、常见图形符号、主要技术参数等内容。

1.2 机器人的概念

机器人是一种能够自动执行任务的机器装置。它既可以接受人类指挥，又可以运行预先编写的程序，也可以根据人工智能技术制定的原则纲领来自主执行任务。机器人的任务是协助或代替人类进行工作，例如，机器人可以在工业制造业、医疗服务业或危险行业等场合工作。作为人类在20世纪最伟大的发明之一，机器人技术经过几十年的发展已经取得了显著的成果，并成为先进制造业的关键支撑装备，也是改善人类生活方式的重要切入点。机器人一词起源于科幻小说，然而机器人的完整定义却具有模糊性，并且随着机器人技术及其应用领域的快速发展而不断被修正和补充。

1886年，法国作家维里耶德利尔·亚当(Auguste Villiers de L'isle-Adam)在他的科幻小说《未来的夏娃》(*L'Eve Future*)中，将外表像人的机器起名为“安德罗丁”(Android)，这些人形机器由四部分组成：

(1)生命系统(平衡、步行、发声、身体摆动、感觉、表情、调节运动等)；

(2)造型解质(关节能自由运动的金属覆盖体，一种盔甲)；

(3)人造肌肉(在上述盔甲上有肉体、静脉、性别等身体的各种形态)；

(4)人造皮肤(含有肤色、机理、轮廓、头发、视觉、牙齿、手爪等)。

“机器人(robot)”一词最早出现于捷克剧作家卡雷尔·恰佩克(Karel Capek)于1920年发表的科幻戏剧《罗素姆的万能机器人》(*Rossums's Universal Robots*)中，其中“Robot”一词是由捷克语“Robota”衍生而来的，原意为“奴隶、劳役、苦工”。

1. 机器人三原则

为了防止机器人伤害人类，美国科幻作家艾萨克·阿西莫夫(Isaac Asimov)于1950年在小说《我是机器人》(*I，Robot*)中提出了著名的“机器人三原则”。这三条原则如下。

(1) 机器人不得伤害人或由于故障而使人遭受不幸。

(2) 机器人必须服从于人的指令，除非这些指令与第一原则相矛盾。

(3) 机器人必须能保护自己生存，只要这种保护行为不与第一或第二原则相矛盾。

这些原则给机器人社会赋予了伦理性纲领，并使机器人概念通俗化，也成为研究者和设计制造厂商开发机器人的基本准则。

2. 机器人的定义

目前，国际上比较认可的机器人定义有以下几种。

(1) 美国机器人工业协会的定义：机器人是"一种通过可编程的动作来执行各种任务的具有编程能力的多功能操作机，可以用于搬运各种材料、零件、工具或专用装置"。这个定义已被国际标准化组织采纳。

(2) 日本工业机器人协会的定义：工业机器人是"一种能够执行与人体上肢类似动作的多功能机器人"，智能机器人是"一种具有感知和识别能力，并控制自身行为的机器"。

(3) 国际标准化组织的定义：机器人的动作机构具有类似于人或其他生物体某些器官(肢体、感官等)的功能；机器人具有通用性，工作种类多样，动作程序灵活易变；机器人具有不同程度的智能性，如记忆、感知、推理、决策、学习等；机器人具有独立性，完整的机器人系统在工作中可以不依赖于人的干预。

(4) 中国国家标准 GB/T 12643—2013 对工业机器人的定义：工业机器人是"自动控制的、可重复编程、多用途的操作机，可对三个或三个以上轴进行编程，它可以是固定式或移动式，在工业自动化中使用"。

1.3 机器人的发展历史

1.3.1 古代机器人的发展

早在三千多年前，人类对机器人的构思就已经萌芽。据《列子·汤问篇》记载，我国西周时期流传着偃师造人的典故。能工巧匠偃师为周穆王设计了一种能歌善舞的人形机械——伶人(木甲艺伶)，其举手投足如同真人一般，是我国最早记录的机器人。据《墨经》记载，我国春秋时期的著名木匠鲁班利用竹子和木料制造出了一只机械鸟，能在空中飞行"三日不下"。据《三国志·诸葛亮传》记载，蜀国丞相诸葛亮发明了能输送军粮的"木牛流马"，其载重量约为两百公斤①，每日行程为"特行者数十里，群行者二十里"。

公元前 2 世纪，古希腊人发明了以水、空气和蒸汽压力为动力的人形机器人——"自动机"，可以完成开门和唱歌等动作。1662 年，日本科学家竹田近江发明了基于钟表技术的自动机器玩偶，并成功在大阪的道顿堀展出。1738 年，法国科学家杰克·戴·瓦克逊为了实现生物功能的机械化，发明了一种具备游泳、鸣响、喝水、进食和排泄功能的机器鸭。1773 年，瑞士钟表匠杰克·道罗斯和他的儿子利·路易·道罗斯利用齿轮和发条原理发明了人形自动书写玩偶、自动绘图玩偶和自动演奏玩偶，目前保存在瑞士纳沙泰尔市(Neuchatel)艺术和历史博物馆

① 1 公斤=1 千克。

内。1893 年，加拿大科学家摩尔发明了人形“蒸汽人”，其采用蒸汽为动力实现了沿圆周方向的双足行走运动。1927 年，美国工程师温兹利发明了机器人“电报箱”，可以实现无线电报的发送、接收以及回答问题等功能。1928 年，英国发明家理查兹设计了基于内置马达驱动的人形机器人——“埃里克·罗伯特”(Eric Robot)，该机器人可以完成手部和头部的运动，并且可以通过声频进行远程控制。

1.3.2 现代机器人的发展

1. 国外机器人的发展

20 世纪中叶，随着电子计算机技术和自动控制理论等科学技术的发展，现代机器人的研究得到了越来越多的关注。1948 年，美国阿贡国家实验室发明了第一代遥操作机械手，可以辅助原子能工作者对放射性材料进行远程操作，避免放射线对人体的辐射伤害。1954 年，美国发明家乔治·德沃尔研制出了世界上第一台可编程机器人，并申请了专利保护。该机器人采用伺服技术控制关节运动，并且能实现示教和再现的控制模式。1959 年，乔治·德沃尔和被誉为“工业机器人之父”的约瑟夫·恩格尔伯格联合研制了第一台真正意义上的四自由度工业机器人，并创办了世界上第一家机器人公司——Unimation，开创了机器人发展的新纪元。1965 年，麻省理工学院的罗伯特斯教授研制出了能通过视觉传感器实现简单物体识别与定位的机器人系统。

20 世纪 70 年代，工业机器人开始进入工业生产的实用化阶段，并在汽车、电子等行业中得到应用，进一步推动了机器人产业的发展与普及。1972 年，意大利菲亚特汽车公司(FIAT)和日本日产汽车公司(NISSAN)装备了基于点焊机器人的汽车生产线，提高了生产质量与效率。1973 年，德国库卡公司(KUKA)研发出了世界上第一台采用电机驱动的六轴工业机器人。1979 年，美国 Unimation 公司推出了通用六轴工业机器人——PUMA，采用多 CPU 协同控制，可配置位置传感器、视觉传感器和力觉传感器，并成功应用于汽车装配生产线，这标志着工业机器人技术已经趋于成熟。

进入 20 世纪 80 年代以后，随着传感技术、信息处理技术以及人工智能的发展，具有感觉、思考、决策和作业能力的智能机器人开始得到发展，并赋予了机器人技术在工业制造、医疗康复、航空航天、水下探测、社会服务、极限作业、军事国防等诸多领域更宽广的应用空间。1984 年，美国艾德普科技公司(Adept Technology)开发出第一台直驱式选择顺应性装配机械臂——SCARA，其采用电力马达直接连接机械臂的方式，省去了齿轮、链条等传动机构，提高了响应速度和控制精度。1989 年，麻省理工学院人工智能实验室研制出六足爬行机器人——“成吉思汗”(Genghis)，如图 1-1 所示，其集成了 12 个伺服驱动电机和 22 个传感器，主要用于在地外行星表面的复杂地形上执行探测任务。1996 年，美国国家航空航天局(NASA)将火星漫游机器人 Sojourner 送入太空，如图 1-2 所示。Sojourner 成功在火星表面着陆，搜索了 2691 平方英尺①的土地，并拍摄了 550 张照片。1998 年，美国直觉外科手术公司(Intuitive Surgical)推出了微创手术机器人——“达·芬奇”(Da Vinci)，如图 1-3 所示，通过使用微创的方法实施复杂的外科手术，并获得了美国食品药品监督管理局的使用批准。2000 年，日本本田公司研发出了全球最早具备人类双足行走能力的类人形机器人——“阿西莫”(ASIMO)，如图 1-4 所示，可以完成各种人类肢体动作，并可以识别物体、解释手势、辨别声音。2005 年，

① 1 平方英尺=9.290304×10^{-2}平方米。

波士顿动力公司(Boston Dynamics)在美国国防部高级研究计划局的资助下研制出了具有强大机动能力的四足仿生机器人——“大狗”(BigDog)，可以用于为部队搬运物资，如图 1-5 所示。2013 年，波士顿动力公司研发出了人形机器人——“阿特拉斯”(Atlas)，并随后推出了若干升级版本，如图 1-6 所示。Atlas 采用锂电池供电和液压驱动，可以完成跑步、跳跃、后空翻、搬运物品等任务。美国哈佛大学 Wyss 研究所研发出了可穿戴的软质外骨骼服——Exosuit，能降低穿戴者在行走和跑步过程中的代谢消耗，研究成果登上了著名学术期刊 *Science* 2019 年的封面。

图 1-1 “成吉思汗”爬行机器人

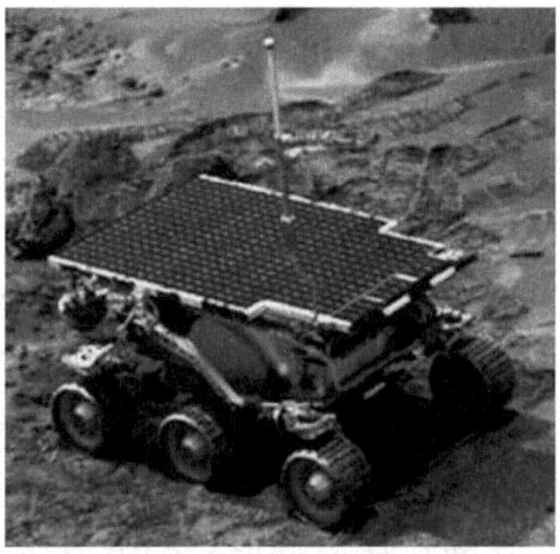

图 1-2 Sojourner 火星漫游机器人

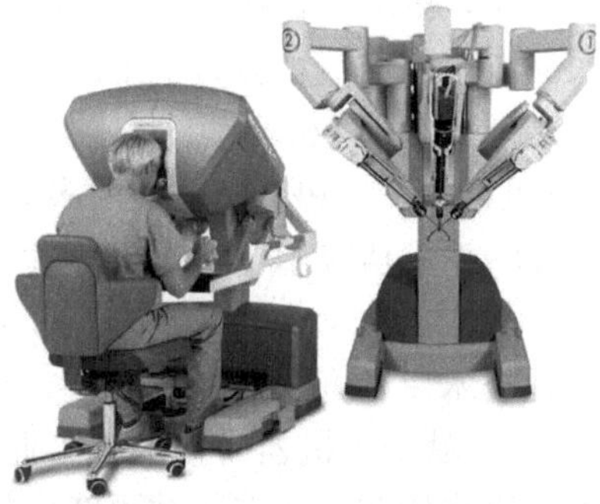

图 1-3 “达·芬奇”手术机器人

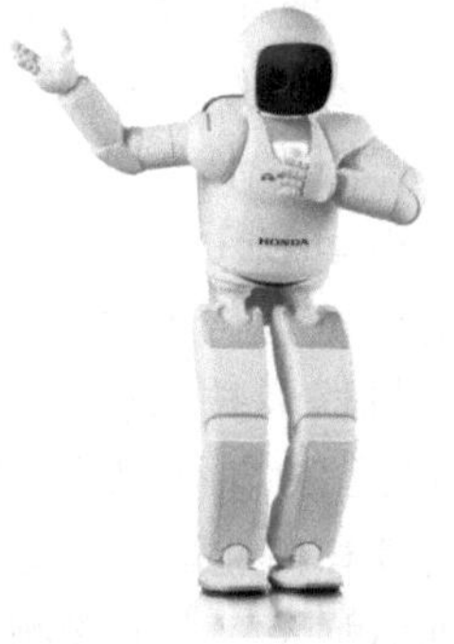

图 1-4 “阿西莫”类人形机器人

图 1-5 “大狗”四足仿生机器人

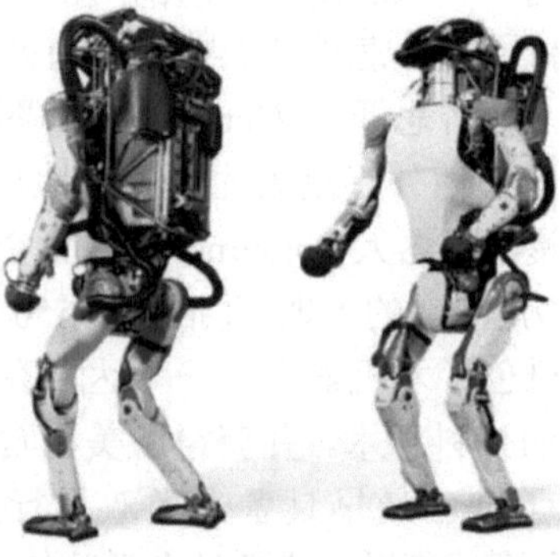

图 1-6 “阿特拉斯”人形机器人

2. 我国机器人的发展

我国现代机器人学的研究起步较晚，开始于20世纪70年代，大致可以分为四个阶段：70年代的萌芽期、80年代的开发期、90年代的实用化期，以及21世纪以来的产业化期。

1972年，在被誉为“中国机器人之父”的蒋新松院士的领导下，中国科学院沈阳自动化研究所率先开始了我国的机器人研究。随后，北京、哈尔滨、广州、上海、南京等地方的十几所高校和科研院所开始围绕机器人学、控制理论以及机器人关键部件等方向开展研究，并取得了可喜的成果。1982年，我国第一台微机控制示教再现型工业机器人JSS35在广州机床研究所研制成功，并应用于汽车焊接生产线，如图1-7所示。1985年，中国科学院沈阳自动化研究所研制出我国第一台有缆水下机器人——“海人一号”，并在辽宁旅顺港成功首航，完成了海上实验，如图1-8所示。

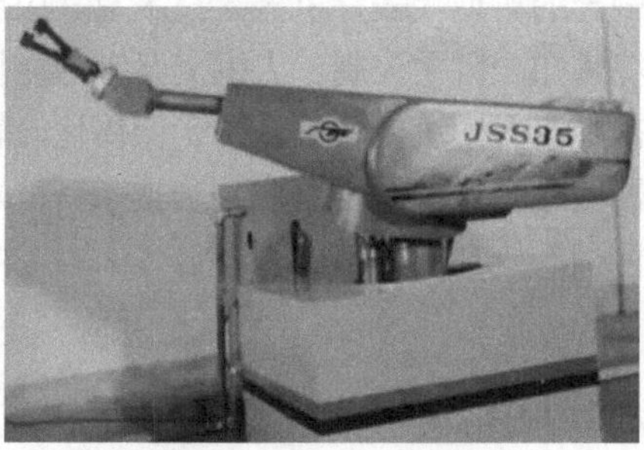

图1-7 JSS35工业机器人

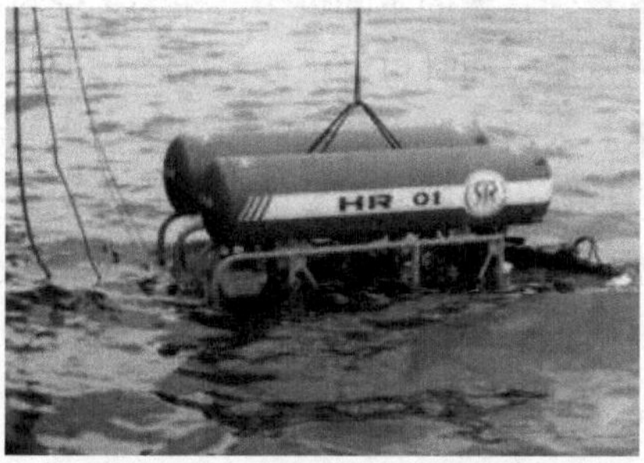

图1-8 “海人一号”有缆水下机器人

1986年，工业机器人被列入了国家“七五”科技攻关计划研究重点，目标锁定在工业机器人基础技术研究、基础器件开发以及搬运、喷涂和焊接机器人的开发研究方面。1995年，上海交通大学研制出高性能精密装配智能型机器人——“精密一号”，标志着我国已经具备开发第二代工业机器人的技术水平。2000年，隶属于中国科学院的新松机器人自动化股份有限公司成立，标志着我国机器人开始实现产业化。2005年，中国科学院沈阳自动化研究所在可重构星球探测机器人研究方面取得重大成果，如图1-9所示。2007年，“十一五”863计划将机器人模块化体系结构设计列入先进制造技术领域的重点项目。

2012年底，由于人工成本的快速增高，位于长三角和珠三角等地区的传统制造企业逐渐兴起了“机器人换人”的浪潮，利用机器人对传统生产线进行现代化、自动化、智能化改造，推动科技红利替代人口红利，推动传统制造业实现产业转型升级(图1-10)。2013年，中国机械工业联合会牵头组建了中国机器人产业联盟，促进了国内机器人产业的资源整合与协同发展，当年我国工业机器人销量达到3.6万台，超越日本成为全球第一大工业机器人销售国。2014年，我国工业机器人销量达到5.6万台。然而，相对于Fanuc、KUKA、安川(Motoman)等知名品牌，国产工业机器人的竞争力仍显不足。2017年，科学技术部发布国家重点研发计划“智能机器人”重点专项，按照“围绕产业链，部署创新链”的要求，围绕智能机器人基础前沿技术、新一代机器人、关键共性技术、工业机器人、服务机器人、特种机器人6个方向部署实施。

经过几十年的快速发展，我国已经在机器人领域取得了明显的成就，但与欧美和日本等相比还有较大差距，国产机器人的研究与开发仍然任重道远。

图 1-9　可重构星球探测机器人

图 1-10　机器人在航空制造中的应用

随着科学技术的不断进步，作为多学科交叉融合的典型代表，机器人技术及其应用也得到了快速的发展，同时也对机器人的结构设计、环境感知、自主控制、人机交互等性能提出了更高的要求。未来机器人技术的研究重点主要集中在机器人模块化、可重构、一体化、轻量化结构优化设计，以及机器人智能控制技术、多传感器信息融合技术、人机共融技术、机器人网络通信技术、微纳机器人技术、多智能体协调控制技术、软体机器人等方向。

1.4　机器人的组成

机器人系统主要由机器人机械系统、机器人控制系统、机器人驱动系统、机器人感知系统、机器人交互系统等几部分构成，如图 1-11 所示。如果将机器人与人进行类比，那么机器人控制系统相当于人的“大脑”，控制程序相当于人的“思维”，机器人机械系统相当于人的“躯干与肢体”，机器人驱动系统相当于人的“肌肉”，机器人感知系统相当于人的“感觉器官”。机器人在各个子系统的协同工作下完成设定的作业任务。

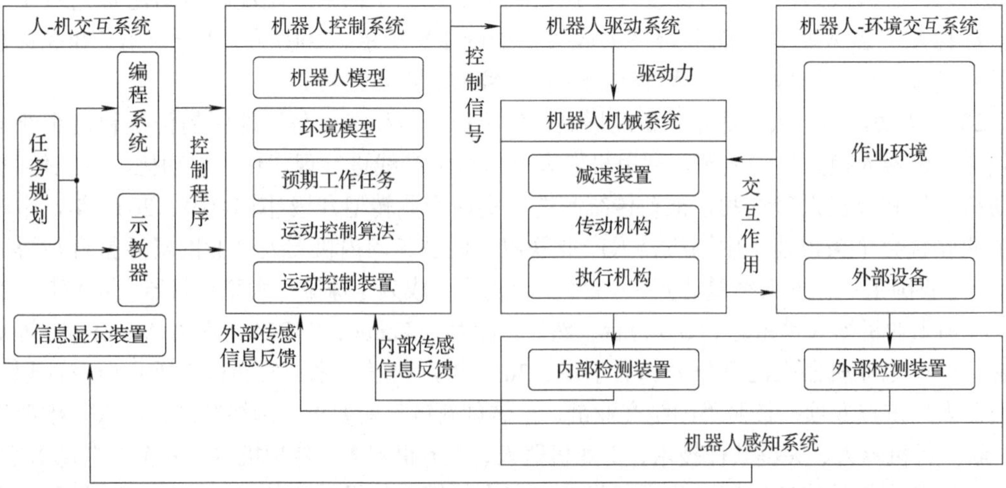

图 1-11　机器人系统的基本组成

1. 机器人机械系统

机器人机械系统主要由减速装置、传动机构以及执行机构等组成。减速装置(如行星齿轮减速器、谐波减速器)可以将驱动装置输出的高速运动转换为机器人需要的低速运动，并增大驱动力。传动机构(如齿轮传动、蜗轮蜗杆传动、带传动、滚珠丝杠传动)可以将驱动力传递至执行机构。执行机构主要由机身、手臂、腕部、手部(即末端执行器)等组成，其中的运动副(转动副或移动副)常称为关节。机器人通常具有多个关节，构成一个多自由度的机械系统。末端执行器用于完成机器人的作业任务，可以是焊枪、喷枪、电主轴、激光切割头以及其他专用器具等。

2. 机器人控制系统

机器人控制系统的主要任务是根据机器人的预期作业任务、机器人模型、环境模型、运动控制算法以及从传感器反馈回来的信息，实现复杂的运动规划与运动控制，调整机器人驱动装置和机械系统的运动，保证机器人的动作符合预定要求。如果机器人不具有感知系统，则为开环控制系统；如果机器人具有感知系统，则为闭环控制系统。根据作业任务要求的不同，机器人的控制方式又可以分为位置控制、力控制、力/位置混合控制、柔顺控制等。机器人通常使用专用的机器人控制柜，目前，机器人的运动控制装置主要包括工业个人计算机、现场可编程门阵列(field programmable gate array，FPGA)、ARM 嵌入式微处理器等，操作系统主要包括Windows、Linux、Android、ROS(robot operating system)等。

3. 机器人驱动系统

机器人驱动系统可以根据机器人控制系统输出的控制信号，向机器人机械系统提供驱动力。根据机器人采用的动力源的不同，常用的驱动装置主要包括电机驱动装置(如步进电机、直流电机、交流电机)、液压驱动装置(如液压缸、液压马达)、气压驱动装置(如气压缸、气动马达)。电气驱动具有控制精度高、响应速度快、无环境污染、反馈信号检测和处理方便等特点，应用最为广泛。液压驱动可以获得很大的驱动力，其结构紧凑、运动平稳，能实现无级调速；缺点是工作噪声大，对密封性要求高，不适合在高、低温环境下工作。气压驱动的优点是结构简单，动作迅速，空气来源方便，有良好的冲击缓冲作用及能量存储能力；缺点是气体的可压缩性和非线性特点降低了系统的工作带宽和控制精度，而且驱动力较小。随着应用材料科学的发展，近年来也出现了采用新型材料的驱动系统，如磁致伸缩驱动器、形状记忆合金驱动器、压电效应驱动器、电活性聚合物驱动器、超声驱动器、人工肌肉及光驱动器等。

4. 机器人感知系统

机器人感知系统负责实时检测机器人的运动状态和工作情况，并将传感信号反馈给机器人控制系统。机器人感知系统主要由内部检测装置和外部检测装置组成。内部检测装置用于感知机器人的内部状况，如关节位置、速度、加速度、电机电流、驱动扭矩、系统温度等。外部检测装置用于感知作业环境和作业对象的外部信息，如视觉、听觉、触觉、味觉等。机器人常用的传感器主要包括位置传感器(如编码器、光栅)、视觉传感器(如工业相机、激光扫描器)、触觉传感器(如压敏高分子材料、压电式传感器)、力觉传感器(如拉/压力传感器、扭矩传感器)、生物电信号传感器(如肌电传感器、脑电传感器)等。机器人感知系统提高了机器人在执行作业任务过程中的准确性、安全性、适应性、可控性、机动性和智能化水平。人类的感受系统对感知外部世界信息是极其巧妙的，然而对于一些特殊的信息，传感器比人类的感受系统更有效。

5. 机器人交互系统

机器人交互系统包括人与机器人之间的交互系统以及机器人与环境之间的交互系统两部分。人-机交互系统是人与机器人之间进行联系与通信的装置，该系统可以根据信息的流向分为两大类，即由人到机器人的指令给定装置，以及由机器人到人的信息显示装置。指令给定装置是指操控人员根据任务规划要求，通过编程系统、示教器、键盘、鼠标等编写控制程序，并输入机器人控制系统的装置。信息显示装置可以将机器人作业过程中的参数、状态、进程、危险信号以及故障报警等信息，通过显示面板、语音系统、打印机等设备呈现给操控人员。机器人-环境交互系统是机器人与作业环境、外部设备之间进行相互联系和协调的系统。机器人在执行复杂作业任务的过程中，与外部设备可以集成为功能单元，如制造单元、喷涂单元、焊接单元、装配单元等，同时需要考虑外部环境的温度、湿度、压强、振动、电磁干扰等因素对机器人运动控制带来的影响。

1.5 机器人的分类

机器人的种类繁多，关于机器人如何分类，国际上并没有制定出统一的标准。这里介绍三种常见的分类方法，即按机器人的几何结构、机器人的控制方式、机器人的主要用途来划分。

1.5.1 按机器人的几何结构分类

按照几何结构的不同，可以将机器人分为串联机器人、并联机器人和混联机器人。

1. 串联机器人

串联机器人是开式运动链机器人，它由一系列的连杆通过转动关节或移动关节顺序串联而成，首尾不封闭。串联机器人的末端运动由各关节的运动依次传递而成，具有结构简单、易操作、灵活性强、工作空间大等优点，因而在工业领域得到了广泛的应用。此外，串联机器人的运动链较长，各关节的误差会累积到末端，其存在系统刚度和运动精度较低的不足。同时，串联机器人的驱动装置往往安装在各关节上，导致动臂的质量和运动惯量相对较大，降低了系统的载荷能力与动力学响应速度，难以实现高速或超高速作业。

按照构件之间运动副的不同，串联机器人可以分为直角坐标型机器人、圆柱坐标型机器人、球坐标型机器人和关节型机器人。

1) 直角坐标型机器人

直角坐标型机器人又称桁架机器人或龙门式机器人，这类机器人由三个相互垂直的移动关节组成，通过完成沿着笛卡儿坐标系的 x 轴、y 轴和 z 轴方向的线性移动来调整机器人末端执行器的位置，如图 1-12 所示。这类机器人具有结构简单直观、关节运动相互独立、控制无耦合、定位精度高等特点，但其占地面积较大，工件、夹具的装卸容易与横梁、立柱相干涉，移动部件的惯量较大，增加了驱动部件的性能要求，操作灵活性较差，能耗较高。直角坐标型机器人主要用于点胶、滴塑、喷涂、码垛、分拣、包装、焊接、金属加工、搬运、上下料、装配、印刷等常见的工业生产领域，在替代人工作业、提高生产效率、稳定产品质量等方面都具备显著的应用价值。

2) 圆柱坐标型机器人

圆柱坐标型机器人由一个转动关节和两个移动关节组成，构成一个圆柱坐标系，如图1-13所示。机器人末端执行器的位置取决于机械臂绕垂直轴转动的角位移、机械臂沿垂直轴方向移动的高度，以及机械臂在水平方向的长度。这类机器人的工作空间是一个圆柱体，空间定位比较直观，可获得较高的运动速度，控制精度仅次于直角坐标型机器人，但其结构较庞大，移动轴的设计复杂，不易防护。圆柱坐标型机器人主要用于装配作业、机床搬运、装卸、点焊、点胶、压铸机搬运等工业应用领域。

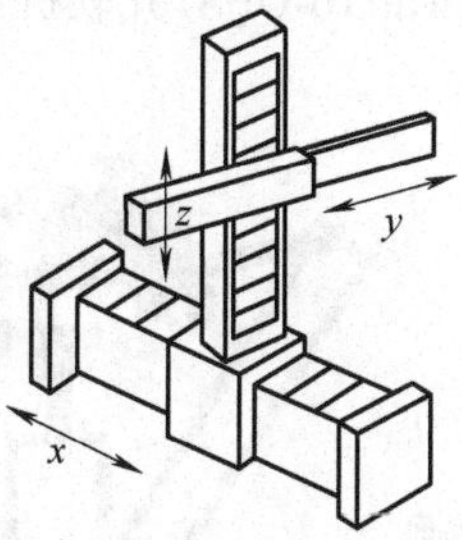

图1-12 直角坐标型机器人

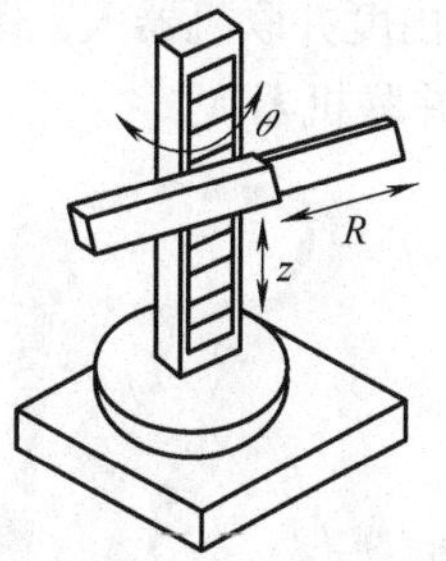

图1-13 圆柱坐标型机器人

3) 球坐标型机器人

球坐标型机器人采用球坐标系，通过两个转动关节和一个移动关节来确定末端执行器的位置，如图1-14所示。这类机器人的工作空间是部分球体，其占地面积较小，工作空间较大，结构紧凑，但机器人的平衡性较差，末端位置误差与移动臂长相关。

4) 关节型机器人

关节型机器人的结构与人体手臂结构类似，通过两个肩部转动关节和一个肘部转动关节进行定位，通过两个或三个腕部转动关节调整姿态，如图1-15所示。这类机器人的结构紧凑，占地面积小，自由度高，动作灵活，工作空间大，工作空间内的干涉较小，可以绕过基座周围的障碍物，是当今工业领域应用最广泛的机器人结构，适用于自动装配、喷漆、搬运、电焊、激光切割、包装、码垛等机械自动化作业。关节型机器人的运动耦合性强，运动学模型和运动学逆解较为复杂，控制器的运算量较大。

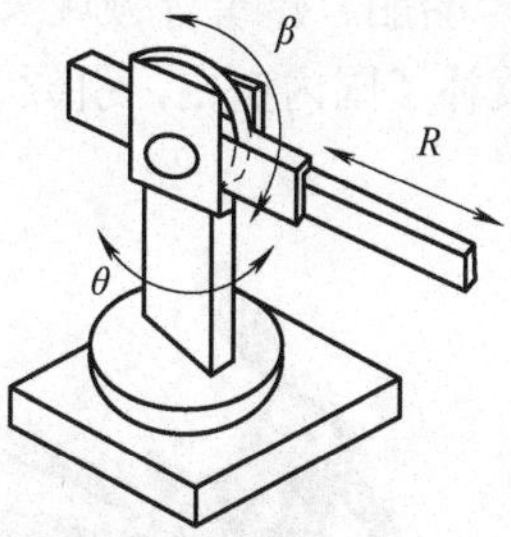

图1-14 球坐标型机器人

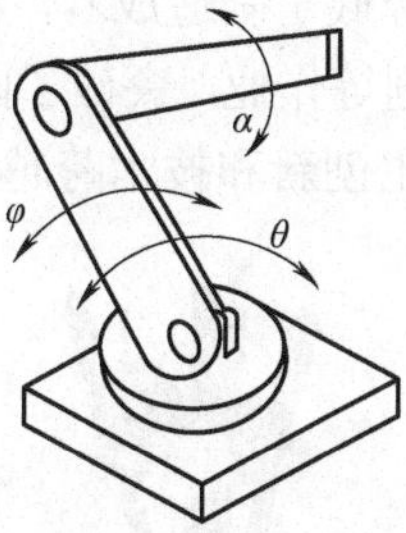

图1-15 关节型机器人

2. 并联机器人

并联机器人是以并联方式驱动的闭环机构，其包含运动平台(末端执行器)和固定平台(机架)，通过至少两个独立的运动支链相连接，改变各个支链的运动状态可以使整个机构具有两个或两个以上的自由度。与串联机器人相比，并联机器人的特点是整体结构紧凑、刚度大、承载能力强；驱动装置可以安装在固定平台上，运动部分质量轻，动态响应性能好，适合高速、高加速度场合；各个关节的误差可以相互抵消，无累计误差，运动精度高。同时，并联机器人存在工作空间相对较小的不足。在需要高刚度、高精度、大承载能力的工作场合，并联机器人得到了广泛的应用。

并联机器人按照自由度的数量划分，可以分为二自由度并联机器人、三自由度并联机器人、四自由度并联机器人、五自由度并联机器人和六自由度并联机器人。其中，二至五自由度并联机器人称为少自由度并联机器人。图 1-16 为六自由度 Stewart(6-UPS)并联机器人，图 1-17 为三自由度 Delta 并联机器人。

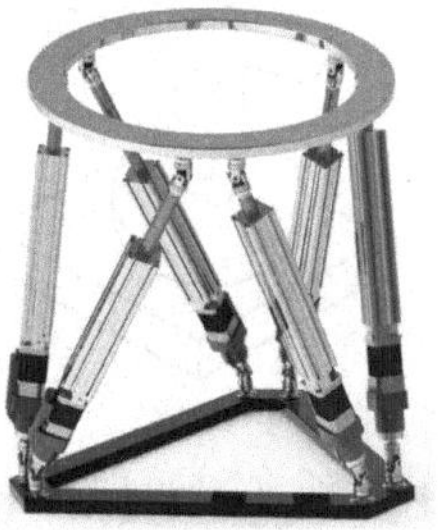

图 1-16　Stewart(6-UPS)并联机器人

图 1-17　Delta 并联机器人

3. 混联机器人

混联机器人具有串联-并联混合构型，由串联机器人与并联机器人按照一定的方式组合在一起，其兼具串联机器人的工作空间大、运动灵活以及并联机器人的刚度大、承载能力强的优点。混联机器人通常具有三种形式：第一种是由并联机构通过其他机构串联而成；第二种是由并联机构直接串联在一起；第三种是在并联机构的支链中采用不同的结构。

图 1-18 为 Neumann 在 1988 年发明的 Tricept 混联机器人，其由一个三自由度并联机构和一个二自由度串联机构串联组成，具有工作空间大、刚度质量比高、可重构等特点，已经广泛应用于美国波音、德国大众等公司的飞机和汽车部件制造生产线上。图 1-19 为天津大学发明的 TriVariant 系列五自由度混联机器人，其与 Tricept 混联机器人相比，扩大了工作空间，减少了铰链数目，并降低了制造成本，特别适合于航空航天、船舶、建筑等领域大型构件的加工、装配、焊接、切割等作业，突破了国外知识产权壁垒，填补了国内空白，引领了我国新型工业机器人技术的自主创新和技术跨越。

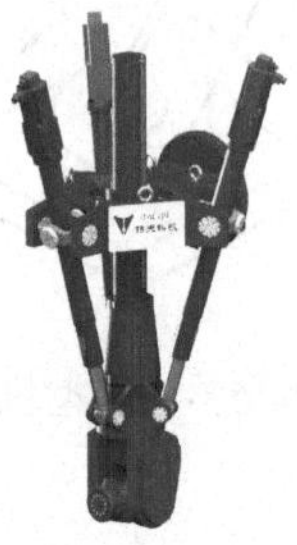

图 1-18　Tricept 混联机器人

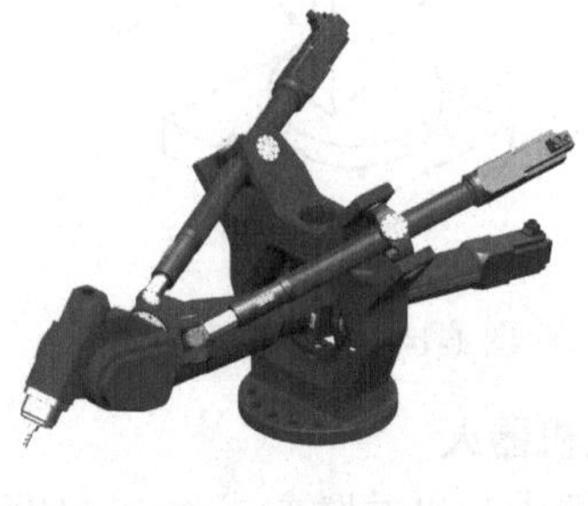

图 1-19　TriVariant 混联机器人

1.5.2 按机器人的控制方式分类

(1)**操作型机器人**：通过人为的直接操作与控制来完成预期作用任务的机器人，是最基本的机器人控制方式。

(2)**顺序控制型机器人**：按照预先设定的程序和信息(包括顺序、条件及位置等)，逐步进行各个步骤动作的机器人，其控制简单，造价低廉，适合于大批量少品种的生产系统完成单调、重复的作业。

(3)**示教再现型机器人**：由人工引导机器人末端执行器，或用示教盒操控机器人完成预期动作，机器人能够记录示教过程的顺序、条件、位置、辅助功能等信息，并根据所存储的作业程序反复再现示教动作。

(4)**数控型机器人**：操控人员不需要手动示教，只需通过在计算机内输入数值、变量、顺序、条件等程序信息即可完成机器人的示教过程，机器人根据所存储的信息重复实现操作，不需要外界输入控制量。

(5)**传感控制型机器人**：利用传感器获取外部和内部的传感信息(如视觉、听觉、触觉、力觉等)，并控制机器人完成作业，提高作业精度。

(6)**智能控制型机器人**：具有感知、识别、处理、学习、推断、决策、执行能力，根据智能算法决定行动，能适应环境变化，无须人为干预即可自主完成预定任务。

1.5.3 按机器人的主要用途分类

从应用环境出发，机器人可以分为工业机器人和特种机器人两大类，而根据机器人的不同应用领域，特种机器人还可以分为医疗机器人、服务机器人、航空航天机器人、教育机器人、搜救机器人、农林机器人、军用机器人等类型。

(1)**工业机器人**：主要应用于机械制造、汽车制造、塑料加工、食品加工、电子器件等较大规模生产企业的柔性生产线和自动化生产线，完成焊接、切削、装配、喷涂、搬运、码垛等作业任务。

(2)**医疗机器人**：主要应用于医院、诊所、康复中心以及家庭中的手术治疗与康复训练等场合，包括面向骨外科、神经外科、腹腔镜外科以及血管介入治疗的微创手术机器人，面向老年人、残疾人、偏瘫患者等运动功能障碍患者的康复训练机器人与智能假肢机器人，面向药物、敏感材料、病例、化验单等物品的运送任务的医用运送机器人，具有与患者、老人、儿童保持联系的情感参与能力，能改善患者的行为和心理状况，解决孤独问题的陪护机器人等。

(3)**服务机器人**：可分为个人(家庭)服务机器人和商用服务机器人，主要应用于维护保养、修理、运输、清洗、安保、监护等场合，包括扫地机器人、擦窗机器人、割草机器人、迎宾机器人、景点导游机器人、商场导购机器人、巡检机器人、送餐机器人、休闲娱乐机器人等。

(4)**航空航天机器人**：可以分为面向航空航天制造装配的机器人和面向太空作业的机器人，主要应用于航空航天装备的加工、装配、维修、外太空作业以及外星球探测等场合，包括飞机钻铆机器人、飞机喷涂机器人、飞机表面损伤检测机器人、星球探测机器人、空间轨道机器人等。

(5) **教育机器人**：专用于科学、技术、工程、艺术和数学等学科，旨在给学生提供一种跨学科的学习环境，其基础是使用电子器件或者开发机器人，学生可以通过学习开发使用教育机器人，提高相关学科的知识综合应用能力，主要包括比赛类教育机器人、开发类教育机器人、实训类教育机器人以及一些在非正式学习场所中使用的教育机器人。

(6) **搜救机器人**：主要应用于自然灾害(地震、台风、山崩等)和人为灾害(战争、恐怖袭击、重大事故等)的受灾现场。搜救机器人通常具有运动灵活、越障能力强、功能多样、适应性强、可靠性高等特点，可以快速进入复杂多变的灾难现场，并对受害者进行搜索和救援工作。

(7) **农林机器人**：主要包括农业机器人和林业机器人两种类型，应用于农业和林业生产中，可以改变传统农林作业的劳动方式，降低农民的劳动强度，促进现代农林业的发展，包括施肥机器人、农田除草机器人、农产品采摘机器人、农产品分拣与包装机器人、农药喷洒机器人、屠宰机器人、伐木机器人等。

(8) **军用机器人**：主要用于军事领域中的物资运输、搜寻勘探、排险排爆以及实战进攻等作业，根据工作环境可以分为地面军用机器人(如移动作战机器人、防暴机器人、扫雷车等)、水下军用机器人(如遥控潜水器、自治潜水器等)以及空中军用机器人(如军用无人机、空中侦察机器人等)。

1.6　机器人的常见图形符号

机器人的结构与传统机械相比，所用的零件、材料、装配方法以及基本运动等均与现有的各种机械完全相同。机器人的机构简图是描述机器人组成机构的直观图形表达形式，即将机器人的各个运动部件用简便的符号和图形表达出来。机器人常用的关节有移动副、旋转运动副，常用的基本运动图形符号如表 1-1 所示，常用的机器人运动机构图形符号如表 1-2 所示。直角坐标型机器人、圆柱坐标型机器人、球坐标型机器人和关节型机器人的机构简图如图 1-20 所示。

表 1-1　常用的基本运动图形符号

序号	名称	图形符号
1	直线运动方向	 单向　双向
2	旋转运动方向	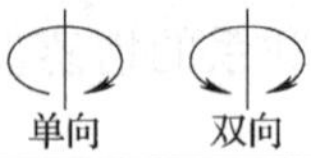 单向　双向
3	关节轴、杆件(连杆)	
4	刚性连接	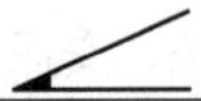
5	固定基础	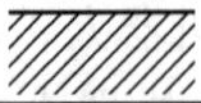
6	机械接口	

表 1-2 常用的机器人运动机构图形符号

序号	名称	自由度	图形符号	运动方向	备注
1	移动关节(1)	1	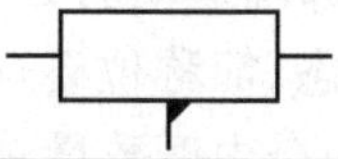	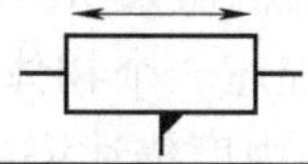	
2	移动关节(2)	1			
3	转动关节(1)	1	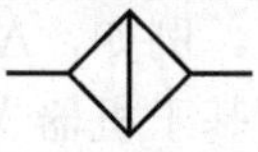	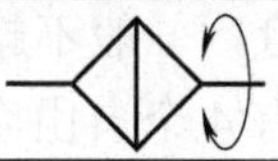	
4	转动关节(2)	1			平面
5		1	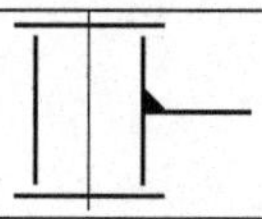		立体
6	圆柱关节	2		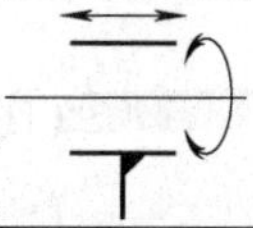	
7	球关节	3			
8	末端执行器		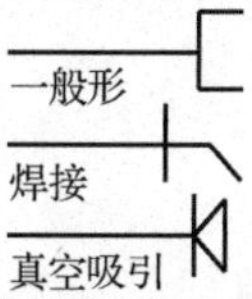		

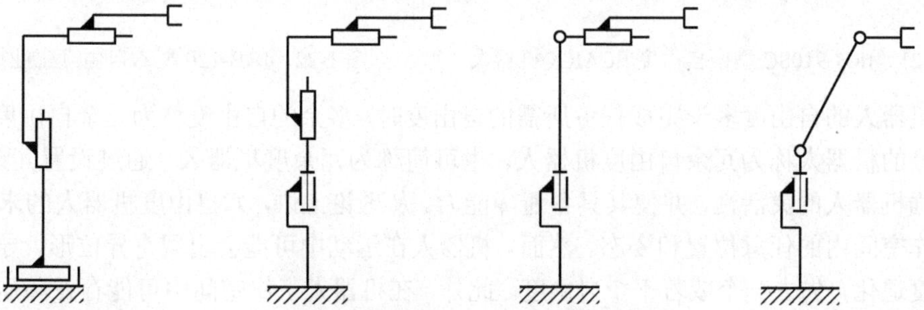

（a）直角坐标型机器人 （b）圆柱坐标型机器人 （c）球坐标型机器人 （d）关节型机器人

图 1-20 典型机器人的机构简图

1.7 机器人的主要技术参数

机器人的技术参数是机器人制造商在产品供货时所提供的技术数据，它反映了机器人可胜任的工作、具有的最高操作性能等情况，是设计、应用机器人必须考虑的问题。由于机器人的结构、用途和用户要求的不同，机器人的技术参数也不同。一般来说，机器人的技术参数主要包括自由度、工作空间、最大工作速度、承载能力、分辨率和精度等。

1.7.1 机器人的自由度

自由度是指机器人所具有的独立坐标轴运动的数目，不包括末端执行器的开合自由度。在三维空间中描述一个物体的位置和姿态(简称位姿)需要 6 个自由度，其中 3 个自由度描述位置，3 个自由度描述姿态。机器人的自由度数量越多，动作越灵活，通用性越强，但是结构也越复杂，刚性越差，控制越困难。工业机器人的自由度是根据其用途而设计的，可能小于 6 个自由度，一般不超过 7 个自由度。例如，ABB 公司的 IRB-910SC 型 SCARA 机器人(图 1-21)具有 4 个自由度，适合应用于基于机器人的柔性自动化制造行业(如 3C 行业)。IRB-120 型工业机器人(图 1-22)具有 6 个自由度，适合应用于自动化物料搬运、装配、焊接、喷涂等智能生产线。

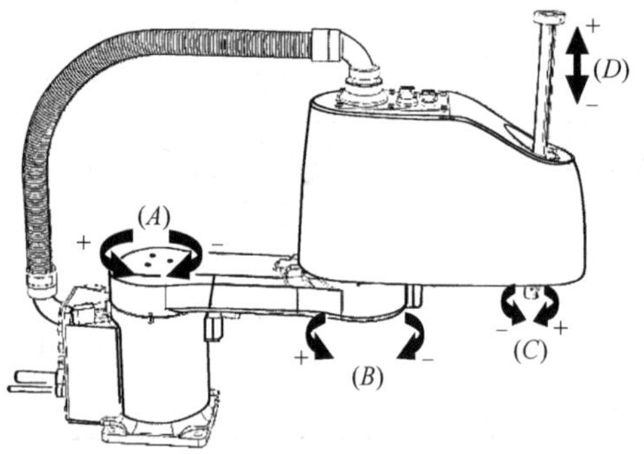

图 1-21 IRB-910SC 型四自由度 SCARA 机器人

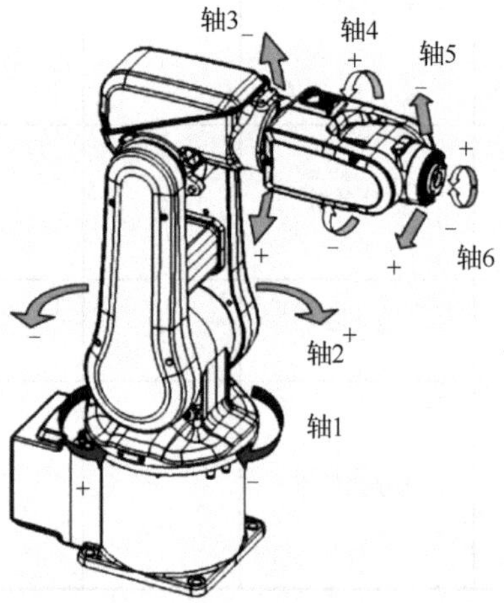

图 1-22 IRB-120 型六自由度工业机器人

当机器人的自由度多于完成任务所需的自由度时，多余的自由度称为冗余自由度，具有冗余自由度的机器人称为冗余自由度机器人，也可简称为冗余度机器人。通过设置冗余自由度，可以增强机器人的灵活性，并使其具备避障能力。从理论上讲，六自由度机器人的末端可以到达其工作空间内的任意位置和姿态。然而，机器人在运动中可能会出现奇异位形，导致机器人的自由度退化，失去一个或若干个自由度。此外，在机器人工作空间中可能存在障碍，要求机器人在到达指定位姿的过程中，必须能避开障碍。冗余自由度机器人具有克服奇异位形、避开障碍与克服关节运动限制的功能，充分提高了机器人的工作能力。图 1-23 为 KUKA 公司的 LBR iiwa 型人机协作冗余度机器人，它具有 7 个自由度，通过关节力矩传感器来识别人机接触并立即降低力和速度，可以实现人与机器人之间的安全协同作业，并完成高灵敏度需求的任务，适用于喷涂、码垛、包装、检测、机械加工等应用。

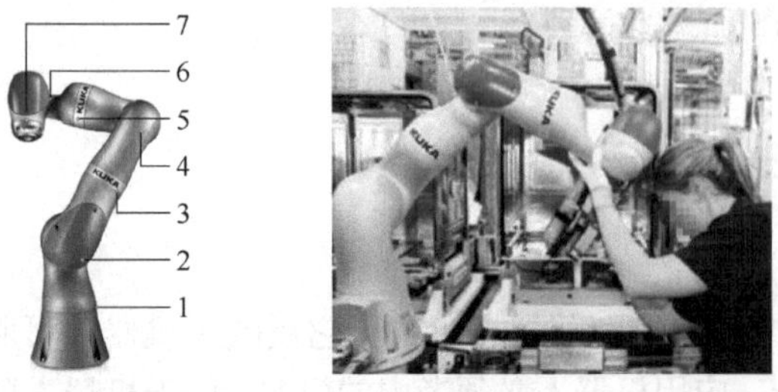

图 1-23 LBR iiwa 型七自由度人机协作冗余度机器人

1.7.2　机器人的工作空间

工作空间表示机器人的工作范围，它是机器人手臂末端或手腕中心能达到的所有空间区域，也称为工作区域，其大小主要取决于机器人的几何形状与关节的运动形式。由于机器人末端执行器的形状和尺寸是多种多样的，因此为了真实反映机器人的特征参数，工作空间是指不安装末端执行器时的工作范围。机器人工作空间的形状和大小是十分重要的，它与机器人的特性指标密切相关。机器人在执行作业任务的过程中，可能会因为存在手臂末端无法到达的作业死区而不能完成任务。图 1-24 为 IRB-120 型六自由度工业机器人的工作空间，图 1-25 为 KUKA 公司 KR-Delta 并联机器人的工作空间。

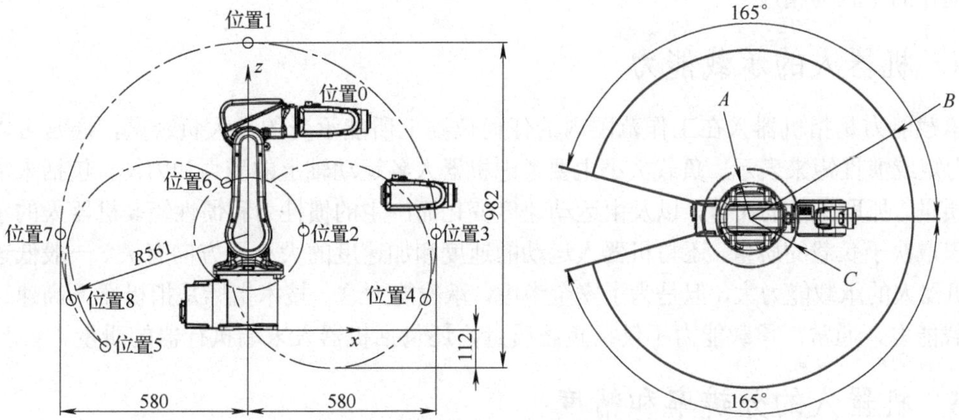

图 1-24　IRB-120 型工业机器人的工作空间(本书默认长度单位：mm)

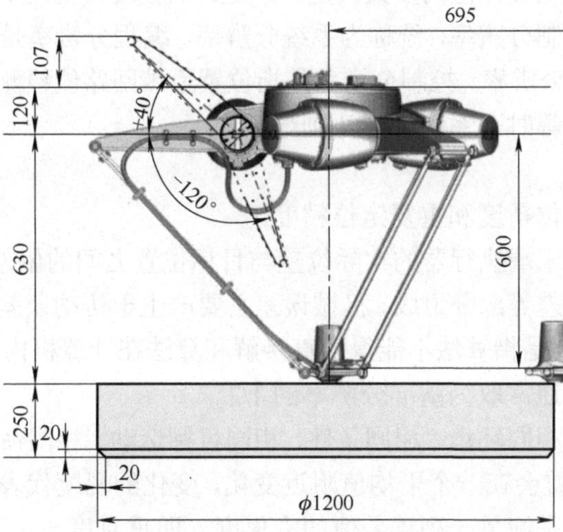

图 1-25　KR-Delta 并联机器人的工作空间

1.7.3 机器人的最大工作速度

机器人的工作速度是指机器人在工作载荷条件下、匀速运动过程中，机器人末端执行器中心或者主要自由度的稳定速度。不同厂家对机器人的最大工作速度的定义也不同，有的厂家定义为机器人末端执行器中心的最大合成速度，有的厂家定义为机器人主要自由度上的最大稳定速度，通常在技术参数中予以说明。

机器人的运动循环通常包括启动加速、匀速运动与减速制动三个阶段。提高工作速度可以缩短机器人的运动循环周期，提高工作效率，同时也要求提高机器人的启动加速和减速制动能力，保证加减速过程的平稳性。过大的加减速度会导致机器人运动部件的惯性力增大，影响机器人动作的平稳与精度。

1.7.4 机器人的承载能力

承载能力是指机器人在工作范围内的任何位姿上所能承受的最大负载量，通常可以用质量、力矩或惯性矩来表示。负载大小主要考虑机器人各运动轴上的受力和力矩，包括末端执行器的质量、抓取工件的质量，以及由运动速度变化而产生的惯性力和惯性矩。机器人的承载能力不仅取决于负载的质量，还与机器人运动的速度和加速度的大小及方向有关。一般低速运行时，机器人的承载能力大，但是为了安全考虑，承载能力这一技术指标是指机器人高速运行时的承载能力。通常，承载能力不仅指负载质量，还包括机器人末端执行器的质量。

1.7.5 机器人的分辨率和精度

1. 分辨率

机器人的分辨率由系统设计检测参数决定，并受到位置反馈检测单元性能的影响。分辨率可以分为编程分辨率与控制分辨率，统称为系统分辨率。编程分辨率是指程序中可以设定的最小距离单位，又称为基准分辨率。控制分辨率是指位置反馈回路能检测到的最小位移量。当编程分辨率与控制分辨率相等时，系统性能达到最高。

2. 精度

机器人的精度包括定位精度和重复定位精度。

定位精度是指机器人末端执行器的实际位置与目标位置之间的偏差，由机械误差、控制算法误差以及分辨率系统误差等部分组成。机械误差主要产生于传动误差、关节间隙与连杆机构的挠性。控制算法误差主要是指算法不能得到直接解和算法在计算机内的运算字长所造成的比特误差。分辨率系统误差通常取为基准分辨率的 1/2。

重复定位精度是指在相同环境、相同条件、相同目标运动、相同命令条件下，机器人连续重复运动若干次时，其位置会在一个平均值附近变化，变化的幅度代表重复定位精度，它是关于精度的一个统计数据，是衡量一列误差值的密集度，即重复度。

1.7.6 典型机器人的技术参数

图 1-26 为遨博(北京)智能科技有限公司开发的 AUBO-i5 协作机器人，可满足轻量化的作业需求，其主要技术参数见表 1-3。

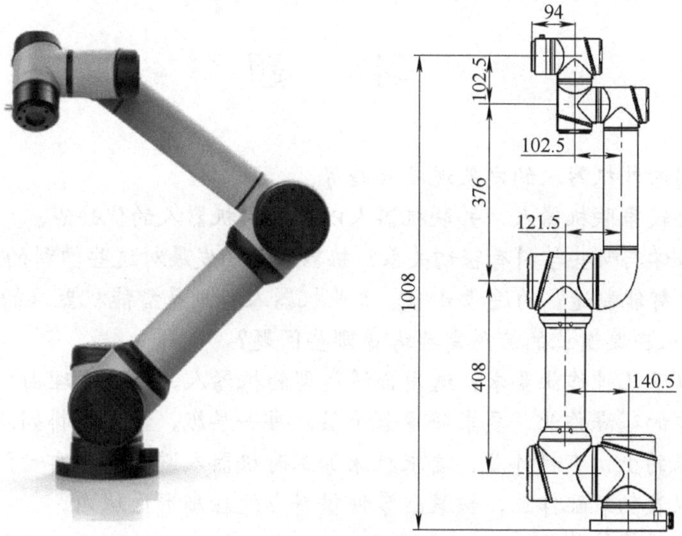

图 1-26 AUBO-i5 协作机器人

表 1-3 AUBO-i5 协作机器人的各项技术参数

机械臂参数	自由度	6		最大工作半径/mm		886.5	
	负载/kg	5		重量/kg		24	
	安装面直径/mm	ϕ172		重复定位精度/mm		±0.02	
	工具速度/(m/s)	≤2.8		平均功率/W		200	
	峰值功率/W	1000		工作环境温度/℃		0～50	
	工作环境湿度	25%～90%		防护等级		IP54	
关节运动参数	参数	关节 1	关节 2	关节 3	关节 4	关节 5	关节 6
	运动范围/(°)	±175	±175	±175	±175	±175	±175/±360
	最大速度/(°/s)	147	147	147	180	180	180
控制柜参数	控制柜尺寸(长×高×宽)	380mm×350mm×265mm		重量/kg		15	
	连接机械臂线缆长度	5m(可定制，最长 8m)		连接示教器线缆长度/m		4	
	通信协议	Ethernet/Modbus-RTU/TCP、Profinet(选配)		接口与开放性		SDK(支持 C/C++/C#/Lua/Python 开发)，支持 ROS、API	
	供电电源	100～240VAC，50～60Hz		防护等级		IP43	
示教器参数	示教器尺寸(长×高×宽)	355mm×235mm×54mm		重量/kg		1.57	
	颜色	橙色+黑色		防护等级		IP43	

1.8 小 结

作为本书的开篇，本章首先讨论了机器人的概念和机器人的发展历史与趋势，然后详细描述了机器人的组成和分类方法，接着介绍了机器人的常见图形符号，最后对机器人的关键技术指标与典型机器人的技术参数进行了讨论。

习　　题

1-1　论述国内外机器人的发展现状和趋势。

1-2　简要比较串联机器人、并联机器人以及混联机器人的优缺点。

1-3　机器人学与哪些学科有密切关系？机器人学的发展对这些学科的发展有什么影响？

1-4　随着“智能制造”的逐步升级，工业机器人特别是智能机器人的应用受到了高度重视。你认为机器人在制造业的应用需要考虑哪些问题？

1-5　针对以下几种作业要求，选用合适类型的机器人，并说明理由。

(1)矩形物体的码垛作业，要求码垛若干层，每一层纵、横方向排列。

(2)数控机床的上、下料作业，要求机床加工时机器人避开机床自动门。

(3)仪器、仪表的装配作业，被装配零件供料点处在扇形区域内。

(4)轿车车架的焊接作业。

1-6　请绘制题 1-6 图所示各种类型机器人的机构简图。

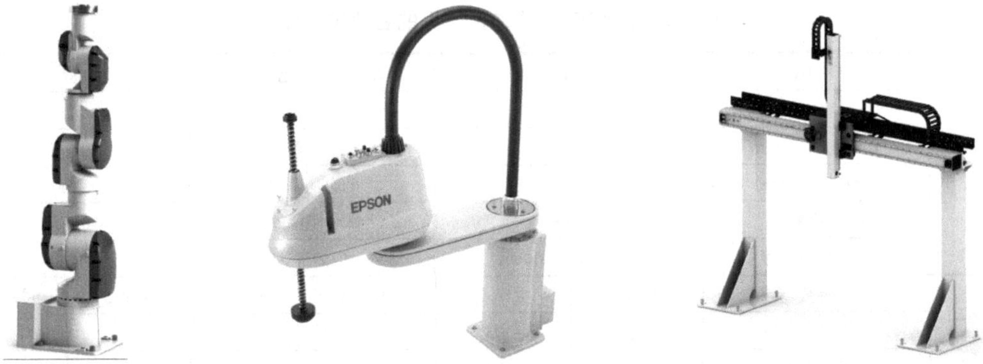

(a)　　(b)　　(c)

题 1-6 图　不同类型机器人实物图

1-7　请举例论述机器人分辨率与机器人精度的区别。

第 2 章　串联机器人运动学与动力学

2.1　概　述

机器人的机械结构由若干个关节和连接各个关节的刚体组成，通常将连接各个关节的一系列刚体称为连杆，则机器人可以看作由若干个关节和连杆组成的开环运动链，其中关节根据运动方式可分为转动关节和移动关节。关节的移动或转动带动连杆运动，最终带动机器人末端执行器到达所需的目标位置与姿态。

如果在机器人末端执行器上固结一个坐标系，称为末端坐标系，那么机器人末端相对于固定参考坐标系的位置可以表示为末端坐标系原点在参考坐标系中的坐标，而姿态则可表示为末端坐标系的 x、y、z 坐标轴在参考坐标系中的向量坐标。该位置和姿态可通过固结在各个关节处的坐标系之间的齐次变换来进行描述。这一齐次变换关系就是机器人运动学的研究对象。

机器人运动学的主要研究内容是建立关节变量(即转动关节的角度转动量和移动关节的位移量)与机器人末端位置和姿态之间的映射关系。根据映射的方向可分为正运动学和逆运动学。正运动学是在已知连杆参数的前提下，根据确定的关节变量值求解机器人末端相对于参考坐标系的位置和姿态，可用于进行机器人的工作空间、可达性等运动参数分析；逆运动学则是在机器人末端位置与姿态和连杆参数都确定的前提下，求解机器人的关节变量，是对机器人进行运动控制的基础。

通过机器人运动学的研究，可以建立机器人运动轨迹上每一个点与机器人关节变量之间的映射关系，而如何控制机器人以预设的速度或加速度沿目标轨迹运动则是机器人动力学的研究内容。

机器人动力学的主要研究内容是建立机器人各关节驱动力或驱动力矩与机器人运动轨迹之间的映射关系。其中机器人运动轨迹是以各关节的位移(转角)、速度(角速度)与加速度(角加速度)表示的，则机器人动力学方程表示机器人各关节变量及其对时间的一阶导数与二阶导数同各关节驱动力与驱动力矩之间的映射关系。与机器人运动学类似，机器人动力学同样可分为正动力学与逆动力学。正动力学是已知机器人各关节驱动力或驱动力矩，求各关节的位移(转角)、速度(角速度)与加速度(角加速度)，进而确定机器人运动轨迹。而逆动力学则是已知机器人运动轨迹，也就是各关节的位移(转角)、速度(角速度)与加速度(角加速度)，求取各个关节的驱动力或驱动力矩。

机器人动力学方程通常由多个非线性微分联立方程组成，难以求得一般解答，通常可以通过牛顿-欧拉方程或拉格朗日动力学对其进行分析并求解。

2.2 机器人运动描述的数学基础

2.2.1 刚体位姿描述

为了描述机器人各个连杆之间、机器人和环境(操作对象和障碍物)之间的运动关系，通常将它们都当成刚体，研究各刚体之间的运动关系。

1. 位置的描述(位置矢量)

对于直角坐标系$\{A\}$，空间任一点p的位置可用3×1的列矢量$^{A}\boldsymbol{p}$(称位置矢量)描述：

$$^{A}\boldsymbol{p}=\begin{bmatrix}p_x\\p_y\\p_z\end{bmatrix}\tag{2-1}$$

式中，p_x、p_y和p_z是点p在坐标系$\{A\}$中的三个坐标分量；$^{A}\boldsymbol{p}$的上标A代表参考坐标系$\{A\}$。除直角坐标系外，也可采用圆柱坐标系或球(极)坐标系来描述点的位置。

2. 姿态的描述(旋转矩阵)

为了规定空间某刚体B的姿态，另设一直角坐标系$\{B\}$与此刚体固结。用坐标系$\{B\}$的三个单位主矢量$\boldsymbol{x}_B$、$\boldsymbol{y}_B$、$\boldsymbol{z}_B$相对于参考坐标系$\{A\}$的方向余弦组成3×3的矩阵：

$$_{B}^{A}\boldsymbol{R}=\begin{bmatrix}^{A}\boldsymbol{x}_B & ^{A}\boldsymbol{y}_B & ^{A}\boldsymbol{z}_B\end{bmatrix}\tag{2-2}$$

或者写成

$$_{B}^{A}\boldsymbol{R}=\begin{bmatrix}r_{11} & r_{12} & r_{13}\\r_{21} & r_{22} & r_{23}\\r_{31} & r_{32} & r_{33}\end{bmatrix}\tag{2-3}$$

式中，$_{B}^{A}\boldsymbol{R}$称为旋转矩阵，上标A代表参考坐标系$\{A\}$，下标B代表被描述的坐标系$\{B\}$，$_{B}^{A}\boldsymbol{R}$表示刚体坐标系$\{B\}$相对于坐标系$\{A\}$的姿态。$_{B}^{A}\boldsymbol{R}$是正交的，满足式(2-4)：

$$_{B}^{A}\boldsymbol{R}^{-1}={}_{B}^{A}\boldsymbol{R}^{\mathrm{T}}={}_{A}^{B}\boldsymbol{R}\tag{2-4}$$

2.2.2 坐标变换

空间中任一点p在不同坐标系中的描述是不同的。下面讨论从一个坐标系的描述到另一个坐标系的描述之间的关系。

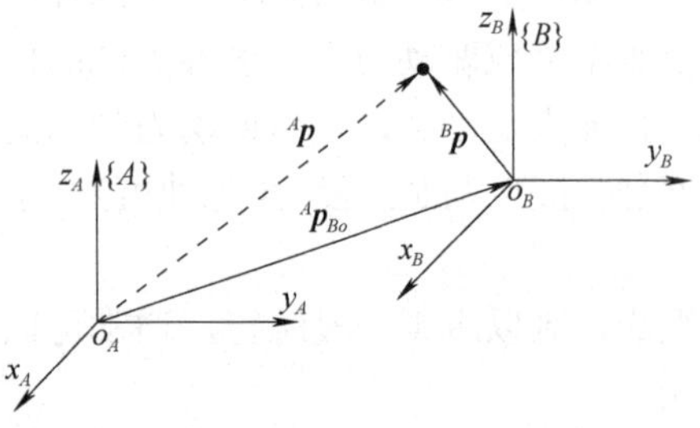

图 2-1 平移变换

1. 平移变换

设坐标系$\{B\}$与坐标系$\{A\}$具有相同的姿态，即坐标系$\{B\}$可以看成是由坐标系$\{A\}$平移得到的，如图 2-1 所示。

把$^{A}\boldsymbol{p}_{Bo}$称为$\{B\}$相对于$\{A\}$的平移矢量。如果点p在坐标系$\{B\}$中的位置为$^{B}\boldsymbol{p}$，则它相对于坐标系$\{A\}$的位置矢量$^{A}\boldsymbol{p}$可以由矢量相加得出，即

$$^{A}\boldsymbol{p}={}^{B}\boldsymbol{p}+{}^{A}\boldsymbol{p}_{Bo}\tag{2-5}$$

2. 旋转变换

设坐标系$\{B\}$与$\{A\}$有共同的坐标原点，但两者的姿态不同，即坐标系$\{B\}$是由坐标系$\{A\}$绕原点旋转得到的，如图 2-2 所示。用旋转矩阵${}^{A}_{B}\boldsymbol{R}$描述$\{B\}$相对于$\{A\}$的姿态。这里，记$\{A\}$绕x轴θ角到达$\{B\}$的旋转矩阵${}^{A}_{B}\boldsymbol{R}$为$\boldsymbol{R}(x,\theta)$，相应地有$\boldsymbol{R}(y,\theta)$、$\boldsymbol{R}(z,\theta)$。

$$\boldsymbol{R}(x,\theta)=\begin{bmatrix}1 & 0 & 0\\ 0 & \cos\theta & -\sin\theta\\ 0 & \sin\theta & \cos\theta\end{bmatrix},\quad \boldsymbol{R}(y,\theta)=\begin{bmatrix}\cos\theta & 0 & \sin\theta\\ 0 & 1 & 0\\ -\sin\theta & 0 & \cos\theta\end{bmatrix}$$
$$\boldsymbol{R}(z,\theta)=\begin{bmatrix}\cos\theta & -\sin\theta & 0\\ \sin\theta & \cos\theta & 0\\ 0 & 0 & 1\end{bmatrix} \tag{2-6}$$

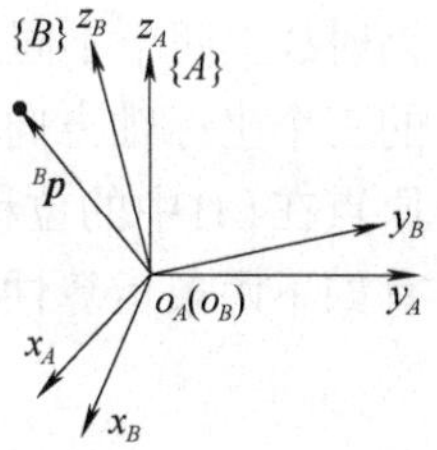

图 2-2　旋转变换

同一点 p 在两个坐标系$\{A\}$和$\{B\}$中的描述${}^{A}\boldsymbol{p}$和${}^{B}\boldsymbol{p}$具有式(2-7)所示的关系，式(2-7)也称为坐标旋转方程：

$${}^{A}\boldsymbol{p}={}^{A}_{B}\boldsymbol{R}\ {}^{B}\boldsymbol{p} \tag{2-7}$$

3. 复合变换

最一般的情况是，坐标系$\{B\}$的原点与坐标系$\{A\}$的原点不重合，并且$\{B\}$的姿态与$\{A\}$的姿态也不同，即$\{B\}$是由$\{A\}$经平移变换和旋转变换得到的。用位置矢量${}^{A}\boldsymbol{p}_{Bo}$描述$\{B\}$的坐标原点相对于$\{A\}$的位置；用旋转矩阵${}^{A}_{B}\boldsymbol{R}$描述$\{B\}$相对于$\{A\}$的姿态，如图 2-3 所示。任一点$p$在两坐标系$\{A\}$和$\{B\}$中的描述${}^{A}\boldsymbol{p}$和${}^{B}\boldsymbol{p}$具有以下变换关系：

$${}^{A}\boldsymbol{p}={}^{A}_{B}\boldsymbol{R}\ {}^{B}\boldsymbol{p}+{}^{A}\boldsymbol{p}_{Bo} \tag{2-8}$$

式(2-8)可以看成是坐标旋转和坐标平移的复合变换。实际上，规定一个过渡坐标系$\{C\}$，$\{C\}$的坐标原点与$\{B\}$重合，而$\{C\}$的姿态与$\{A\}$相同。根据式(2-7)，得到向过渡坐标系的变换${}^{C}\boldsymbol{p}={}^{C}_{B}\boldsymbol{R}\ {}^{B}\boldsymbol{p}={}^{A}_{B}\boldsymbol{R}\ {}^{B}\boldsymbol{p}$，再由式(2-5)，得到复合变换${}^{A}\boldsymbol{p}={}^{C}\boldsymbol{p}+{}^{A}\boldsymbol{p}_{Co}={}^{A}_{B}\boldsymbol{R}\ {}^{B}\boldsymbol{p}+{}^{A}\boldsymbol{p}_{Bo}$。

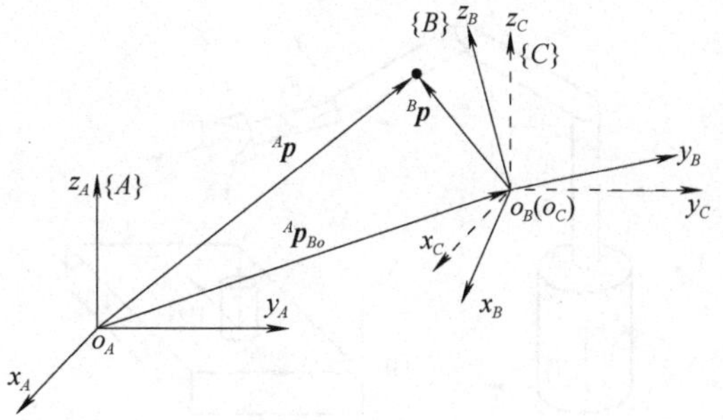

图 2-3　复合变换

4. 齐次变换

复合变换式(2-8)对于点${}^{B}\boldsymbol{p}$而言是非齐次的，为了运算方便，可以将其表示成等价的齐次变换形式：

$$\begin{bmatrix}{}^{A}\boldsymbol{p}\\ 1\end{bmatrix}=\begin{bmatrix}{}^{A}_{B}\boldsymbol{R} & {}^{A}\boldsymbol{p}_{Bo}\\ 0\ \ 0\ \ 0 & 1\end{bmatrix}\begin{bmatrix}{}^{B}\boldsymbol{p}\\ 1\end{bmatrix} \tag{2-9}$$

式中，最左侧和最右侧的 4×1 的列向量称为点的齐次坐标。定义齐次变换矩阵${}^{A}_{B}\boldsymbol{T}$为

$$ {}_B^A\boldsymbol{T}=\begin{bmatrix} & {}_B^A\boldsymbol{R} & & {}^A\boldsymbol{p}_{Bo} \\ 0 & 0 & 0 & 1 \end{bmatrix} \tag{2-10} $$

齐次变换矩阵 ${}_B^A\boldsymbol{T}$ 是机器人运动描述的核心，它的前三列分别表示了三条射线，可以理解为射线上两个不同点的齐次坐标之差，所以射线的第四个分量一定为零，由三条射线决定了$\{B\}$的三个坐标轴方向在$\{A\}$中的描述，而第四列是$\{B\}$的原点在$\{A\}$中的齐次坐标，反映了$\{B\}$的原点在$\{A\}$中的位移量。除矩阵所固有的运算性质（如不满足交换律）之外，齐次变换矩阵还有如下两条运算性质：

$$ {}_C^A\boldsymbol{T}={}_B^A\boldsymbol{T}\,{}_C^B\boldsymbol{T}=\begin{bmatrix} & {}_B^A\boldsymbol{R}\,{}_C^B\boldsymbol{R} & & {}_B^A\boldsymbol{R}\,{}^B\boldsymbol{p}_{Co}+{}^A\boldsymbol{p}_{Bo} \\ 0 & 0 & 0 & 1 \end{bmatrix} \tag{2-11} $$

$$ {}_B^A\boldsymbol{T}^{-1}={}_A^B\boldsymbol{T}=\begin{bmatrix} & {}_B^A\boldsymbol{R}^{\mathrm{T}} & & -{}_B^A\boldsymbol{R}^{\mathrm{T}}\,{}^A\boldsymbol{p}_{Bo} \\ 0 & 0 & 0 & 1 \end{bmatrix} \tag{2-12} $$

式（2-11）反映了顺序两次运动的合成运动所对应的齐次变换的结果，式（2-12）说明了$\{B\}$相对$\{A\}$的齐次变换矩阵之逆，即$\{A\}$相对于$\{B\}$的齐次变换矩阵。

2.2.3　变换方程

为了描述机器人的操作，必须建立机器人本体各连杆之间、机器人与周围环境之间的运动关系。为此要规定各种坐标系来描述机器人与环境之间的相对位姿关系。如图 2-4 所示，$\{B\}$代表机器人基坐标系，$\{F\}$代表机器人法兰坐标系，$\{T\}$代表工具坐标系，$\{W\}$代表世界坐标系，$\{G\}$代表工件坐标系。它们之间的位姿关系用齐次变换矩阵描述，如 ${}_B^W\boldsymbol{T}$ 描述机器人基坐标系在世界坐标系下的位姿，${}_F^B\boldsymbol{T}$ 描述机器人法兰坐标系在基坐标系下的位姿，${}_T^F\boldsymbol{T}$ 描述机器人工具坐标系在法兰坐标系下的位姿，${}_G^W\boldsymbol{T}$ 描述机器人工件坐标系在世界坐标系下的位姿，${}_T^G\boldsymbol{T}$ 描述机器人工具坐标系在工件坐标系下的位姿。

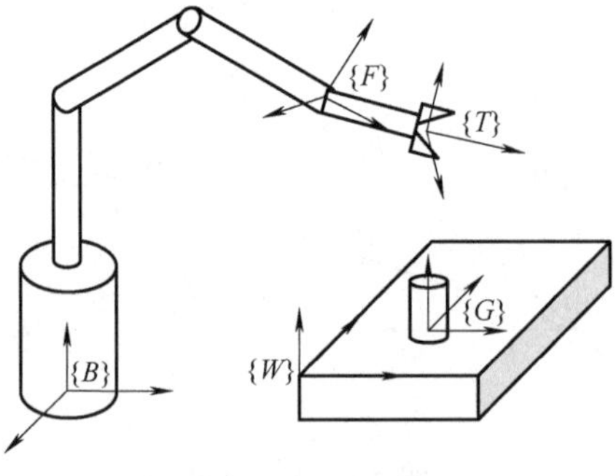

图 2-4　机器人坐标系定义

对物体进行操作时，工具坐标系$\{T\}$相对于工件坐标系$\{G\}$的位姿 ${}_T^G\boldsymbol{T}$ 直接影响操作效果，它是机器人控制和规划的目标。根据坐标变换的规律或者说齐次变换矩阵的运算性质(2-11)，有等式(2-13)和等式(2-14)成立：

$$ {}_T^B\boldsymbol{T}={}_F^B\boldsymbol{T}\,{}_T^F\boldsymbol{T} \tag{2-13} $$

$$ {}_T^B\boldsymbol{T}={}_W^B\boldsymbol{T}\,{}_G^W\boldsymbol{T}\,{}_T^G\boldsymbol{T} \tag{2-14} $$

进一步地，合并等式(2-13)和等式(2-14)，得到变换方程：

$$ {}^{B}_{F}\boldsymbol{T}\,{}^{F}_{T}\boldsymbol{T} = {}^{B}_{W}\boldsymbol{T}\,{}^{W}_{G}\boldsymbol{T}\,{}^{G}_{T}\boldsymbol{T} \tag{2-15} $$

变换方程(2-15)中的任一变换矩阵都可以用其余的变换矩阵来表示。例如，为了对目标物进行有效的操作，规定了工具坐标系$\{T\}$相对于工件坐标系$\{G\}$的位姿${}^{G}_{T}\boldsymbol{T}$，需要机器人改变${}^{B}_{F}\boldsymbol{T}$以使得工具达到规定位姿，根据变换方程(2-15)可以立即求出期望的${}^{B}_{F}\boldsymbol{T}$为

$$ {}^{B}_{F}\boldsymbol{T} = {}^{B}_{W}\boldsymbol{T}\,{}^{W}_{G}\boldsymbol{T}\,{}^{G}_{T}\boldsymbol{T}\,{}^{F}_{T}\boldsymbol{T}^{-1} \tag{2-16} $$

2.3　机器人正运动学

机器人可以看作由一系列连杆通过运动关节连接而成的一个运动链，若给机器人的每一个关节处建立一个坐标系，则机器人末端执行器相对于基坐标系的位置和姿态(位姿)可以通过这些坐标系间的齐次变换矩阵求得。

2.3.1　连杆参数与连杆坐标系

1. 连杆参数

机器人是由一系列连接在一起的连杆构成的，连杆之间通常由一个转动关节或者移动关节组成，每个关节仅具有一个自由度。若从机器人的固定基座开始为连杆进行编号，则可以称固定基座为连杆 0，第一个可动连杆为连杆 1，以此类推，机器人最末端的连杆为连杆 n。为了确定机器人末端执行器在空间中的位置和姿态，需要在每个关节处建立坐标系，通过坐标系间的齐次变换矩阵来获得。

一个连杆两端关节轴的相对关系可以用两个参数来描述，即连杆长度和连杆转角。连杆长度用来描述两相邻关节轴公垂线的长度，连杆转角用来描述两相邻关节轴轴线之间的夹角。相邻两个连杆间的关节运动也可以由两个参数来描述，即连杆偏距和关节角。连杆偏距用来描述沿两相邻连杆公共轴线方向的距离，关节角用来描述两相邻连杆绕公共轴线旋转的夹角。

图 2-5 描述的是相邻两关节间的连杆结构示意图。其中关节轴$i-1$和关节轴i间的公垂线的长度为a_{i-1}，也称为连杆$i-1$的长度；关节轴$i-1$和关节轴i之间的夹角为α_{i-1}。同样，a_i表示连接连杆i两端关节轴的公垂线长度，即连杆i的长度。连杆偏距d_i表示公垂线a_{i-1}与关节轴i的交点到公垂线a_i与关节轴i的交点的轴向距离。当关节i是移动关节时，连杆偏距d_i是一个变量。关节角θ_i描述的是公垂线a_{i-1}的延长线与公垂线a_i之间绕关节轴旋转所形成的夹角。当关节i是转动关节时，关节角θ_i是一个变量。

机器人的每个连杆可以用四个运动学参数来描述，其中两个参数用于描述连杆本身，另外两个参数用于描述连杆之间的连接关系。一般来说，对于转动关节，关节角是变量，其余三个连杆参数固定不变；对于移动关节，连杆偏距是变量，其余三个连杆参数保持固定不变。这种用连杆参数描述机构运动关系的方法称为 Denavit-Hartenberg 法，简称 D-H 参数法。

2. 连杆坐标系

若要对每个连杆与相邻连杆间的相对位置关系进行分析，就需要在每个连杆上定义一个固定坐标系。本书将根据 Craig 法则来建立各个连杆的固定坐标系，如图 2-5 所示。

Craig 法则的特点是每一杆件的坐标系 z 轴和原点固连在该杆件的前一个轴线上，通常按照下面的方法确定连杆上的固定坐标系。固连在连杆i上的固定坐标系称为坐标系$\{i\}$，坐标

系 $\{i\}$ 的原点位于关节轴 i 和 $i+1$ 的公垂线与关节 i 轴线的交点上。如果两相邻关节轴轴线相交于一点，则坐标系原点就在这一交点上。如果两轴线平行，那么就选择原点使其对下一连杆的距离为零。坐标系 $\{i\}$ 的 z 轴和关节 i 的轴线重合，坐标系 $\{i\}$ 的 x 轴在关节轴 i 和 $i+1$ 的公垂线上，方向从 i 指向 $i+1$。坐标系 $\{i\}$ 的 y 轴由右手定则确定。

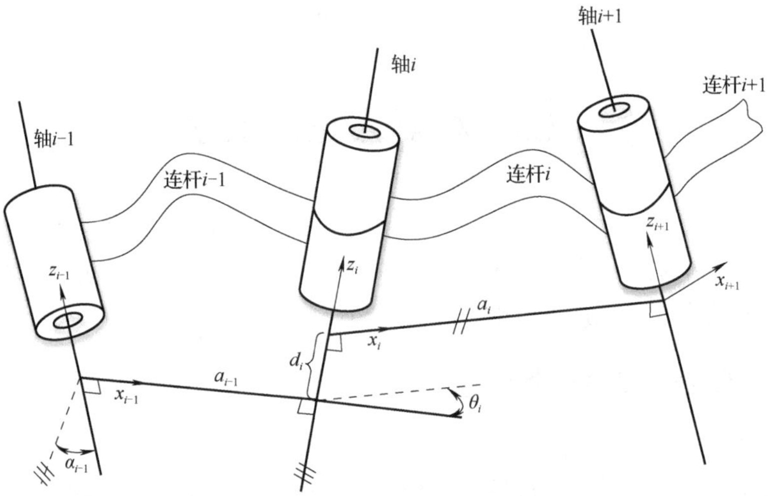

图 2-5　连杆四参数及坐标系建立示意图

固连在机器人基座(即连杆 0)上的坐标系{0}是一个固定不动的坐标系，在研究机器人运动学问题时，一般把这个坐标系看作参考坐标系。而其他连杆坐标系的位姿均在这个参考坐标系中进行描述。

按照上述规定对每个连杆建立坐标系时，相应的连杆参数可以归纳如下：

a_i = 沿 x_i 轴，从 z_i 移动到 z_{i+1} 的距离；

α_i = 绕 x_i 轴，从 z_i 旋转到 z_{i+1} 的角度；

d_i = 沿 z_i 轴，从 x_{i-1} 移动到 x_i 的距离；

θ_i = 绕 z_i 轴，从 x_{i-1} 旋转到 x_i 的角度。

这 4 个参数中，因为 a_i 对应的是距离，其值通常设定为正，其余三个参数的值可以为正，也可以为负。因为 α_i 和 θ_i 分别是绕 x_i 和 z_i 轴旋转定义的，所以它们的正负根据判定旋转矢量方向的右手定则来确定。d_i 为沿 z_i 轴从 x_{i-1} 移动到 x_i 的距离，距离移动时若与 z_i 正向一致则符号取为正。需要指出的是，在计算相邻两坐标系间的齐次变换矩阵时，参数由下标为 $i-1$ 的连杆参数 a_{i-1}、α_{i-1}，以及下标为 i 的关节参数 d_i、θ_i 构成，下标没有完全统一。

对于一个机器人，可以按照以下步骤建立起所有连杆的坐标系。

(1) 找出各关节轴，并标出这些轴线的延长线。在下面的步骤(2)～(5)中仅考虑两条相邻的轴线(关节轴 i 和 $i+1$)。

(2) 找出关节轴 i 和 $i+1$ 之间的公垂线或关节轴 i 和 $i+1$ 之间的交点，以该公垂线和关节轴 i 的交点或关节轴 i 和 $i+1$ 之间的交点作为连杆坐标系 $\{i\}$ 的原点。

(3) 规定 z_i 轴沿关节轴 i 的方向。

(4) 规定 x_i 沿公垂线 a_i 的方向，由关节轴 i 指向关节轴 $i+1$。如果关节轴 i 和 $i+1$ 相交，则规定 x_i 轴垂直于这两条关节轴所在的平面。

(5) 按照右手定则确定 y_i 轴。

当第一个关节变量为 0 时，规定坐标系$\{0\}$和$\{1\}$重合。对于坐标系$\{n\}$，其原点和x_n轴的方向可以任意选取，但在选取时，通常尽量使连杆参数为 0。

需要说明的是，按照上述步骤建立的连杆坐标系并不是唯一的。当选取z_i轴与关节轴i重合时，z_i轴的指向可以有两种选择。当关节轴i和$i+1$相交时，由于x_i轴垂直于这两条关节轴所在的平面，x_i轴的指向也可以有两种选择。当关节轴i和$i+1$平行时，坐标系$\{i\}$的原点可以任意选取(通常选取该原点使之满足$d_i=0$)。另外，当关节为移动关节时，坐标系的选取也有一定的任意性。

2.3.2　连杆变换与运动学方程

对机器人的每个连杆建立坐标系后，就能够通过上述的两个旋转和两个平移来建立坐标系$\{i\}$相对于坐标系$\{i-1\}$的变换。首先为每个连杆定义了三个中间坐标系$\{P\}$、$\{Q\}$和$\{R\}$，如图 2-6 所示。相邻两个连杆坐标系的变换可由下述步骤实现。

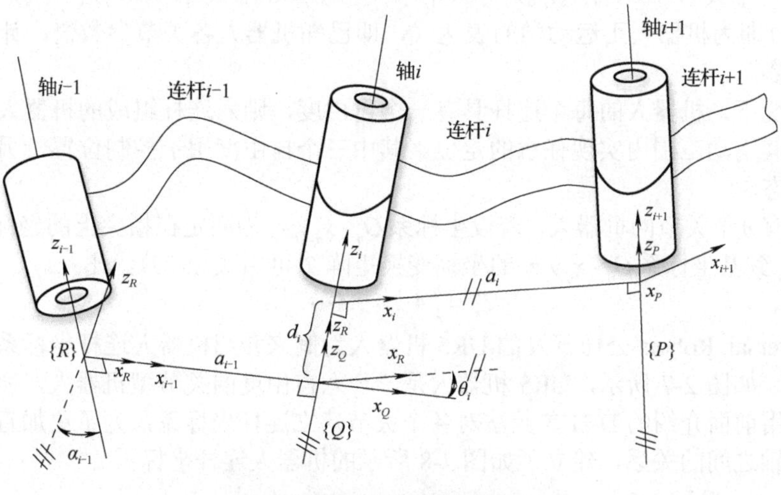

图 2-6　相邻连杆坐标系变换

(1) 绕x_{i-1}轴旋转α_{i-1}角，使坐标系$\{i-1\}$过渡到坐标系$\{R\}$，z_{i-1}转到z_R，并与z_i方向一致。

(2) 坐标系$\{R\}$沿x_{i-1}轴或者x_R轴平移a_{i-1}距离，把坐标系移到关节轴i上，使坐标系$\{R\}$过渡到坐标系$\{Q\}$。

(3) 坐标系$\{Q\}$绕z_i轴或z_Q轴旋转θ_i角，使坐标系$\{Q\}$过渡到坐标系$\{P\}$。

(4) 坐标系$\{P\}$再沿z_i轴平移d_i距离，使坐标系$\{P\}$过渡到和坐标系$\{i\}$重合。

通过上述步骤可以把坐标系$\{i\}$中定义的矢量变换为坐标系$\{i-1\}$中的描述。根据坐标系变换的链式法则，坐标系$\{i-1\}$到坐标系$\{i\}$的变换矩阵可以写成

$$ {}_{i}^{i-1}\boldsymbol{A} = {}_{R}^{i-1}\boldsymbol{A}\,{}_{Q}^{R}\boldsymbol{A}\,{}_{P}^{Q}\boldsymbol{A}\,{}_{i}^{P}\boldsymbol{A} \tag{2-17}$$

式(2-17)中的每一个变换都是仅有一个连杆参数的基础变换(平移或旋转变换)，根据各中间坐标系的设置，式(2-17)可以转化为

$$ {}_{i}^{i-1}\boldsymbol{A} = \mathrm{Rot}(x,\alpha_{i-1})\mathrm{Trans}(a_{i-1},0,0)\mathrm{Rot}(z,\theta_i)\mathrm{Trans}(0,0,d_i) \tag{2-18}$$

进一步研究式（2-17）和式（2-18）的几何含义，可以得知：连杆 i 相对其低序号连杆 i-1 的运动可以分解为绕 x 轴的又转又移和绕 z 轴的又转又移两个螺旋运动的合成，这便是 D-H 参数的几何含义。

由 4 矩阵连乘即可获取式(2-17)的变换通式，即 ${}^{i-1}_{i}\boldsymbol{A}$ 的一般表达式为

$$
{}^{i-1}_{i}\boldsymbol{A}=\begin{bmatrix}\cos\theta_i & -\sin\theta_i & 0 & a_{i-1}\\ \sin\theta_i\cos\alpha_{i-1} & \cos\theta_i\cos\alpha_{i-1} & -\sin\alpha_{i-1} & -d_i\sin\alpha_{i-1}\\ \sin\theta_i\sin\alpha_{i-1} & \cos\theta\sin\alpha_{i-1} & \cos\alpha_{i-1} & d_i\cos\alpha_{i-1}\\ 0 & 0 & 0 & 1\end{bmatrix} \tag{2-19}
$$

则对于一个六自由度串联机械臂来说，其末端手爪对基座的关系 ${}^{0}_{6}\boldsymbol{A}$ 为

$$
{}^{0}_{6}\boldsymbol{A}={}^{0}_{1}\boldsymbol{A}\,{}^{1}_{2}\boldsymbol{A}\,{}^{2}_{3}\boldsymbol{A}\,{}^{3}_{4}\boldsymbol{A}\,{}^{4}_{5}\boldsymbol{A}\,{}^{5}_{6}\boldsymbol{A} \tag{2-20}
$$

若机器人 6 个关节中的变量分别为 $\theta_1\sim\theta_6$，则机器人末端相对于基座的变换矩阵也应该包含这 6 个变量的 4×4 矩阵，即

$$
{}^{0}_{6}\boldsymbol{A}(\theta_1,\theta_2,\theta_3,\theta_4,\theta_5,\theta_6)={}^{0}_{1}\boldsymbol{A}(\theta_1)\,{}^{1}_{2}\boldsymbol{A}(\theta_2)\,{}^{2}_{3}\boldsymbol{A}(\theta_3)\,{}^{3}_{4}\boldsymbol{A}(\theta_4)\,{}^{4}_{5}\boldsymbol{A}(\theta_5)\,{}^{5}_{6}\boldsymbol{A}(\theta_6) \tag{2-21}
$$

式(2-21)即为机器人正运动学的表达式，即已知机器人各关节参数值，计算出末端相对于基座的位姿。

一般情况下，机器人的每个连杆具有一个自由度，则六连杆组成的机器人具有六个自由度，能够在其运动范围内实现任意的定位。其中三个自由度用于控制位置，另外三个自由度用于规定姿态。

对于具有 n 个关节的机器人，若设坐标系 O_n - $x_ny_nz_n$ 为固定在指尖上的坐标系，则从坐标系 O_n - $x_ny_nz_n$ 到基坐标系 O_0 - $x_0y_0z_0$ 的坐标变换矩阵 $\boldsymbol{T}$ 可由式(2-22)给出：

$$
\boldsymbol{T}_n={}^{0}_{1}\boldsymbol{A}\,{}^{1}_{2}\boldsymbol{A}\,{}^{2}_{3}\boldsymbol{A}\cdots{}^{n-1}_{n}\boldsymbol{A} \tag{2-22}
$$

以 Universal Robots 公司开发的 UR5 机器人为例来介绍机器人连杆坐标系的建立和 D-H 参数的确定。如图 2-7 所示，UR5 机器人是一个六自由度的关节型机器人，所有关节均为转动关节。采用前面介绍的 D-H 参数法对各个关节建立连杆坐标系，为了更加直观和清晰地表达各个坐标轴之间的关系，建立了如图 2-8 所示的机器人连杆坐标系。

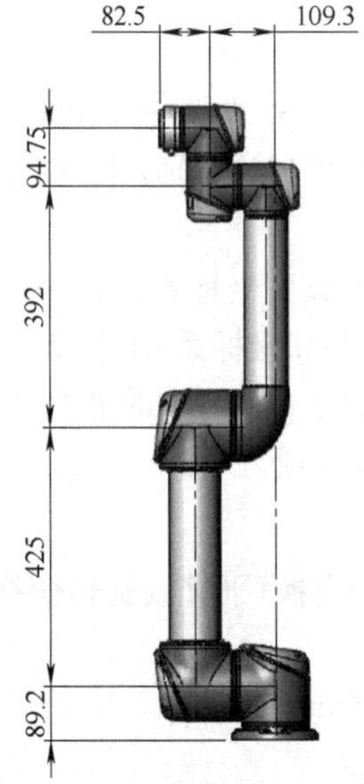

图 2-7 UR5 机器人结构尺寸

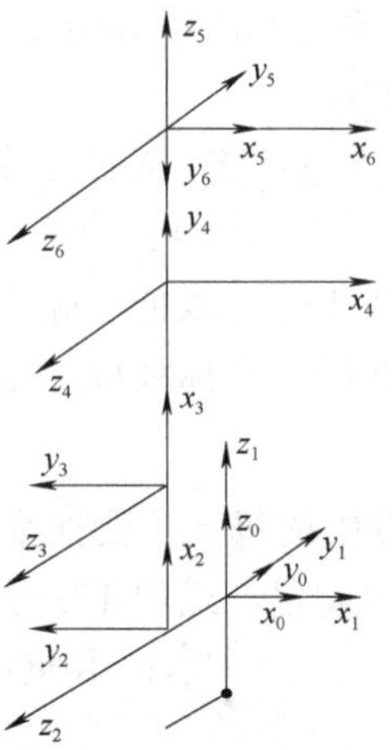

图 2-8 UR5 机器人连杆坐标系

首先定义参考坐标系{0}，该坐标系与坐标系{1}的 z 轴重合，且当第一个关节的变量值 $\theta_1 = 0$ 时，坐标系{0}和坐标系{1}重合。为分析方便，将第一关节轴线和第二关节轴线的交点作为坐标系{0}和{1}的原点，两坐标系的 x 轴与第一关节轴线和第二关节轴线垂直且指向外侧，y 轴则通过右手定则得出。UR5 六自由度关节型机器人的 D-H 参数如表 2-1 所示。

表 2-1　UR5 六自由度关节型机器人的 D-H 参数

连杆 i	a_{i-1}	α_{i-1}	d_i	θ_i
1	0	0	0	0
2	0	90°	109.3 mm	90°
3	425 mm	0	0	0
4	392 mm	0	0	−90°
5	0	−90°	94.75 mm	0
6	0	90°	0	0

2.3.3　UR5 机器人运动学实例

机器人正运动学问题是指在给定各个关节变量及连杆参数的条件下求解机器人末端执行器的位置和姿态。通过上述分析可知，机器人正运动学可用一系列坐标系间的相对变换矩阵来表示，一般针对开链式的机器人结构。

下面以图 2-7 所示的 UR5 关节型机器人为例来讨论机器人的运动学问题。对于这个机器人，正运动学问题就是求解该机器人末端坐标系在基坐标系中的位置和姿态，即求解机器人基坐标系 O_0 - $x_0y_0z_0$ 到末端连杆坐标系{6}的变换矩阵。

根据式(2-22)和表 2-1 中所列的连杆参数，各个连杆的变换矩阵可表示为

$$
{}^0_1\boldsymbol{A}=\begin{bmatrix} c_1 & -s_1 & 0 & 0\\ s_1 & c_1 & 0 & 0\\ 0 & 0 & 1 & 0\\ 0 & 0 & 0 & 1\end{bmatrix},\quad
{}^1_2\boldsymbol{A}=\begin{bmatrix} c_2 & -s_2 & 0 & 0\\ 0 & 0 & -1 & -d_2\\ s_2 & c_2 & 0 & 0\\ 0 & 0 & 0 & 1\end{bmatrix},\quad
{}^2_3\boldsymbol{A}=\begin{bmatrix} c_3 & -s_3 & 0 & a_2\\ s_3 & c_3 & 0 & 0\\ 0 & 0 & 1 & 0\\ 0 & 0 & 0 & 1\end{bmatrix}
$$

$$
{}^3_4\boldsymbol{A}=\begin{bmatrix} c_4 & -s_4 & 0 & a_3\\ s_4 & c_4 & 0 & 0\\ 0 & 0 & 1 & 0\\ 0 & 0 & 0 & 1\end{bmatrix},\quad
{}^4_5\boldsymbol{A}=\begin{bmatrix} c_5 & -s_5 & 0 & 0\\ 0 & 0 & 1 & d_5\\ -s_5 & c_5 & 0 & 0\\ 0 & 0 & 0 & 1\end{bmatrix},\quad
{}^5_6\boldsymbol{A}=\begin{bmatrix} c_6 & -s_6 & 0 & 0\\ 0 & 0 & -1 & 0\\ s_6 & c_6 & 0 & 0\\ 0 & 0 & 0 & 1\end{bmatrix}
$$

式中，s_i 和 c_i 分别是 $\sin\theta_i$ 和 $\cos\theta_i$ 的简写。

将各连杆的变换矩阵相乘，得 UR5 的机械手变换矩阵，即

$$
{}^0_6\boldsymbol{T} = {}^0_1\boldsymbol{A}(\theta_1)\,{}^1_2\boldsymbol{A}(\theta_2)\,{}^2_3\boldsymbol{A}(\theta_3)\,{}^3_4\boldsymbol{A}(\theta_4)\,{}^4_5\boldsymbol{A}(\theta_5)\,{}^5_6\boldsymbol{A}(\theta_6) \tag{2-23}
$$

其为关节变量 $\theta_1,\theta_2,\cdots,\theta_6$ 的函数。若要求解此运动方程，须先计算一些中间结果：

$$
{}^4_6\boldsymbol{T} = {}^4_5\boldsymbol{A}\,{}^5_6\boldsymbol{A}=\begin{bmatrix} c_5c_6 & -c_5s_6 & s_5 & 0\\ s_6 & c_6 & 0 & d_5\\ -c_6s_5 & s_5s_6 & c_5 & 0\\ 0 & 0 & 0 & 1\end{bmatrix} \tag{2-24}
$$

$$
{}^{3}_{6}\boldsymbol{T} = {}^{3}_{4}\boldsymbol{A}\ {}^{4}_{6}\boldsymbol{T} = \begin{bmatrix} c_4c_5c_6 - s_4s_6 & -c_4c_5s_6 - s_4c_6 & c_4s_5 & a_3 - d_5s_4 \\ s_4c_5c_6 + c_4s_6 & -s_4c_5s_6 + c_4c_6 & s_4s_5 & d_5c_4 \\ -s_5c_6 & s_5s_6 & c_5 & 0 \\ 0 & 0 & 0 & 1 \end{bmatrix} \tag{2-25}
$$

由于 UR5 机器人的关节 2 和关节 3 轴线相互平行，将 ${}^{1}_{2}\boldsymbol{A}(\theta_2)$ 和 ${}^{2}_{3}\boldsymbol{A}(\theta_3)$ 相乘可得

$$
{}^{1}_{3}\boldsymbol{T} = {}^{1}_{2}\boldsymbol{A}\ {}^{2}_{3}\boldsymbol{A} = \begin{bmatrix} c_{23} & -s_{23} & 0 & a_2c_2 \\ 0 & 0 & -1 & -d_2 \\ s_{23} & c_{23} & 0 & a_2s_2 \\ 0 & 0 & 0 & 1 \end{bmatrix} \tag{2-26}
$$

式中，$c_{23} = \cos(\theta_2 + \theta_3) = c_2c_3 - s_2s_3$；$s_{23} = \sin(\theta_2 + \theta_3) = c_2s_3 + s_2c_3$。可见，两转动关节平行时，利用角度之和的公式，可以得到比较简单的表达式。

最后，得到六连杆坐标变换矩阵的乘积，即为 UR5 机器人的正运动学方程。该方程描述了机器人末端执行器坐标系相对于基坐标系的位姿。

$$
{}^{0}_{6}\boldsymbol{T} = {}^{0}_{1}\boldsymbol{T}\ {}^{1}_{3}\boldsymbol{T}\ {}^{3}_{6}\boldsymbol{T} = \begin{pmatrix} n_x & o_x & a_x & p_x \\ n_y & o_y & a_y & p_y \\ n_z & o_z & a_z & p_z \\ 0 & 0 & 0 & 1 \end{pmatrix} \tag{2-27}
$$

式中

$$
\begin{aligned}
n_x &= -s_1s_5c_6 + c_1(c_{234}c_5c_6 - s_{234}s_6) \\
n_y &= c_{234}c_5c_6s_1 + c_1c_6s_5 - s_1s_{234}s_6 \\
n_z &= s_{234}c_5c_6 + c_{234}s_6 \\
o_x &= s_1s_5s_6 - c_1(s_{234}c_6 + c_{234}c_5s_6) \\
o_y &= -c_6s_1s_{234} - s_6(s_5c_1 + c_{234}c_5s_1) \\
o_z &= c_{234}c_6 - c_5s_{234}s_6 \\
a_x &= s_1c_5 + c_1c_{234}s_5 \\
a_y &= -c_1c_5 + c_{234}s_1s_5 \\
a_z &= s_{234}s_5 \\
p_x &= d_2s_1 + c_1(a_2c_2 + a_3c_{23} - d_5s_{234}) \\
p_y &= -d_2c_1 + s_1(a_2c_2 + a_3c_{23} - d_5s_{234}) \\
p_z &= a_3s_{23} + a_2s_2 + d_5c_{234}
\end{aligned}
$$

式(2-27)表示的 UR5 机械手变换矩阵 ${}^{0}_{6}\boldsymbol{T}$，描述了机器人末端执行器坐标系 {6} 相对固定基坐标系 {0} 的位姿，即 UR5 机器人的正运动学方程。

为了计算初始位置状态下 ${}^{0}_{6}\boldsymbol{T}$ 的值，计算 $\theta_1 = 0°$，$\theta_2 = 90°$，$\theta_3 = 0°$，$\theta_4 = -90°$，$\theta_5 = \theta_6 = 0°$ 时机器人机械手变换矩阵 ${}^{0}_{6}\boldsymbol{T}$ 的值，计算结果为

$$
{}^{0}_{6}\boldsymbol{T} = \begin{bmatrix} 1 & 0 & 0 & 0 \\ 0 & 0 & -1 & -d_2 \\ 0 & 1 & 0 & a_2 + a_3 + d_5 \\ 0 & 0 & 0 & 1 \end{bmatrix} \tag{2-28}
$$

2.4　机器人逆运动学

前面介绍了机器人运动学中的正运动学问题，即在已知各个关节变量及连杆参数的情况下求解机器人末端坐标系相对于基坐标系的变换矩阵。而逆运动学讨论的则是已知机器人末端执行器相对于基坐标系中的位置和姿态及连杆参数，如何求解各个关节变量的问题。

2.4.1　逆解的可解性

机器人逆运动学的解是否存在取决于所给定的末端位姿是否存在于机器人的工作空间内。机器人的工作空间即为机器人末端执行器所有到达点的集合。若逆运动学有解，则该末端点的位姿必然落在机器人的工作空间内。也就是说，若机器人末端点的位姿在机器人的工作空间内，则至少有一组关节变量使机器人能够到达此位姿。

为方便理解，下面以平面二自由度连杆机器人为例进行说明，如图 2-9 所示。该机器人的工作空间为连杆 1 和连杆 2 组成的环形区域，该环形区域的外边界为连杆 1 长度 l_1 和连杆 2 长度 l_2 组成的半径为 l_1+l_2 的圆，内边界为半径为 $|l_1-l_2|$ 的圆。在该环形区域内部，两连杆机器人的逆解可能存在两组，在该环形区域边界，即机器人末端点落在内外边界圆上，此两连杆机器人的逆解只可能存在一组。

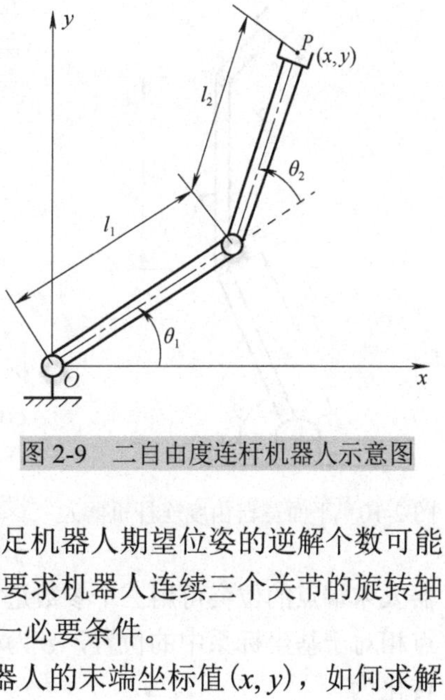

图 2-9　二自由度连杆机器人示意图

当给定机器人末端执行器的位置和姿态后，能够满足给定期望位姿的各个参数变量的组合不一定是唯一的，即逆运动学存在多解的可能。例如，当机器人的关节个数小于 6 时，无论怎样确定各个关节值，都会存在一些机器人无法到达的位置和姿态；当机器人关节个数大于 6 时，满足机器人期望位姿的逆解个数可能存在很多个；当机器人关节个数等于 6 时，有解析解通常要求机器人连续三个关节的旋转轴相交于一点。目前大多数工业串联机器人基本上都满足这一必要条件。

对于如图 2-9 所示的二自由度连杆机器人，若已知机器人的末端坐标值 (x, y)，如何求解此状态下各连杆关节转角值呢？

根据图 2-9 中所描述的二自由度连杆机器人的几何关系，其末端坐标与关节参数的映射关系如下：

$$x = l_1\cos\theta_1 + l_2\cos(\theta_1+\theta_2) \tag{2-29}$$

$$y = l_1\sin\theta_1 + l_2\sin(\theta_1+\theta_2) \tag{2-30}$$

将式 (2-29) 和式 (2-30) 左右两端平方后相加可得

$$x^2 + y^2 = l_1^2 + l_2^2 + 2l_1l_2\cos\theta_2 \tag{2-31}$$

根据式 (2-31) 可求解出此状态下的关节转角值 θ_2 为

$$\theta_2 = \arccos\left(\frac{x^2+y^2-l_1^2-l_2^2}{2l_1l_2}\right) \tag{2-32}$$

将式(2-32)代入式(2-29)即可求解出 θ_1 的值。

2.4.2 逆解的求解方法

对于机器人逆运动学的求解，其本质上是求解机器人末端位姿与关节变量所组成的非线性方程组。与求解线性方程组不同，非线性方程组没有通用的求解方法。

机器人逆运动学的封闭解法分为代数法和几何法两类。这两种方法的区别不是特别明显，任何几何法中都引入了代数描述，主要区别就是求解过程不同。下面将以一个平面三自由度连杆机器人为例分别对两种方法进行简要介绍，使读者较为容易地理解机器人逆运动学的求解方法。

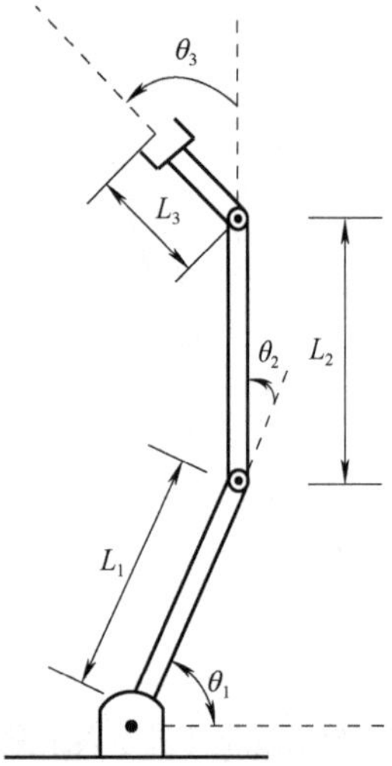

图 2-10 平面三自由度连杆机器人

1. 代数法

图 2-10 为一平面三自由度连杆机器人，三个关节均为转动关节，因此该机器人也可称为 RRR(3R)机器人。机器人的结构参数和关节变量如图 2-10 所示，按照前面所介绍的运动学建模方法，即可方便地得到该机器人的正运动学方程：

$$ {}_T^B\boldsymbol{T} = {}_3^0\boldsymbol{T} = \begin{bmatrix} c_{123} & -s_{123} & 0 & L_1c_1+L_2c_{12} \\ s_{123} & c_{123} & 0 & L_1s_1+L_2s_{12} \\ 0 & 0 & 1 & 0 \\ 0 & 0 & 0 & 1 \end{bmatrix} \tag{2-33}$$

式中，齐次变换矩阵 ${}_T^B\boldsymbol{T}$ 的上标和下标分别表示机器人的基坐标系$\{B\}$和机器人末端手爪坐标系$\{T\}$；c_{123} 和 s_{123} 分别表示 $\cos(\theta_1+\theta_2+\theta_3)$ 和 $\sin(\theta_1+\theta_2+\theta_3)$，其他情况依次类推。

为了求解该平面三自由度连杆机器人的运动学逆解，假设机器人末端点的位姿已知，即机器人末端手爪坐标系相对于基坐标系的齐次变换矩阵 ${}_T^B\boldsymbol{T}$ 已知。为了方便求解，假设机器人末端点的位姿可用三个参数进行描述，分别为 x、y 和 ϕ。其中 x、y 描述的是机器人末端点相对于基坐标系中的位置，ϕ 为机器人末端手爪相对于基坐标系中的方位。则可将式(2-33)转化为

$$ {}_T^B\boldsymbol{T} = {}^0\begin{bmatrix} c_\phi & -s_\phi & 0 & x \\ s_\phi & c_\phi & 0 & y \\ 0 & 0 & 1 & 0 \\ 0 & 0 & 0 & 1 \end{bmatrix}_3 \tag{2-34}$$

式中，s_ϕ 和 c_ϕ 分别表示 $\sin\phi$ 和 $\cos\phi$ 的缩写。令式(2-33)和式(2-34)对应元素相等，可得到以下四个非线性方程：

$$c_\phi = c_{123} \tag{2-35}$$

$$s_\phi = s_{123} \tag{2-36}$$

$$x = L_1 c_1 + L_2 c_{12} \tag{2-37}$$

$$y = L_1 s_1 + L_2 s_{12} \tag{2-38}$$

下面通过代数法来求解式(2-35)～式(2-38)，首先将式(2-37)和式(2-38)方程两端分别平方再相加，可得

$$x^2 + y^2 = L_1^2 + L_2^2 + 2L_1L_2c_2 \tag{2-39}$$

由式(2-39)即可得到

$$c_2 = \frac{x^2 + y^2 - L_1^2 - L_2^2}{2L_1L_2} \tag{2-40}$$

若式(2-40)有解，则机器人末端点必落在机器人的可达工作空间内。若逆解不存在，则机器人末端点不在机器人的可达工作空间内。

假设机器人末端点 x、y 在其工作空间内，则根据式(2-40)，s_2 的表达式为

$$s_2 = \pm\sqrt{1 - c_2^2} \tag{2-41}$$

结合式(2-40)和式(2-41)，并利用双变量反正切函数，即可得到 θ_2：

$$\theta_2 = \arctan 2(s_2, c_2) \tag{2-42}$$

由式(2-41)可知，该平面三自由度连杆机器人有两组解。

为求解 θ_1，将由式(2-42)求解出来的 θ_2 代入式(2-37)和式(2-38)中，将其化简可得

$$x = k_1 c_1 - k_2 s_1 \tag{2-43}$$

$$y = k_1 s_1 + k_2 c_1 \tag{2-44}$$

式中，$k_1 = L_1 + L_2 c_2$；$k_2 = L_2 s_2$。

为求解方便，令 $r = \sqrt{k_1^2 + k_2^2}$，$\gamma = \arctan 2(k_2, k_1)$，则有

$$\begin{cases} k_1 = r\cos\gamma \\ k_2 = r\sin\gamma \end{cases} \tag{2-45}$$

然后将式(2-43)和式(2-44)化简为

$$\frac{x}{r} = \cos\gamma\cos\theta_1 - \sin\gamma\sin\theta_1 \tag{2-46}$$

$$\frac{y}{r} = \cos\gamma\sin\theta_1 + \sin\gamma\cos\theta_1 \tag{2-47}$$

则有 $\cos(\gamma + \theta_1) = \frac{x}{r}$，$\sin(\gamma + \theta_1) = \frac{y}{r}$，然后利用双变量反正切函数可求解出 θ_1：

$$\theta_1 = \arctan 2(y, x) - \arctan(k_2, k_1) \tag{2-48}$$

由式(2-43)和式(2-44)可知，当 θ_2 符号的变化影响 k_2 的符号时，将会影响 θ_1 的结果。同时，若式(2-48)中 $x = y = 0$，则 θ_1 可取任意值。

在求解出 θ_1、θ_2 之后，再结合式(2-35)和式(2-36)即可求解出 θ_3：

$$\theta_3 = \arctan 2(s_\phi, c_\phi) - \theta_1 - \theta_2 \tag{2-49}$$

以上即为通过代数法来求解平面三自由度连杆机器人运动学逆解的过程。由以上求解过程可知，该平面连杆机器人的逆解有 2 组。代数法是机器人逆运动学问题基本的求解方法之一，本节只通过简单的平面三自由度连杆机器人对代数法进行简单介绍，若要深入了解，可参考其他文献资料。

2. 几何法

在通过几何法求解机器人运动学逆解的过程中，需要将机器人的空间几何参数分解成平面几何参数。几何法比较适用于一些少自由度的机器人及一些特殊位形的机器人求逆解过程。下面将以平面二自由度连杆机器人为例，来简要介绍通过几何法求解机器人运动学逆解的过程。图 2-11 中有平面二连杆机器人的结构示意，由图中可知，该平面两连杆机器人在同一个目标点被基坐标系{0}原点和末端坐标系原点 P 连线 OP 分割成了两种不同的位形，即该机器人运动学有两组逆解。

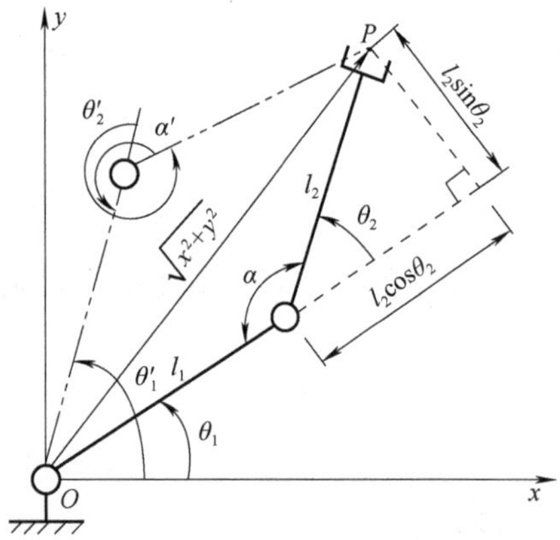

图 2-11 二自由度机械臂逆运动学分析图

对于图 2-11 所示的实线构成的三角形(机器人的某一位形)，通过余弦定理可得

$$x^2+y^2=l_1^2+l_2^2-2l_1l_2\cos\alpha \tag{2-50}$$

则有

$$\alpha=\pm\arccos\left(\frac{l_1^2+l_2^2-x^2-y^2}{2l_1l_2}\right) \tag{2-51}$$

为使式(2-51)有解，则实线三角形的长边 $\sqrt{x^2+y^2}$ 必须小于等于两连杆长度之和 l_1+l_2，以此来判断该机器人运动学逆解是否存在。当机器人末端点超过其自身的工作空间时，机器人位形构成的三角形就不满足此条件，即运动学逆解不存在。

若机器人的末端点在其工作空间内，在通过式(2-51)求解出夹角 α 后，可以通过平面几何关系求得机器人在此位形下的转角 θ_2、θ_1：

$$\theta_2=\pi-\alpha \tag{2-52}$$

$$\theta_1=\arctan2(y,x)-\arctan\left(\frac{l_2\sin\theta_2}{l_1+l_2\cos\theta_2}\right) \tag{2-53}$$

当机器人处于图 2-11 所示的虚线位形时，有另外一组解：

$$\theta_2'=\pi+\alpha \tag{2-54}$$

$$\theta_1'=\arctan2(y,x)+\arctan\left(\frac{l_2\sin\theta_2}{l_1+l_2\cos\theta_2}\right) \tag{2-55}$$

以上为几何法求解机器人运动学逆解的过程。

本节通过简单的实例对基于代数法和几何法求解机器人运动学逆解的过程进行了介绍，使读者能够了解这两种求解方法的过程和求解思路。除了以上两种方法，机器人运动学逆解的求解方法还有变换解法，如欧拉变换解法、RPY 变换解法和球面变换解法等。

2.4.3 UR5 运动学逆解

仍以图 2-7 所示的 UR5 机器人为例，其正运动学的解析表达式见式(2-27)。当机器人末端执行器坐标系相对于固定基坐标系的位姿矩阵 $\boldsymbol{T}$ 已知时，求与之相对应的各关节参数值。首先，式(2-27)可以写为

$$\boldsymbol{T}=\begin{pmatrix} n_x & o_x & a_x & p_x \\ n_y & o_y & a_y & p_y \\ n_z & o_z & a_z & p_z \\ 0 & 0 & 0 & 1 \end{pmatrix}={}_1^0\boldsymbol{A}(\theta_1)\,{}_2^1\boldsymbol{A}(\theta_2)\,{}_3^2\boldsymbol{A}(\theta_3)\,{}_4^3\boldsymbol{A}(\theta_4)\,{}_5^4\boldsymbol{A}(\theta_5)\,{}_6^5\boldsymbol{A}(\theta_6) \tag{2-56}$$

为求解 θ_1，在式(2-56)两边同时乘以 ${}_1^0\boldsymbol{A}^{-1}(\theta_1)$，将含有 θ_1 的部分移动到方程的左边，可得

$$ {}_1^0\boldsymbol{A}^{-1}(\theta_1)\boldsymbol{T}={}_2^1\boldsymbol{A}(\theta_2)\,{}_3^2\boldsymbol{A}(\theta_3)\,{}_4^3\boldsymbol{A}(\theta_4)\,{}_5^4\boldsymbol{A}(\theta_5)\,{}_6^5\boldsymbol{A}(\theta_6) \tag{2-57}$$

将 ${}_1^0\boldsymbol{A}(\theta_1)$ 转置，可得到

$$\begin{pmatrix} \mathrm{c}_1 & \mathrm{s}_1 & 0 & 0 \\ -\mathrm{s}_1 & \mathrm{c}_1 & 0 & 0 \\ 0 & 0 & 1 & 0 \\ 0 & 0 & 0 & 1 \end{pmatrix}\begin{pmatrix} n_x & o_x & a_x & p_x \\ n_y & o_y & a_y & p_y \\ n_z & o_z & a_z & p_z \\ 0 & 0 & 0 & 1 \end{pmatrix}={}_6^1\boldsymbol{A} \tag{2-58}$$

令式(2-58)两边的元素(2,4)相等，则有

$$-\mathrm{s}_1 p_x+\mathrm{c}_1 p_y=-d_2 \tag{2-59}$$

三角恒等变换条件为

$$p_x=\rho\sin\phi \quad , \qquad p_y=\rho\cos\phi \tag{2-60}$$

式中，$\rho=\sqrt{p_x^2+p_y^2}$；$\phi=\arctan 2(p_x,p_y)$。将式(2-60)代入式(2-59)中，可得到 θ_1 的解：

$$\begin{cases} \cos(\phi+\theta_1)=-d_2/\rho \quad , \qquad \sin(\phi+\theta_1)=\pm\sqrt{1-(d_2/\rho)^2} \\ \phi+\theta_1=a\tan 2\left(\pm\sqrt{1-(d_2/\rho)^2},-d_2/\rho\right) \\ \theta_1=-a\tan 2(p_x,p_y)+a\tan 2(\pm\sqrt{1-(d_2/\rho)^2},-d_2/\rho) \end{cases} \tag{2-61}$$

式(2-61)即为 θ_1 的解析解，正、负号表示其值可能有两个不同的解。在选择 θ_1 的一个解后，将其代入式(2-58)，令两边元素(2,3)相等，则有

$$-\mathrm{s}_1 a_x+\mathrm{c}_1 a_y=-\cos\theta_5 \tag{2-62}$$

则可解得 θ_5 的值为

$$\theta_5=\pm\arccos(\mathrm{s}_1 a_x-\mathrm{c}_1 a_y) \tag{2-63}$$

式中，正负号分别对应 θ_5 的两个解。

再令方程(2-58)中的元素(2,1)和元素(2,2)分别对应相等，则存在以下关系：

$$\begin{cases} -\mathrm{s}_1 n_x+\mathrm{c}_1 n_y=\mathrm{s}_5\mathrm{c}_6 \\ -\mathrm{s}_1 o_x+\mathrm{c}_1 o_y=-\mathrm{s}_5\mathrm{s}_6 \end{cases} \tag{2-64}$$

将式(2-64)的方程两端分别相除，可得到

$$\theta_6=\arctan 2(\mathrm{s}_1 o_x-\mathrm{c}_1 o_y,-\mathrm{s}_1 n_x+\mathrm{c}_1 n_y) \tag{2-65}$$

在求解出 $\theta_1,\theta_5,\theta_6$ 后，将其代入式(2-56)，并将包含 $\theta_1,\theta_5,\theta_6$ 参数的表达式转到方程式的左端，可有

$$ {}_{1}^{0}\boldsymbol{A}^{-1}(\theta_1)\,\boldsymbol{T}\,{}_{6}^{5}\boldsymbol{A}^{-1}(\theta_6)\,{}_{5}^{4}\boldsymbol{A}^{-1}(\theta_5)=\begin{bmatrix} c_{234} & -s_{234} & 0 & a_3c_{23}+a_2c_2 \\ 0 & 0 & -1 & -d_2 \\ s_{234} & c_{234} & 0 & a_3s_{23}+a_2s_2 \\ 0 & 0 & 0 & 1 \end{bmatrix} \tag{2-66} $$

而式(2-66)左端可转化为

$$ {}_{1}^{0}\boldsymbol{A}^{-1}(\theta_1)\,\boldsymbol{T}\,{}_{6}^{5}\boldsymbol{A}^{-1}(\theta_6)\,{}_{5}^{4}\boldsymbol{A}^{-1}(\theta_5)=\begin{bmatrix} c_1m_x+s_1m_y & c_1k_x+s_1k_y & c_1l_x+s_1l_y & c_1q_x+s_1q_y \\ -s_1m_x+c_1m_y & -s_1k_x+c_1k_y & -s_1l_x+c_1l_y & -s_1q_x+c_1q_y \\ m_z & k_z & l_z & q_z \\ 0 & 0 & 0 & 1 \end{bmatrix} \tag{2-67} $$

式中

$$ \begin{aligned} m_* &= s_5c_6n_*-c_5s_6o_*+s_5a_* \\ k_* &= s_6n_*+c_6o_* \\ l_* &= -s_5c_6n_*+s_5s_6o_*+c_5a_* \\ q_* &= -d_5s_6n_*-d_5c_6o_*+p_* \end{aligned} $$

其中下标*分别表示 x, y, z。令式(2-66)和式(2-67)中的元素(1,4)和(3,4)分别相等，有

$$ \begin{cases} a_2c_2+a_3c_{23}=c_1(-d_5s_6n_x-d_5c_6o_x+p_x)+s_1(-d_5s_6n_y-d_5c_6o_y+p_y) \\ a_2s_2+a_3s_{23}=-d_5c_6o_z+p_z-d_5n_zs_6 \end{cases} \tag{2-68} $$

令 $m=c_1(-d_5s_6n_x-d_5c_6o_x+p_x)+s_1(-d_5s_6n_y-d_5c_6o_y+p_y)$， $n=-d_5s_6n_z-d_5c_6o_z+p_z$，于是有 $a_2c_2+a_3c_{23}=m$， $a_2s_2+a_3s_{23}=n$，平方相加，可得

$$ \begin{cases} m^2+n^2=a_2^2+a_3^2+2a_2a_3(c_2c_{23}+s_2s_{23}) \\ c_3=\dfrac{m^2+n^2-a_2^2-a_3^2}{2a_2a_3} \end{cases} \tag{2-69} $$

则

$$ \theta_3=\pm\arccos\left(\frac{m^2+n^2-a_2^2-a_3^2}{2a_2a_3}\right) \tag{2-70} $$

有两解。然后将其代入式(2-69)中，得

$$ \begin{cases} a_3(c_2c_3-s_2s_3)+a_2c_2=m \\ a_3(s_2c_3+c_2s_3)+a_2s_2=n \end{cases} \tag{2-71} $$

化简可得

$$ \begin{cases} a_2+a_3c_3-a_3s_3\tan\theta_2=\dfrac{m}{c_2} \\ (a_2+a_3c_3)\tan\theta_2+a_3s_3=\dfrac{n}{c_2} \end{cases} \tag{2-72} $$

将式(2-72)两端相除消去 c_2，化简可得

$$ \theta_2=\arctan\left(\frac{n(a_2+a_3c_3)-ma_3s_3}{m(a_2+a_3c_3)+na_3s_3}\right) \tag{2-73} $$

最后根据式(2-66)可得

$$\theta_2+\theta_3+\theta_4=\arctan\left(\frac{s_5c_6n_z-c_5s_6o_z+s_5a_z}{c_1(s_5c_6n_x-c_5s_6o_x+s_5a_x)+s_1(s_5c_6n_y-c_5s_6o_y+s_5a_y)}\right) \tag{2-74}$$

从而可以推算出 θ_4 的值。

由上可知，UR5 机器人的运动学逆解个数存在 8 种可能。但在实际应用过程中，由于结构的限制，即机器人某些关节转角变化范围有限，某些解无法实现。在机器人存在多解的情况下，通常根据工作环境和任务需求，选择最合适的解进行运动控制。

2.5　机器人的雅可比矩阵

在本节中，对机器人机械臂的讨论将扩展到静态位置问题以外，研究刚体线速度和角速度的表示方法，并且运用这些概念去分析机械臂的运动。同时，我们将讨论作用在刚体上的力，应用这些概念去研究机械臂的静力学问题。在关于速度和静力的研究中，将得出一个称为机械臂雅可比的实矩阵，本节将对该矩阵进行介绍。

2.5.1　刚体的线速度和角速度

刚体的运动描述主要与速度有关，包括线速度和角速度，这些概念将平移和转动的描述扩展到时变的情况。把坐标系固连在所要描述的刚体上，刚体运动等同于一个坐标系相对于另一个坐标系的运动。

1. 线速度

把坐标系$\{B\}$固连在一刚体上，要求描述$\{B\}$上一点 Q 相对于坐标系$\{A\}$的运动 $^{B}\boldsymbol{Q}$，如图 2-12 所示。这里认为坐标系$\{A\}$是固定的。

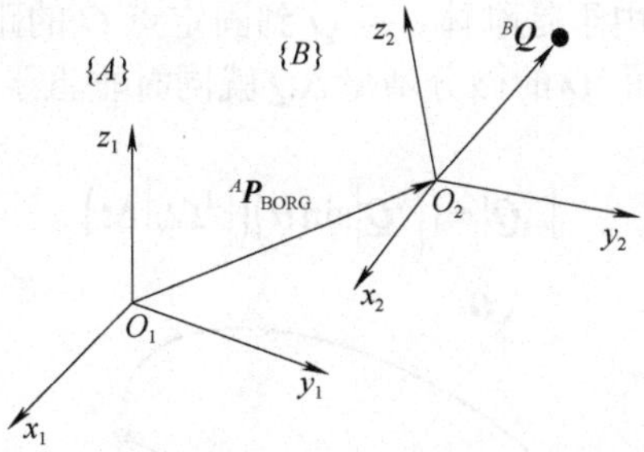

图 2-12　坐标系$\{B\}$以速度 $^{A}\boldsymbol{V}_{\text{BORG}}$ 相对于坐标系$\{A\}$平移

坐标系$\{B\}$相对于坐标系$\{A\}$的位置用位置矢量 $^{A}\boldsymbol{P}_{\text{BORG}}$ 和旋转矩阵 $^{A}_{B}\boldsymbol{R}$ 来描述。此时，假定姿态 $^{A}_{B}\boldsymbol{R}$ 不随时间变化，则 Q 点相对于坐标系$\{A\}$的运动是由 $^{A}\boldsymbol{P}_{\text{BORG}}$ 或 $^{B}\boldsymbol{Q}$ 随时间的变化引起的。

求解坐标系$\{A\}$中 Q 点的线速度是非常简单的。只要写出坐标系$\{A\}$中的两个速度分量，求其和为

$$^{A}\boldsymbol{V}_Q={}^{A}\boldsymbol{V}_{\text{BORG}}+{}^{A}_{B}\boldsymbol{R}\,{}^{B}\boldsymbol{V}_Q \tag{2-75}$$

式(2-75)只适用于坐标系$\{B\}$和坐标系$\{A\}$的相对姿态保持不变的情况。

2. 角速度

现在讨论两坐标系的原点重合、相对线速度为零的情况，而且它们的原点始终保持重合。其中一个或这两个坐标系固连在刚体上，为表达清楚起见，在图 2-13 中没有表示出刚体。

坐标系{B}相对于坐标系{A}的姿态是随时间变化的。如图 2-13 所示，{B}相对于{A}的旋转角速度可用矢量 ${}^{A}\boldsymbol{\Omega}_B$ 来表示。已知矢量 ${}^{B}\boldsymbol{Q}$ 确定了坐标系{B}中一个固定点的位置。现在，考虑这样一个问题：从坐标系{A}看固定在坐标系{B}中的矢量，这个矢量将如何随时间变化？

因为点 Q 是刚体{B}上的一个固定点，故从坐标系{B}看矢量 Q 是不变的，即

$$ {}^{B}\boldsymbol{V}_Q = 0 \tag{2-76} $$

虽然它相对于{B}不变，但是从坐标系{A}中看点 Q 的速度可以由刚体{B}的旋转角速度引起。为求点 Q 的速度，采用一个直观的方法。参考图 2-13，可以直观的理解刚体{B}瞬时在绕矢量 ${}^{A}\boldsymbol{\Omega}_B$ 转动，于是刚体上的一个固定点 Q 跟着刚体{B}一起运动，显然如果点 Q 恰好位于瞬时转动轴线 ${}^{A}\boldsymbol{\Omega}_B$ 上，则它的线速度必然为 0。因此点 Q 的速度取决于其位置矢量减去平行于瞬时轴线方向的分量，所以有理由认为点 Q 的速度乃是角速度与点 Q 位置矢量的叉乘：${}^{A}\boldsymbol{V}_B = {}^{A}\boldsymbol{\Omega}_B \times {}^{A}\boldsymbol{Q}$。事实的确如此，在刚体定点转动中，这个结论被称为泊松方程。

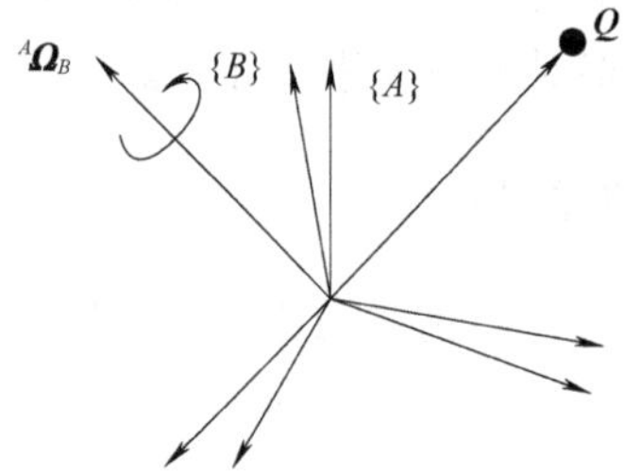

图 2-13　固定在坐标系{B}中的矢量 ${}^{B}\boldsymbol{Q}$ 以角速度 ${}^{A}\boldsymbol{\Omega}_B$ 相对于坐标系{A}旋转

由图 2-14 可以计算出从坐标系{A}中观测到的矢量的方向和大小的变化。由于刚体{B}瞬时在绕矢量 ${}^{A}\boldsymbol{\Omega}_B$ 转动，则 ${}^{A}\boldsymbol{Q}$ 的微分增量 $\Delta\boldsymbol{Q}$ 只能位于在以 ${}^{A}\boldsymbol{\Omega}_B$ 为法线的平面里，${}^{A}\boldsymbol{Q}$ 的微分增量 $\Delta\boldsymbol{Q}$ 也垂直于 ${}^{A}\boldsymbol{\Omega}_B$。同时由于是刚体，点 Q 到固定点 O 的距离必须保持不变，则 ${}^{A}\boldsymbol{Q}$ 的微分增量 $\Delta\boldsymbol{Q}$ 也垂直于 ${}^{A}\boldsymbol{Q}$，从而 ${}^{A}\boldsymbol{Q}$ 的微分增量 $\Delta\boldsymbol{Q}$ 就同时垂直于 ${}^{A}\boldsymbol{\Omega}_B$ 和 ${}^{A}\boldsymbol{Q}$，从图 2-14 可以看出，微分增量的大小为

$$ |\Delta\boldsymbol{Q}| = \left(\left|{}^{A}\boldsymbol{Q}\right|\sin\theta\right)\left(\left|{}^{A}\boldsymbol{\Omega}_B\right|\Delta t\right) \tag{2-77} $$

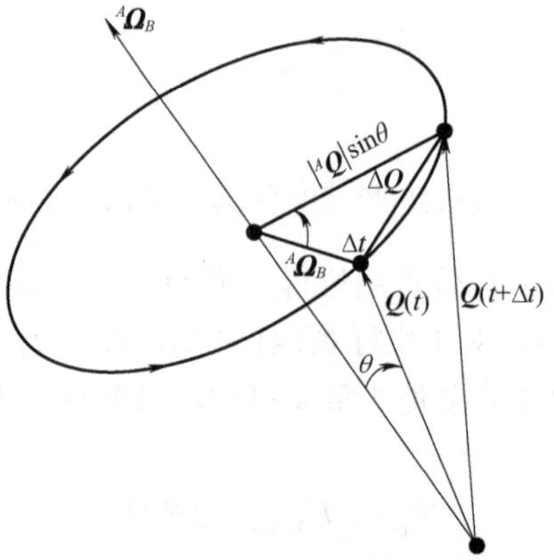

图 2-14　用角速度表示的点的速度

有了大小和方向这些条件，即可得到矢量积。实际上，这些矢量的大小和方向满足

$$^{A}\boldsymbol{V}_{Q} = {}^{A}\boldsymbol{\Omega}_{B} \times {}^{A}\boldsymbol{Q} \tag{2-78}$$

如果点 Q 在刚体$\{B\}$也是有相对运动的，则矢量 $\boldsymbol{Q}$ 相对于坐标系$\{B\}$是变化的，因此需要加上相对运动的分量，即

$$^{A}\boldsymbol{V}_{Q} = {}^{A}({}^{B}\boldsymbol{V}_{Q}) + {}^{A}\boldsymbol{\Omega}_{B} \times {}^{A}\boldsymbol{Q} \tag{2-79}$$

利用旋转矩阵消掉双上标，由于在任一瞬时矢量 $^{A}\boldsymbol{Q}$ 的描述为 ${}^{A}_{B}\boldsymbol{R}\,{}^{B}\boldsymbol{V}_{Q}$，故而

$$^{A}\boldsymbol{V}_{Q} = {}^{A}_{B}\boldsymbol{R}\,{}^{B}\boldsymbol{V}_{Q} + {}^{A}\boldsymbol{\Omega}_{B} \times {}^{A}_{B}\boldsymbol{R}\,{}^{B}\boldsymbol{Q} \tag{2-80}$$

3. 线速度和角速度同时存在的情况

当线速度和角速度同时存在时，将式(2-80)扩展到原点不重合的情况，即把原点的线速度加到式(2-80)中，可得到从坐标系$\{A\}$观测坐标系$\{B\}$中固定速度矢量的普遍公式：

$$^{A}\boldsymbol{V}_{Q} = {}^{A}\boldsymbol{V}_{\text{BORG}} + {}^{A}_{B}\boldsymbol{R}\,{}^{B}\boldsymbol{V}_{Q} + {}^{A}\boldsymbol{\Omega}_{B} \times {}^{A}_{B}\boldsymbol{R}\,{}^{B}\boldsymbol{Q} \tag{2-81}$$

式(2-81)是从固定坐标系观测运动坐标系中的矢量微分的最终结果。

2.5.2　机器人连杆的运动

在机器人连杆运动的分析中，一般使用连杆坐标系$\{0\}$作为参考坐标系。因此，$^{i}\boldsymbol{v}_{i}$ 是连杆坐标系原点$\{i\}$的线速度，$^{i}\boldsymbol{\omega}_{i}$ 是连杆坐标系$\{i\}$的角速度。

在任一瞬时，机器人的每个连杆都具有一定的线速度和角速度。图 2-15 为连杆的运动矢量，这些矢量均是在坐标系$\{i\}$中描述的。

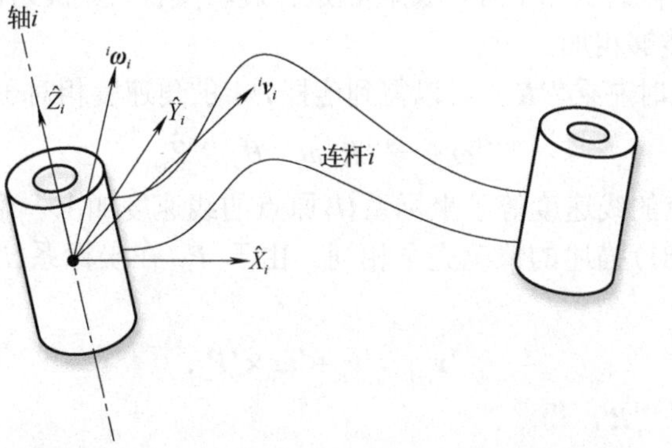

图 2-15　连杆 i 的速度可以用矢量 $^{i}\boldsymbol{v}_{i}$ 和 $^{i}\boldsymbol{\omega}_{i}$ 确定

2.5.3　连杆间的速度传递

机械臂是一个链式结构，每一个连杆的运动都是相当于它的较低序号的相邻连杆完成的。由于这种结构的特点，可以由基坐标系依次计算各连杆的速度。连杆 $i+1$ 的速度就是连杆 i 的速度加上那些附加到关节 $i+1$ 上的新的速度分量。

如图 2-15 所示，将机构的每一个连杆看作一个刚体，可以用线速度矢量和角速度矢量描述其运动。进一步，可以用连杆坐标系本身描述这些速度。图 2-16 为相邻连杆坐标系中定义的速度矢量。

在同一个坐标系条件下，连杆 $i+1$ 的角速度就等于连杆 i 的角速度加上一个关节的角速

度，在多体系统动力学中这被称为角速度加法定理。由于机器人的速度最终要投影到惯性参考系中，所以在连杆 i 的坐标系中研究这个角速度加法定理，这样可以得到

$$^{i}\boldsymbol{\omega}_{i+1} = {}^{i}\boldsymbol{\omega}_{i} + {}_{i+1}^{i}\boldsymbol{R}\dot{\theta}_{i+1}\,{}^{i+1}\hat{\boldsymbol{Z}}_{i+1} \tag{2-82}$$

其中需注意：

$$\dot{\theta}_{i+1}\,{}^{i+1}\hat{\boldsymbol{Z}}_{i+1} = {}^{i+1}\begin{bmatrix} 0 \\ 0 \\ \dot{\theta}_{i+1} \end{bmatrix} \tag{2-83}$$

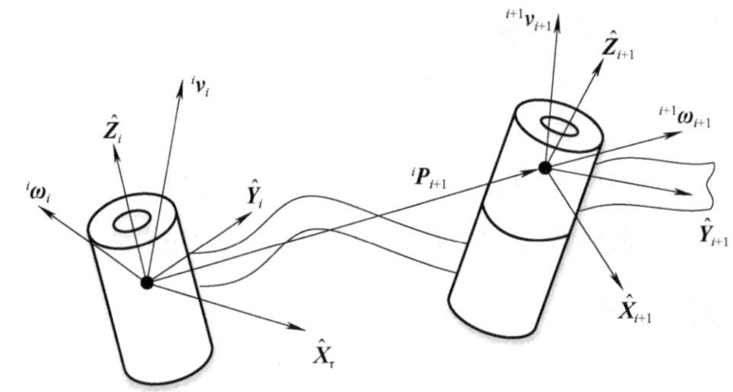

图 2-16　相邻连杆坐标系中定义的速度矢量

利用坐标系$\{i\}$与坐标系$\{i+1\}$之间的旋转矩阵表达坐标系$\{i\}$中由关节运动引起的附加旋转分量。这个旋转矩阵绕关节 $i+1$ 的旋转轴进行旋转变换，变换为在坐标系$\{i\}$中的描述后，这两个角速度分量才能够相加。

在式(2-82)两边同时左乘 ${}_{i}^{i+1}\boldsymbol{R}$，可以得到连杆 i+1 的角速度相对于坐标系$\{i+1\}$的表达式：

$$^{i+1}\boldsymbol{\omega}_{i+1} = {}_{i}^{i+1}\boldsymbol{R}\,{}^{i}\boldsymbol{\omega}_{i} + \dot{\theta}_{i+1}\,{}^{i+1}\hat{\boldsymbol{Z}}_{i+1} \tag{2-84}$$

坐标系$\{i+1\}$原点的线速度等于坐标系$\{i\}$原点的线速度加上一个由连杆的角速度引起的新的分量。这与式(2-81)描述的情况完全相同。由于 ${}^{i}\boldsymbol{P}_{i+1}$ 在坐标系$\{i\}$中是常数，所以其中一项就消失了，因此有

$$^{i}\boldsymbol{v}_{i+1} = {}^{i}\boldsymbol{v}_{i} + {}^{i}\boldsymbol{\omega}_{i} \times {}^{i}\boldsymbol{P}_{i+1} \tag{2-85}$$

式(2-85)两边同时左乘 ${}_{i}^{i+1}\boldsymbol{R}$，得

$$^{i+1}\boldsymbol{v}_{i+1} = {}_{i}^{i+1}\boldsymbol{R}({}^{i}\boldsymbol{v}_{i} + {}^{i}\boldsymbol{\omega}_{i} \times {}^{i}\boldsymbol{P}_{i+1}) \tag{2-86}$$

式(2-84)和式(2-86)是本章中最重要的结论。对于关节 $i+1$ 为移动关节的情况，相应的关系为

$$\begin{cases} ^{i+1}\boldsymbol{\omega}_{i+1} = {}_{i}^{i+1}\boldsymbol{R}\,{}^{i}\boldsymbol{\omega}_{i} \\ ^{i+1}\boldsymbol{v}_{i+1} = {}_{i}^{i+1}\boldsymbol{R}({}^{i}\boldsymbol{v}_{i} + {}^{i}\boldsymbol{\omega}_{i} \times {}^{i}\boldsymbol{P}_{i+1}) + \dot{d}_{i+1}\,{}^{i+1}\hat{\boldsymbol{Z}}_{i+1} \end{cases} \tag{2-87}$$

从一个连杆到下一个连杆依次应用这些公式，直到计算出最后一个连杆的角速度 ${}^{N}\boldsymbol{\omega}_{N}$ 和线速度 ${}^{N}\boldsymbol{v}_{N}$，注意，这两个速度是按照坐标系$\{N\}$表达的。在后面可以看到，这个结果是非常有用的。如果用基坐标系表达角速度和线速度，则可以用 ${}_{N}^{0}\boldsymbol{R}$ 左乘速度，向基坐标系进行旋转变换。

以图 2-17 所示的两个转动关节的机械臂为例，计算机械臂末端的速度，将它表达成关节速度的函数。分别给出两种形式的解答：一种是用坐标系$\{3\}$表示的；另一种是用坐标系$\{0\}$表示的。

建立如图 2-18 所示的坐标系，坐标系{3}固连于机械臂末端。

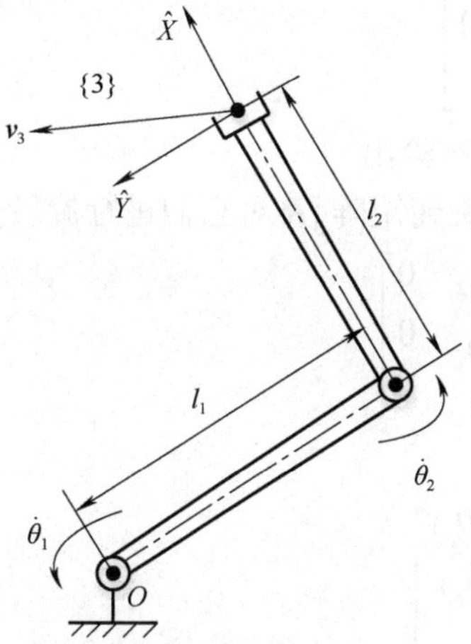

图 2-17　两连杆机械臂

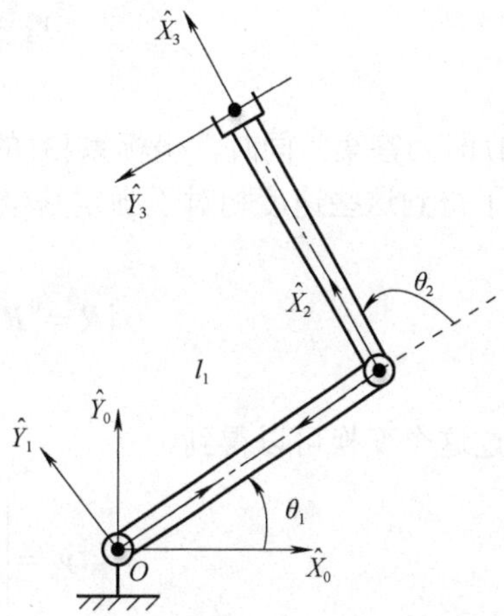

图 2-18　两连杆机械臂的坐标系布局

运用式(2-84)和式(2-86)从基坐标系{0}开始依次计算出每个坐标系原点的速度，其中基坐标系的速度为 0。由于式(2-84)和式(2-86)将应用到连杆变换，因此先将它们计算如下：

$$
{}_1^0\boldsymbol{T}=\begin{bmatrix} c_1 & -s_1 & 0 & 0 \\ s_1 & c_1 & 0 & 0 \\ 0 & 0 & 1 & 0 \\ 0 & 0 & 0 & 1 \end{bmatrix},\quad {}_2^1\boldsymbol{T}=\begin{bmatrix} c_2 & -s_2 & 0 & l_1 \\ s_2 & c_2 & 0 & 0 \\ 0 & 0 & 1 & 0 \\ 0 & 0 & 0 & 1 \end{bmatrix},\quad {}_3^2\boldsymbol{T}=\begin{bmatrix} 1 & 0 & 0 & l_2 \\ 0 & 1 & 0 & 0 \\ 0 & 0 & 1 & 0 \\ 0 & 0 & 0 & 1 \end{bmatrix} \tag{2-88}
$$

关节 3 的转角恒为 0°。对各连杆依次运用式(2-84)和式(2-86)，计算如下：

$$
{}^1\boldsymbol{\omega}_1=\begin{bmatrix} 0 \\ 0 \\ \dot{\theta}_1 \end{bmatrix} \tag{2-89}
$$

$$
{}^1\boldsymbol{v}_1=\begin{bmatrix} 0 \\ 0 \\ 0 \end{bmatrix} \tag{2-90}
$$

$$
{}^2\boldsymbol{\omega}_2=\begin{bmatrix} 0 \\ 0 \\ \dot{\theta}_1+\dot{\theta}_2 \end{bmatrix} \tag{2-91}
$$

$$
{}^2\boldsymbol{v}_2=\begin{bmatrix} c_2 & s_2 & 0 \\ -s_2 & c_2 & 0 \\ 0 & 0 & 1 \end{bmatrix}\begin{bmatrix} 0 \\ l_1\dot{\theta}_1 \\ 0 \end{bmatrix}=\begin{bmatrix} l_1 s_2\dot{\theta}_1 \\ l_1 c_2\dot{\theta}_1 \\ 0 \end{bmatrix} \tag{2-92}
$$

$$
{}^3\boldsymbol{\omega}_3={}^2\boldsymbol{\omega}_2 \tag{2-93}
$$

$$
{}^{3}\boldsymbol{v}_3=\begin{bmatrix} l_1 s_2\dot{\theta}_1 \\ l_1 c_2\dot{\theta}_1 + l_2(\dot{\theta}_1+\dot{\theta}_2) \\ 0 \end{bmatrix} \tag{2-94}
$$

式(2-94)即为答案。同时，坐标系{3}的角速度由式(2-93)给出。

为了得到这些速度相对于固定基坐标系的表达，用旋转矩阵${}^{0}_{3}\boldsymbol{R}$对它们进行旋转变换，即

$$
{}^{0}_{3}\boldsymbol{R}={}^{0}_{1}\boldsymbol{R}\,{}^{1}_{2}\boldsymbol{R}\,{}^{2}_{3}\boldsymbol{R}=\begin{bmatrix} c_{12} & -s_{12} & 0 \\ s_{12} & c_{12} & 0 \\ 0 & 0 & 1 \end{bmatrix} \tag{2-95}
$$

通过这个变换可以得到

$$
{}^{0}\boldsymbol{v}_3=\begin{bmatrix} -l_1 s_1\dot{\theta}_1 - l_2 s_{12}(\dot{\theta}_1+\dot{\theta}_2) \\ l_1 c_1\dot{\theta}_1 + l_2 c_{12}(\dot{\theta}_1+\dot{\theta}_2) \\ 0 \end{bmatrix} \tag{2-96}
$$

需要指出的是：式(2-84)和式(2-86)有着十分重要的用途。首先，可以利用符号方程推导解析表达式，得出形如式(2-94)的方程，这将有利于针对某个应用问题应用计算机进行计算，将它们写成子程序，然后通过迭代方法计算出连杆的速度，该程序可以用于任何一种机械臂，而不必为某个特定的机械臂推导方程。

2.5.4 速度雅可比矩阵

1. 速度雅可比矩阵的定义

前面讨论了机器人连杆的运动以及连杆间的速度传递。而在对机器人进行具体的运动控制时，常常会研究机器人末端位置和姿态发生微小变化时的动态特性，这需要借助机器人的雅可比矩阵进行求解，即机器人速度级的运动学模型。本节将对机器人末端速度与各关节速度(旋转或平移)间的关系进行详细的分析。

假设机械手的末端位置矢量$\boldsymbol{r}$和关节变量$\boldsymbol{\theta}$存在如式(2-97)所示的运动学关系：

$$
\boldsymbol{r}=\boldsymbol{f}(\boldsymbol{\theta}) \tag{2-97}
$$

假设式中有

$$
\begin{aligned} \boldsymbol{r}&=(r_1,r_2,\cdots,r_m)^{\mathrm{T}}\in R^{m\times 1} \\ \boldsymbol{\theta}&=(\theta_1,\theta_2,\cdots,\theta_n)^{\mathrm{T}}\in \theta^{n\times 1} \end{aligned} \tag{2-98}
$$

且机器人末端位姿矢量包括姿态的变量，且各个关节变量可能为旋转角或者平移量。

若式(2-97)用每个分量表示，则变为

$$
\boldsymbol{r}=\boldsymbol{f}(\theta_1,\theta_2,\cdots,\theta_n) \tag{2-99}
$$

当$n>m$时，式(2-99)将变为拥有多个逆解的冗余机器人的运动学方程。一般情况下，工业上常采用多关节的机器人手臂，通常是一个六自由度的串联机器人，其中前三个关节控制位置，后端三个关节控制姿态，即$n=m=6$。

式(2-97)两端分别对时间t求导，可得

$$
\dot{\boldsymbol{r}}=\boldsymbol{J}\dot{\boldsymbol{\theta}} \tag{2-100}
$$

式(2-100)即为机器人末端手爪速度 $\dot{\boldsymbol{r}}$ 与关节速度 $\dot{\boldsymbol{\theta}}$ 的映射关系，式中“·”表示对时间的微分，而 $\boldsymbol{J}$ 为

$$\boldsymbol{J}=\frac{\partial \boldsymbol{f}(\boldsymbol{\theta})}{\partial \boldsymbol{\theta}}=\begin{pmatrix} \dfrac{\partial f_1}{\partial \theta_1} & \cdots & \dfrac{\partial f_1}{\partial \theta_n} \\ \vdots & \ddots & \vdots \\ \dfrac{\partial f_m}{\partial \theta_1} & \cdots & \dfrac{\partial f_m}{\partial \theta_n} \end{pmatrix} \in R^{m\times n} \tag{2-101}$$

则 $\boldsymbol{J}$ 即为雅可比矩阵(Jacobian matrix)。若在式(2-100)两端分别乘以一个微小时间变量 $\boldsymbol{d}_t$，则有

$$\boldsymbol{d}_r=\boldsymbol{J}\boldsymbol{d}_\theta \tag{2-102}$$

式(2-102)即为利用雅可比矩阵来描述机器人末端微小位姿变换的微分方程。

2. 与平移速度相关的雅可比矩阵

机器人末端手爪相对于基坐标系的平移速度可通过与平移位移相对应的雅可比矩阵进行描述。若假设机器人基坐标系为 $O_o\text{-}x_oy_oz_o$，固定于末端的坐标系为 $O_e\text{-}x_ey_ez_e$，机器人末端坐标系在 $O_o\text{-}x_oy_oz_o$ 上表示为 $\boldsymbol{P}_e$，则 $\boldsymbol{P}_e$ 可以表示为

$$\boldsymbol{P}_e=\boldsymbol{T}\begin{pmatrix}0\\0\\0\\1\end{pmatrix}=\boldsymbol{f}(\boldsymbol{q}) \tag{2-103}$$

此时，机器人末端手爪的平移速度可以表示为

$$\boldsymbol{v}=\frac{\mathrm{d}\boldsymbol{P}_e}{\mathrm{d}\boldsymbol{T}}=\left(\frac{\partial \boldsymbol{f}}{\partial \boldsymbol{q}}\right)\frac{\boldsymbol{d}_q}{\boldsymbol{d}_t}=\boldsymbol{J}_L\frac{\boldsymbol{d}_q}{\boldsymbol{d}_t}=\boldsymbol{J}_L\dot{\boldsymbol{q}} \tag{2-104}$$

式中，$\boldsymbol{q}=(q_1,q_2,\cdots,q_n)$，$n$ 为关节个数。则 $\boldsymbol{J}_L$ 即为与平移速度相对应的雅可比矩阵。

下面以二自由度机器人为例进行说明，如图 2-19 所示。根据前面运动学推导部分，机器人末端位置可以表示为

$$\begin{cases} x=l_1\cos\theta_1+l_2\cos(\theta_1+\theta_2) \\ y=l_1\sin\theta_1+l_2\sin(\theta_1+\theta_2) \end{cases} \tag{2-105}$$

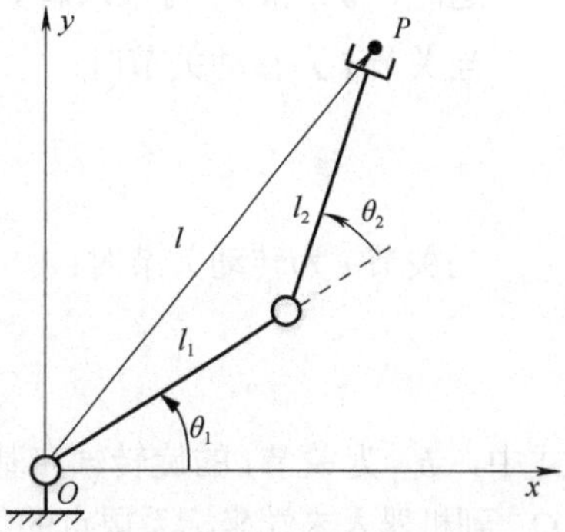

图 2-19　二自由度机器人示意图

将式(2-105)分别对变量 θ_1、θ_2 求导，可得到与其相对应的雅可比矩阵 $\boldsymbol{J}_L$：

$$\boldsymbol{J}_L=\begin{pmatrix} \dfrac{\partial x}{\partial \theta_1} & \dfrac{\partial x}{\partial \theta_2} \\ \dfrac{\partial y}{\partial \theta_1} & \dfrac{\partial y}{\partial \theta_2} \end{pmatrix}=\begin{pmatrix} -l_1\sin\theta_1-l_2\sin(\theta_1+\theta_2) & -l_2\sin(\theta_1+\theta_2) \\ l_1\cos\theta_1+l_2\cos(\theta_1+\theta_2) & l_2\cos(\theta_1+\theta_2) \end{pmatrix} \tag{2-106}$$

下面对雅可比矩阵 $\boldsymbol{J}_L$ 中的各列矢量的几何学意义进行简要说明。

令 $\boldsymbol{J}_L=(\boldsymbol{J}_{L1},\boldsymbol{J}_{L2})$，根据式(2-106)可知，当 $\theta_2=0$ 时，即转动关节 2 保持固定不动时，机器人仅在关节 1 的作用下进行旋转运动，$\boldsymbol{J}_{L1}$ 为机器人末端平移速度在基坐标系中表示的矢量。

同样，当关节 1 保持固定时，$\boldsymbol{J}_{L2}$ 为关节 2 旋转运动时机器人末端平移速度在基坐标系中表示的矢量。

3. 与旋转速度相关的雅可比矩阵

为了讨论与机器人末端旋转速度相对应的雅可比矩阵，首先以基坐标系的各坐标轴作为旋转轴，以分别围绕各旋转轴的角速度作为分量构成矢量 $\boldsymbol{\omega}$，然后用 $\boldsymbol{\omega}$ 进行表示。

此时，存在以下关系：

$$\boldsymbol{\omega} = \boldsymbol{J}_A \dot{\boldsymbol{q}} \tag{2-107}$$

式中，矩阵 $\boldsymbol{J}_A$ 称为与旋转速度相对应的雅可比矩阵。

一般情况下，如六维矢量 $\dot{\boldsymbol{q}}$，它描述的是各个关节的平移速度和旋转速度组成的向量，若令

$$\dot{\boldsymbol{p}} = \begin{pmatrix} \boldsymbol{v} \\ \boldsymbol{\omega} \end{pmatrix} \tag{2-108}$$

用 $\boldsymbol{J}_L$ 和 $\boldsymbol{J}_A$ 表示机器人的平移及旋转雅可比矩阵，则机器人末端线速度和角速度将表示为

$$\dot{\boldsymbol{p}} = \boldsymbol{J}\dot{\boldsymbol{q}} = \begin{pmatrix} \boldsymbol{J}_L \\ \boldsymbol{J}_A \end{pmatrix} \dot{\boldsymbol{q}} \tag{2-109}$$

为便于计算机器人雅可比矩阵 $\boldsymbol{J}$ 中的各个元素，将其展开可得

$$\boldsymbol{J} = \begin{pmatrix} \boldsymbol{J}_{L1} & \boldsymbol{J}_{L2} & \cdots & \boldsymbol{J}_{Ln} \\ \boldsymbol{J}_{A1} & \boldsymbol{J}_{A2} & \cdots & \boldsymbol{J}_{An} \end{pmatrix} \tag{2-110}$$

式中，n 为机器人关节个数；$\boldsymbol{J}_{Li}$ 和 $\boldsymbol{J}_{Ai}$ 分别为 $\boldsymbol{J}_L$ 和 $\boldsymbol{J}_A$ 的第 i 个列矢量。而 $\boldsymbol{J}_{Li}\dot{\boldsymbol{q}}$ 和 $\boldsymbol{J}_{Ai}\dot{\boldsymbol{q}}$ 则分别表示只有关节 i 以速度 $\dot{q}_i$ 运行、其他关节都固定时的平移速度矢量和旋转速度矢量。

这时，$\boldsymbol{J}_{Li}$ 和 $\boldsymbol{J}_{Ai}$ 可以求解如下。

当关节 i 为移动关节时：

$$\begin{pmatrix} \boldsymbol{J}_{Li} \\ \boldsymbol{J}_{Ai} \end{pmatrix} = \begin{pmatrix} \boldsymbol{b}_{i-1} \\ \boldsymbol{0} \end{pmatrix} \tag{2-111}$$

当关节 i 为转动关节时：

$$\begin{pmatrix} \boldsymbol{J}_{Li} \\ \boldsymbol{J}_{Ai} \end{pmatrix} = \begin{pmatrix} \boldsymbol{b}_{i-1} \times \boldsymbol{r}_{i-1,e} \\ \boldsymbol{b}_{i-1} \end{pmatrix} \tag{2-112}$$

式中，$\boldsymbol{b}_{i-1}$ 为关节 i 的旋转轴在基坐标系中的单位矢量；$\boldsymbol{r}_{i-1,e}$ 是基坐标系下关节 i 的坐标系原点 O_{i-1} 到机器人末端坐标系原点的位置矢量。这里用“×”表示矢量的外积，故可以进行下列计算：

$$\begin{pmatrix} a_1 & a_2 & a_3 \end{pmatrix} \times \begin{pmatrix} b_1 & b_2 & b_3 \end{pmatrix} = \begin{pmatrix} a_2b_3 - a_3b_2 & a_3b_1 - a_1b_3 & a_1b_2 - a_2b_1 \end{pmatrix}^{\mathrm{T}} \tag{2-113}$$

考虑到 $\boldsymbol{J}_{Li}$ 和 $\boldsymbol{J}_{Ai}$ 仅在关节 i 运行时分别描述机器人末端平移速度和旋转速度的矢量，那么对于式(2-111)和式(2-112)就容易理解了。另外，应当注意，无论 $\boldsymbol{b}_{i-1}$ 或 $\boldsymbol{r}_{i-1,e}$，都是各个关节变量的函数。

为了加深理解，以图 2-20 所示的三自由度机器人为例进行分析，推导出机器人平移速度和旋转速度对应的雅可比矩阵。

由图 2-20 中的几何关系可以得知

$$\boldsymbol{b}_0 = \begin{pmatrix} 0 \\ 0 \\ 1 \end{pmatrix}, \quad \boldsymbol{b}_1 = \begin{pmatrix} -\sin\theta_1 \\ \cos\theta_1 \\ 0 \end{pmatrix}, \quad \boldsymbol{b}_2 = \begin{pmatrix} \cos\theta_1 \sin\theta_2 \\ \sin\theta_1 \sin\theta_2 \\ \cos\theta_2 \end{pmatrix} \tag{2-114}$$

$$
\begin{aligned}
\boldsymbol{r}_{0,e} &= l_0\boldsymbol{b}_0 + d_3\boldsymbol{b}_2 \\
\boldsymbol{r}_{1,e} &= d_3\boldsymbol{b}_2
\end{aligned} \tag{2-115}
$$

将式(2-114)和式(2-115)代入式(2-110)～式(2-112)，可以得到在机器人末端坐标系中机器人末端平移速度和旋转速度对应的雅可比矩阵：

$$
\boldsymbol{J} = \begin{pmatrix}
-d_3\sin\theta_1\sin\theta_2 & d_3\cos\theta_1\cos\theta_2 & \cos\theta_1\sin\theta_2 \\
d_3\cos\theta_1\sin\theta_2 & d_3\sin\theta_1\cos\theta_2 & \sin\theta_1\sin\theta_2 \\
0 & -d_3\sin\theta_2 & \cos\theta_2 \\
0 & -\sin\theta_1 & 0 \\
0 & \cos\theta_1 & 0 \\
1 & 0 & 0
\end{pmatrix} \tag{2-116}
$$

式(2-116)即为三自由度机器人末端平移速度和旋转速度的雅可比矩阵，通过该矩阵可求解出各个关节变量发生微小变化时机器人末端位姿的微小变换量。

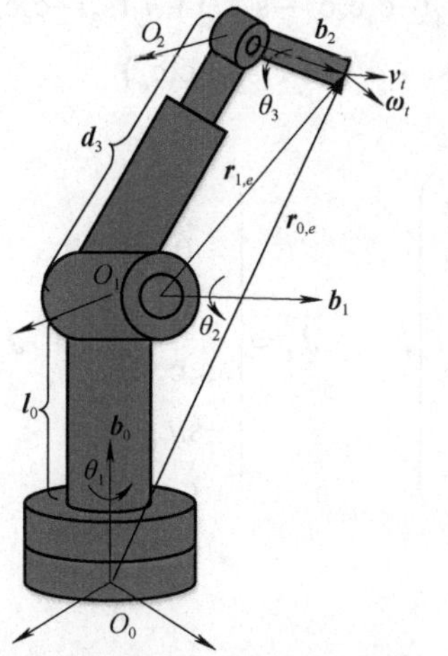

图 2-20　三自由度机器人示意图

2.5.5　UR5 机器人的速度雅可比矩阵实例

UR5 的 6 个关节都是转动关节，其雅可比矩阵有六列，下面将以 UR5 机器人为例，通过微分变换法对每一列进行计算。

$\boldsymbol{J}$ 的第一列 $\boldsymbol{J}_1$ 对应的变换矩阵为 ${}^1_6\boldsymbol{T}$，在 2.3.3 节中已给出各连杆的变换矩阵，可以推导出 ${}^1_6\boldsymbol{T}$ 矩阵中的各元素，进而可得 $\boldsymbol{J}_1$ 为

$$
\boldsymbol{J}_1 = \begin{pmatrix}
J_{1x} \\
J_{1y} \\
J_{1z} \\
-\mathrm{s}_{23}(\mathrm{c}_4\mathrm{c}_5\mathrm{c}_6 - \mathrm{s}_4\mathrm{s}_6) - \mathrm{c}_{23}\mathrm{s}_5\mathrm{c}_6 \\
\mathrm{s}_{23}(\mathrm{c}_4\mathrm{c}_5\mathrm{c}_6 + \mathrm{s}_4\mathrm{s}_6) + \mathrm{c}_{23}\mathrm{s}_5\mathrm{c}_6 \\
\mathrm{s}_{23}\mathrm{c}_4\mathrm{c}_5 - \mathrm{c}_{23}\mathrm{c}_5
\end{pmatrix} \tag{2-117}
$$

式中

$$
\begin{aligned}
J_{1x} &= -d_2(c_{23}(c_4c_5c_6 - s_4s_6) - s_{23}s_5c_6) - (a_2c_2 + a_3c_{23} - d_4s_{23})(s_4c_5c_6 + c_4s_6) \\
J_{1y} &= -d_2(-c_{23}(c_4c_5c_6 + s_4s_6) + s_{23}s_5c_6) + (a_2c_2 + a_3c_{23} - d_4s_{23})(s_4c_5c_6 - c_4s_6) \\
J_{1z} &= d_2(c_{23}c_4c_5 + s_{23}c_5) + (a_2c_2 + a_3c_{23} - d_4s_{23})s_4c_5
\end{aligned} \tag{2-118}
$$

同理，利用变换矩阵 ${}_6^2\boldsymbol{T}$ 得出 $\boldsymbol{J}$ 的第二列：

$$
\boldsymbol{J}_2 = \begin{pmatrix} J_{2x} \\ J_{2y} \\ J_{2z} \\ -s_4c_5c_6 - c_4s_6 \\ s_4c_5c_6 - c_4s_6 \\ s_4s_5 \end{pmatrix} \tag{2-119}
$$

式中

$$
\begin{aligned}
J_{2x} &= a_3s_5s_6 - d_4(c_4c_5c_6 - s_4s_6) + a_2(s_3(c_4c_5c_6 - s_4s_6) + c_3s_5c_6) \\
J_{2y} &= -a_3s_5s_6 - d_4(-c_4c_5c_6 - s_4s_6) + a_2(s_3(-c_4c_5c_6 - s_4s_6) - c_3s_5c_6) \\
J_{2z} &= a_3c_6 + d_4c_4s_5 + a_2(-s_3c_4s_5 + c_3c_6)
\end{aligned} \tag{2-120}
$$

同理得

$$
\boldsymbol{J}_3 = \begin{pmatrix} -d_4(c_4c_5c_6 - s_4s_6) + a_3s_5c_6 \\ d_4(c_4c_5c_6 + s_4s_6) - a_3s_5c_6 \\ d_4c_4s_5 + a_3c_6 \\ -s_4c_5c_6 - c_4s_6 \\ s_4c_5c_6 - c_4s_6 \\ s_4s_5 \end{pmatrix}, \quad
\boldsymbol{J}_4 = \begin{pmatrix} 0 \\ 0 \\ 0 \\ s_5c_6 \\ -s_5c_6 \\ c_5 \end{pmatrix}, \quad
\boldsymbol{J}_5 = \begin{pmatrix} 0 \\ 0 \\ 0 \\ -s_6 \\ -c_6 \\ 0 \end{pmatrix}, \quad
\boldsymbol{J}_6 = \begin{pmatrix} 0 \\ 0 \\ 0 \\ 0 \\ 0 \\ 1 \end{pmatrix} \tag{2-121}
$$

2.5.6 奇异性

已知机器人的雅可比矩阵可以将关节速度和笛卡儿速度联系起来，那么自然会提出一个问题：这个线性变换矩阵是可逆的吗？也就是说，这个矩阵是非奇异的吗？如果这个矩阵是非奇异的，那么若已知笛卡儿速度，就可以对该矩阵求逆计算出关节速度：

$$
\dot{\boldsymbol{\Theta}} = \boldsymbol{J}^{-1}(\boldsymbol{\Theta})\boldsymbol{v} \tag{2-122}
$$

这是一个重要的关系式。例如，要求机器人手部在笛卡儿空间以某个速度矢量运动。应用式(2-122)可以计算出沿着这个路径每一瞬时所需的关节速度。这样，雅可比矩阵可逆性的实质问题就在于：雅可比矩阵对于所有的 $\boldsymbol{\Theta}$ 值都是可逆的吗？如果不是，在什么位置不可逆？

大多数机械臂都有使得雅可比矩阵出现奇异的 $\boldsymbol{\Theta}$ 值。这些位置就称为奇异位形或简称奇异状态。所有机械臂在工作空间的边界都存在奇异位形，并且大多数机械臂在它们的工作空间内部也有奇异位形。对于奇异位形分类的深入研究，更多的相关内容可以参见其他文献，在本书中，我们大致将它们分为两类。

(1) 工作空间边界的奇异位形：出现在机械臂完全展开或者收回使得末端执行器处于或非常接近工作空间边界的情况下。

(2) 工作空间内部的奇异位形：出现在远离工作空间的边界，通常是由两个或两个以上的关节轴线共线引起的。

当一个机械臂处于奇异位形时，它会失去一个或多个自由度(在笛卡儿空间中观察)。也就是说，在笛卡儿空间的某个方向上(或某个子空间中)，无论选择什么样的关节速度，都不能使机器人的手臂运动。显然，这种情况也会在机器人的工作空间边界发生。

对于图 2-9 所示的简单两连杆机械臂，奇异位形在什么位置？奇异位形的物理意义是什么？它们是工作空间边界的奇异位形还是工作空间内部的奇异位形？

为了求出机构的奇异点，必须首先计算机构的雅可比矩阵行列式的值。在行列式的值为 0 的位置，雅可比矩阵非满秩，也就是奇异的：

$$\det[\boldsymbol{J}(\boldsymbol{\Theta})]=\begin{bmatrix} l_1 s_2 & 0 \\ l_1 c_2 + l_2 & l_2 \end{bmatrix}=l_1 l_2 s_2=0 \tag{2-123}$$

显然，当 θ_2 为 0 或者 180° 时，机构处于奇异位形。从物理意义上讲，当 $\theta_2=0$ 时，机械臂完全展开。处于这种位形时，末端执行器仅可以沿着笛卡儿坐标的某个方向(垂直于机械臂方向)运动。因此，机械臂失去了一个自由度。同样，当 $\theta_2=180^\circ$ 时，机械臂完全收回，机械臂也只能沿着一个方向运动，而不能在两个方向运动。由于这类奇异位形处于机械臂工作空间的边界上，因此将它们称为工作空间边界的奇异位形。

此外，在机器人控制系统中应用式(2-122)的危险在于，在奇异位形情况下，雅可比矩阵的逆不存在！当机械臂接近奇异点位置时，关节速度会趋向于无穷大。

2.5.7　力雅可比矩阵

机器人的连杆之间会发生速度的传递。同样地，对于链式结构的机械臂，其力和力矩是如何从一个连杆向下一个连杆传递的？机械臂在工作空间推动某个物体，或用手部抓举某个负载时，希望能求出保持系统静态平衡的关节扭矩。

对于机械臂的静力，首先，锁定所有关节以使机械臂的结构固定。然后，对这种结构中的连杆进行讨论，列出力和力矩对于各连杆坐标系的平衡关系。最后，为了保持机械臂的静态平衡，计算出对各关节轴依次施加的静力矩。通过这种方法，可以求出末端执行器支承某个静负载所需的一组关节力矩。

本节不考虑作用在连杆上的重力。我们所讨论的关节静力和静力矩是由施加在最后一个连杆上的静力或静力矩(或两者共同)引起的。

假设机器人与外界环境相互作用时，在接触的地方要产生力 $\boldsymbol{f}$ 和力矩 $\boldsymbol{n}$，统称为末端广义操作力矢量，记为

$$\boldsymbol{F}=\begin{bmatrix} \boldsymbol{f} \\ \boldsymbol{n} \end{bmatrix} \tag{2-124}$$

在静止状态下，广义操作力矢量 $\boldsymbol{F}$ 应与各关节的驱动力(或力矩)相平衡，n 个关节的驱动力(或力矩)组成的 n 维矢量可以表示为

$$\boldsymbol{\tau}=[\tau_1,\quad \tau_2,\quad \cdots,\quad \tau_n]^{\mathrm{T}} \tag{2-125}$$

式(2-125)称为关节力矢量。利用虚功原理，可以导出关节力矢量 $\boldsymbol{\tau}$ 与相应的广义操作力矢量 $\boldsymbol{F}$ 之间的关系。令各关节的虚位移为 δq_i，末端执行器相应的虚位移为 $\boldsymbol{D}$，虚位移是指满足机械系统几何约束的无限小位移。各关节所做的虚功之和为

$$W=\boldsymbol{\tau}^{\mathrm{T}}\delta\boldsymbol{q}=\tau_1\delta q_1+\tau_2\delta q_2+\cdots+\tau_n\delta q_n \tag{2-126}$$

末端执行器所做的虚功为

$$W = \boldsymbol{F}^{\mathrm{T}}\boldsymbol{D} = \boldsymbol{f}^{\mathrm{T}}\boldsymbol{d} + \boldsymbol{n}^{\mathrm{T}}\boldsymbol{\delta} \tag{2-127}$$

因为总的虚功为零，即各关节所做的虚功之和与末端执行器所做的虚功应该相等，可以得到

$$\boldsymbol{\tau}^{\mathrm{T}}\delta\boldsymbol{q} = \boldsymbol{F}^{\mathrm{T}}\boldsymbol{D} \tag{2-128}$$

将式(2-102)代入式(2-128)可得出

$$\boldsymbol{\tau} = \boldsymbol{J}^{\mathrm{T}}\boldsymbol{F} \tag{2-129}$$

式中，$\boldsymbol{J}^{\mathrm{T}}$ 称为机械臂的力雅可比矩阵。它表示在静态平衡状态下，操作力向关节力映射的线性关系。式(2-129)也表示机械臂的力雅可比矩阵就是它的(速度)雅可比矩阵的转置。因此可以看出，机械臂的静力传递关系与速度传递关系紧密相关。

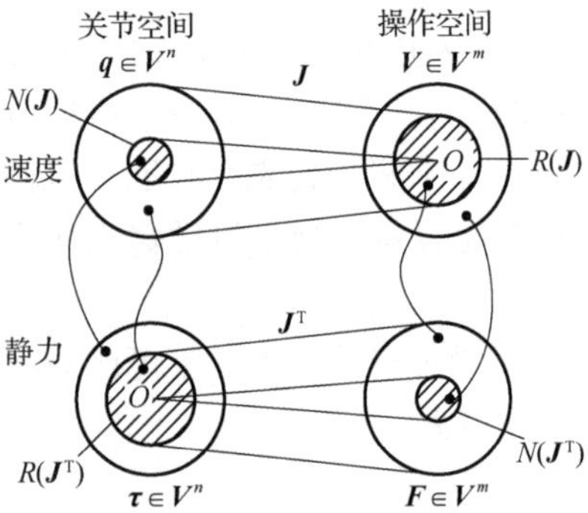

图 2-21　速度和静力的线性映射

图2-21描述了关节空间与操作空间的速度映射和静力映射的线性关系。图中，n 表示关节数，m 表示操作空间的维数。$\boldsymbol{J}$ 是 $m \times n$ 的矩阵，对于给定的关节空间 $\boldsymbol{q}$，$\boldsymbol{J}$ 的值域空间 $R(\boldsymbol{J})$ 代表关节运动能够产生的全部操作速度的集合。当 $\boldsymbol{J}$ 退化时(即秩亏)，机械臂处于奇异位形。另外，$\boldsymbol{J}$ 的零空间 $N(\boldsymbol{J})$ 表示不产生操作速度的关节速度的集合。如果 $N(\boldsymbol{J})$ 不只含有 0，则对于给定的操作速度，关节速度的反解有无限多。

静力映射是从 m 维操作空间向 n 维关节空间的映射。静力映射的零空间 $N(\boldsymbol{J}^{\mathrm{T}})$ 代表不需要任何关节驱动力(矩)而能承受的所有操作力的集合，末端操作力完全由机构本身承受。而值域空间 $R(\boldsymbol{J}^{\mathrm{T}})$ 则表示操作力能平衡的所有关节力矢量的集合。

根据线性代数的有关知识，零空间 $N(\boldsymbol{J})$ 是值域空间 $R(\boldsymbol{J}^{\mathrm{T}})$ 在 n 维关节空间的正交补，即对于任何非零的 $\dot{\boldsymbol{q}} \in N(\boldsymbol{J})$，有 $\dot{\boldsymbol{q}} \perp R(\boldsymbol{J}^{\mathrm{T}})$；反之亦然。其物理含义是，在不产生操作速度的这些关节速度方向上，关节力矩不能被操作力所平衡。为了使机械臂保持静止不动，尽管末端被约束时，在零空间 $N(\boldsymbol{J})$ 的关节力矢量必须为零。

在 m 维操作空间中存在相似的对偶关系。$R(\boldsymbol{J})$ 是 $N(\boldsymbol{J}^{\mathrm{T}})$ 在操作空间的正交补。因此，不能由关节运动产生的这些操作运动的方向恰恰正是不需要关节力矩来平衡的操作力的方向。反之，若外力作用的方向沿着末端执行器能够运动的方向，则外力完全可以由关节力(矩)来平衡。当雅可比矩阵 $\boldsymbol{J}$ 退化时，机械臂处于奇异位形，零空间 $N(\boldsymbol{J}^{\mathrm{T}})$ 不只包含 0，因而外力可能承受在机械臂机构本身上。

利用瞬时运动和静力的对偶关系，可以推导出相应的静力关系。由此可将在坐标系$\{B\}$中描述的广义力矢量变换成在坐标系$\{A\}$中的描述，即为

$$\begin{bmatrix} {}^{A}\boldsymbol{f} \\ {}^{A}\boldsymbol{n} \end{bmatrix} = \begin{bmatrix} {}^{A}_{B}\boldsymbol{R} & 0 \\ {}^{A}\boldsymbol{P}_{\mathrm{BORG}} \times {}^{A}_{B}\boldsymbol{R} & {}^{A}_{B}\boldsymbol{R} \end{bmatrix} \begin{bmatrix} {}^{B}\boldsymbol{f} \\ {}^{B}\boldsymbol{n} \end{bmatrix} \tag{2-130}$$

2.6　机器人轨迹规划

2.6.1　路径描述与生成

为了使操作机械臂完成给定作业任务，需要规定其操作顺序、作业步骤和目标位置等，这些属于轨迹规划范畴。轨迹就是机器人在运动过程中的位移、速度和加速度的时间历程。通常将机器人的运动看作工具坐标系$\{T\}$相对工作台坐标系$\{S\}$的位姿。操作机器人作业的一个基本问题是将机器人从起点位置移动到终点位置，如图 2-22 所示。通常除简单地指定机器人最终的期望位形外，还需要指定运动的更多细节，一种方法是在路径描述中给出一系列的期望中间点，机器人在运动过程中必须经过这些中间点来完成指定作业任务。起点、终点以及所有的中间点组成轨迹的路径点。期望机器人的运动轨迹是平滑的，这要求定义一个连续且连续多阶可导的光滑函数，为了保证轨迹的平滑性，需要在中间点之间对路径的空间和时间特性给出一些限制条件。

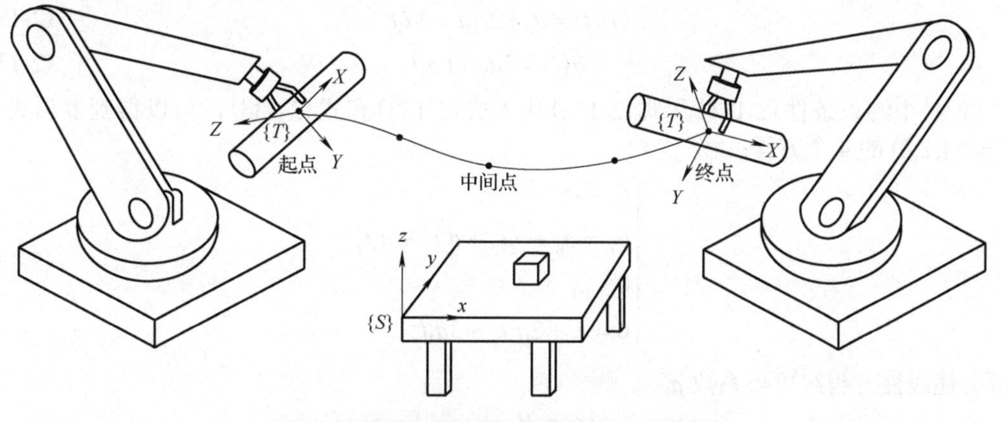

图 2-22　机器人从起点运动到终点的平滑轨迹

机器人最常用的轨迹规划方法为关节空间轨迹规划和笛卡儿空间轨迹规划，关节空间轨迹规划研究以关节角函数来描述轨迹，而笛卡儿空间轨迹规划研究以末端笛卡儿位姿关于时间的函数来描述轨迹。本书重点介绍关节空间轨迹规划，关于笛卡儿空间轨迹规划可参考其他机器人著作。

2.6.2　三次多项式插值

路径点通常用工具坐标系$\{T\}$相对于工作台坐标系$\{S\}$的期望位姿来表示。为求得在关节空间中的轨迹，首先用逆运动学，将路径点转换为一组期望的关节角。这样就得到了从起点开始，依次经过中间点并终止于终点的 n 个关节的光滑函数。对于每一段路径，各个关节的运动时间相同，这样就保证了所有关节同时到达路径点。

在轨迹规划中，需要指定机器人机械臂在起点、终点的位形，在插值时，应满足一系列约束条件，在满足约束条件的情况下，可以选取不同类型的关节插值函数，生成不同的轨迹。

考虑将工具从起点位置移动到终点位置的问题，在机械臂运动的过程中，由于起点 t_0（即 $t=0$）时刻的关节角 θ_0 是已知的，而终点 t_f 时刻的关节角 θ_f 可以通过逆运动学反解得到，因此，运动轨迹的描述可用起点关节角与终点关节角的一个平滑插值函数 $\theta(t)$ 来表示。

为了实现单个关节的平稳运动，轨迹函数 $\theta(t)$ 至少需要满足四个约束条件。其中两个约束条件是起点和终点对应的关节角：

$$\begin{cases}\theta(0)=\theta_0\\ \theta(t_f)=\theta_f\end{cases} \tag{2-131}$$

为满足关节速度的连续性要求，另外还有 2 个约束条件：起点和终点的关节速度为零，即

$$\begin{cases}\dot{\theta}(0)=0\\ \dot{\theta}(t_f)=0\end{cases} \tag{2-132}$$

次数至少为 3 的多项式才能满足 4 个约束条件，因为一个三次多项式有 4 个系数，可以满足式(2-131)和式(2-132)所示的四个约束条件，该三次多项式的具体形式为

$$\theta(t)=a_0+a_1t+a_2t^2+a_3t^3 \tag{2-133}$$

轨迹的关节速度和加速度为

$$\dot{\theta}(t)=a_1+2a_2t+3a_3t^2 \tag{2-134}$$

$$\ddot{\theta}(t)=2a_2+6a_3t \tag{2-135}$$

将 4 个约束条件(2-131)和式(2-132)代入式(2-133)和式(2-134)，可以得到多项式系数 $a_i(i=0,1,2,3)$ 的 4 个方程：

$$\begin{cases}\theta_0=a_0\\ \theta_f=a_0+a_1t_f+a_2t_f^2+a_3t_f^3\\ 0=a_1\\ 0=a_1+2a_2t_f+3a_3t_f^2\end{cases} \tag{2-136}$$

求解上述线性方程组可得系数 a_i：

$$\begin{cases}a_0=\theta_0\\ a_1=0\\ a_2=\dfrac{3}{t_f^2}(\theta_f-\theta_0)\\ a_3=-\dfrac{2}{t_f^3}(\theta_f-\theta_0)\end{cases} \tag{2-137}$$

该解仅适用于起点和终点速度为零的情况。

【实例 2-1】

设一个具有转动关节的单自由度机械臂，处于静止状态时的关节角为 $\theta_0=30^\circ$，期望在 2s 内平稳运动到关节角 $\theta_f=90^\circ$，终点速度为零，计算满足条件的三次多项式轨迹的方程。

将 θ_0 和 θ_f 代入式(2-137)，即可得到三次多项式的系数：

$$a_0=30\ ,\quad a_1=0\ ,\quad a_2=45\ ,\quad a_3=-15$$

由式(2-133)～式(2-135)，可以确定机器人的位移、速度和加速度：

$$\theta(t) = 30 + 45t^2 - 15t^3$$
$$\dot{\theta}(t) = 90t - 45t^2$$
$$\ddot{\theta}(t) = 90 - 90t$$

图 2-23 表示机器人的关节运动轨迹曲线。显然，三次多项式函数的速度曲线为抛物线，加速度曲线为直线。

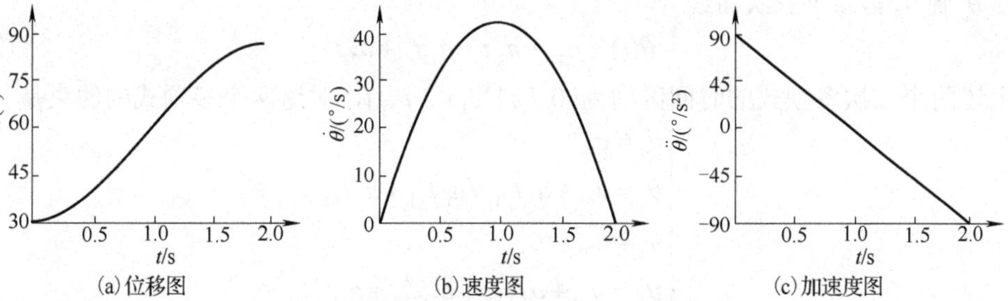

图 2-23　三次多项式的位移、速度和加速度

2.6.3　过路径点的三次多项式插值

前面讨论了使用期望的时间间隔和终点描述的运动，一般情况下，要求规划过路径点的轨迹。如果机械臂在路径点停留，则可直接使用前面的三次多项式插值的方法；如果只是连续经过路径点而不停留，则需要推广下述方法。

路径点的关节速度不再是零，而是可以根据需要设定，这样一来，确定三次多项式的方法与前面所述完全相同，只是速度约束条件(2-132)变为

$$\begin{cases} \dot{\theta}(0) = \dot{\theta}_0 \\ \dot{\theta}(t_f) = \dot{\theta}_f \end{cases} \tag{2-138}$$

描述这个三次多项式的 4 个方程为

$$\begin{cases} \theta_0 = a_0 \\ \theta_f = a_0 + a_1 t_f + a_2 t_f^2 + a_3 t_f^3 \\ \dot{\theta}_0 = a_1 \\ \dot{\theta}_f = a_1 + 2a_2 t_f + 3a_3 t_f^2 \end{cases} \tag{2-139}$$

求解上述线性方程组可得系数 a_i 各为

$$\begin{cases} a_0 = \theta_0 \\ a_1 = \dot{\theta}_0 \\ a_2 = \dfrac{3}{t_f^2}(\theta_f - \theta_0) - \dfrac{2}{t_f}\dot{\theta}_0 - \dfrac{1}{t_f}\dot{\theta}_f \\ a_3 = -\dfrac{2}{t_f^3}(\theta_f - \theta_0) + \dfrac{1}{t_f^2}(\dot{\theta}_f + \dot{\theta}_0) \end{cases} \tag{2-140}$$

上述三次多项式描述了起点和终点具有任意给定位置和速度的轨迹，是式(2-137)的推广。

【实例 2-2】

试求解两个三次曲线的系数，使得两线段连成的样条曲线在中间点处具有连续的加速度。假设起始关节角为 θ_0，中间点为 θ_v，目标点为 θ_f。

从 θ_0 到 θ_v 第一个三次曲线为

$$\theta(t) = a_{10} + a_{11}t + a_{12}t^2 + a_{13}t^3 \tag{2-141}$$

从 θ_v 到 θ_f 第二个三次曲线为

$$\theta(t) = a_{20} + a_{21}t + a_{22}t^2 + a_{23}t^3 \tag{2-142}$$

上述两个三次多项式的时间区间为 $[0, t_{f1}]$ 和 $[t_{f1}, t_{f2}]$，对这两个多项式的约束是

$$\begin{cases} \theta_0 = a_{10} \\ \theta_v = a_{10} + a_{11}t_{f1} + a_{12}t_{f1}^2 + a_{13}t_{f1}^3 \\ \theta_v = a_{20} \\ \theta_f = a_{20} + a_{21}t_{f2} + a_{22}t_{f2}^2 + a_{23}t_{f2}^3 \\ 0 = a_{11} \\ 0 = a_{21} + 2a_{22}t_{f2} + 3a_{23}t_{f2}^2 \\ a_{11} + 2a_{12}t_{f1} + 3a_{13}t_{f1}^2 = a_{21} \\ 2a_{12} + 6a_{13}t_{f1} = 2a_{22} \end{cases} \tag{2-143}$$

约束条件确定了一个具有 8 个方程和 8 个未知数的线性方程组，当 $t_{f1} = t_{f2} = t_f$ 时，解为

$$\begin{cases} a_{10} = \theta_0 \\ a_{11} = 0 \\ a_{12} = \dfrac{12\theta_v - 3\theta_f - 9\theta_0}{4t_f^2} \\ a_{13} = \dfrac{-8\theta_v + 3\theta_f + 5\theta_0}{4t_f^2} \\ a_{20} = \theta_v \\ a_{21} = \dfrac{3\theta_f - 3\theta_0}{4t_f} \\ a_{22} = \dfrac{-12\theta_v + 6\theta_f + 6\theta_0}{4t_f^2} \\ a_{23} = \dfrac{8\theta_v - 5\theta_f - 3\theta_0}{4t_f^3} \end{cases} \tag{2-144}$$

一般情况下，对于包含 n 个三次曲线段的轨迹来说，当满足中间点处的加速度连续时，其方程组可以写成矩阵形式，可用来求解中间点的速度。该矩阵为三角阵，易于求解。

2.6.4　五次多项式插值

有时需要使用高阶多项式作为路径段。例如，如果要确定路径段起点和终点的位移、速度和加速度，则需要用一个五次多项式进行插值，即

$$\theta(t)=a_0+a_1t+a_2t^2+a_3t^3+a_4t^4+a_5t^5 \tag{2-145}$$

多项式系数 $a_i(i=0,1,\cdots,5)$ 必须满足 6 个约束方程：

$$\begin{cases}\theta_0=a_0\\ \theta_f=a_0+a_1t_f+a_2t_f^2+a_3t_f^3+a_4t_f^4+a_5t_f^5\\ \dot{\theta}_0=a_1\\ \dot{\theta}_f=a_1+2a_2t_f+3a_3t_f^2+4a_4t_f^3+5a_5t_f^4\\ \ddot{\theta}_0=2a_2\\ \ddot{\theta}_f=2a_2+6a_3t_f+12a_4t_f^2+20a_5t_f^3\end{cases} \tag{2-146}$$

这些约束条件确定了一个具有 6 个方程和 6 个未知数的线性方程组，其解为

$$\begin{cases}a_0=\theta_0\\ a_1=\dot{\theta}_0\\ a_2=\dfrac{\ddot{\theta}_0}{2}\\ a_3=\dfrac{20(\theta_f-\theta_0)-(8\dot{\theta}_f+12\dot{\theta}_0)t_f+(\ddot{\theta}_f-3\ddot{\theta}_0)t_f^2}{2t_f^3}\\ a_4=\dfrac{-30(\theta_f-\theta_0)+(14\dot{\theta}_f+16\dot{\theta}_0)t_f-(2\ddot{\theta}_f-3\ddot{\theta}_0)t_f^2}{2t_f^4}\\ a_5=\dfrac{12(\theta_f-\theta_0)-6(\dot{\theta}_f+\dot{\theta}_0)t_f+(\ddot{\theta}_f-\ddot{\theta}_0)t_f^2}{2t_f^5}\end{cases} \tag{2-147}$$

【实例 2-3】

和实例 2-1 的条件一样，并假设起点和终点的加速度为 0，计算满足条件的五次多项式轨迹的方程。

将已知条件代入式(2-147)，即可得到五次多项式的系数：

$a_0=30$ ，　$a_1=0$ ，　$a_2=0$ ，　$a_3=75$ ，　$a_4=-56.25$ ，　$a_5=11.25$

由式(2-145)，可以确定机器人的位移、速度和加速度：

$$\theta(t)=30+75t^3-56.25t^4+11.25t^5$$
$$\dot{\theta}(t)=225t^2-225t^3+56.25t^4$$
$$\ddot{\theta}(t)=450t-675t^2+225t^3$$

图 2-24 表示机器人的五次多项式轨迹曲线。

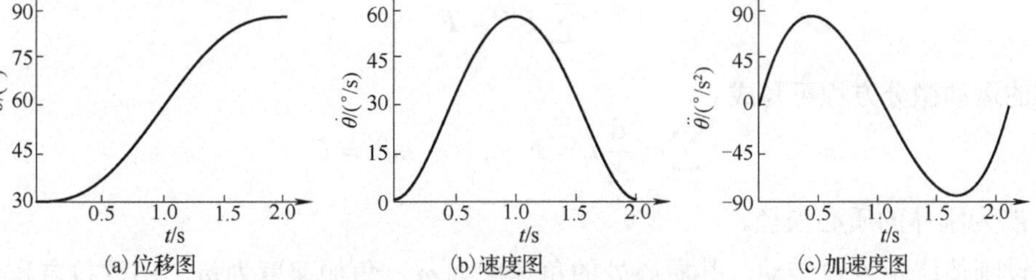

图 2-24　五次多项式的位移、速度和加速度

2.7 机器人动力学

在前面的章节中，研究了机器人的正反运动学，也就是关节空间的关节坐标$(\theta_1,\theta_2,\theta_3,\theta_4,\theta_5,\theta_6)$和笛卡尔空间末端执行器的位置姿态${}_6^0\boldsymbol{T}$之间的位置映射，通过正反运动学计算，已知其中一个空间的坐标，就可以计算另外一个空间对应的坐标。然后研究了雅可比矩阵 $\boldsymbol{J}$，得到两个空间之间的速度映射关系，还研究了通过关节空间或笛卡尔空间的轨迹规划对机器人的轨迹进行规划。但是这些研究只是涉及机器人运动学变换，并没有涉及机器人产生运动的原因，众所周知，机器人产生运动的最终原因是由其上的作用力所引起的，这就是本节要讨论的动力学问题。

机器人动力学所要解决的问题是如何让机器人以预设的速度及加速度运动，这就需要建立机器人任务空间与机器人各关节空间的力矩和力之间的映射关系，通常称为动力学方程。机器人动力学除可以用来实现对机器人的高精度控制，也在机器人的负载辨识、碰撞检测、静态误差改善以及提升机器人系统响应性能中都存在重要意义。机器人动力学是在前面章节的运动学和静力学基础上的延伸，主要工作是通过引入了机器人的惯性力，使静态平衡条件下的静力学发展为动态平衡条件下的动力学。本节介绍机器人动力学的两种常用的方法，分别是牛顿-欧拉方程(Newton-Euler equations)和第二类拉格朗日方程(Lagrange's equations)。

2.7.1 牛顿-欧拉方程

在机器人动力学中，为方便计算，将机器人连杆当成刚体，且知道连杆的质心和惯性张量。假设刚体上质点i的质量为m_i，矢径为$\boldsymbol{r}_i$，质点受到的外力为$\boldsymbol{F}_i^{(e)}$和内力为$\boldsymbol{F}_i^{(i)}$，由牛顿方程可知

$$m_i\frac{\mathrm{d}}{\mathrm{d}t}\dot{\boldsymbol{r}}_i=\boldsymbol{F}_i^{(e)}+\boldsymbol{F}_i^{(i)} \tag{2-148}$$

则对整个刚体有

$$\sum_{i=1}^{n}m_i\frac{\mathrm{d}}{\mathrm{d}t}\dot{\boldsymbol{r}}_i=\sum_{i=1}^{n}\boldsymbol{F}_i^{(e)}+\sum_{i=1}^{n}\boldsymbol{F}_i^{(i)} \tag{2-149}$$

根据牛顿第三定律可知，刚体内的内力总是成对出现、方向相反，即

$$\sum_{i=1}^{n}\boldsymbol{F}_i^{(i)}=0 \tag{2-150}$$

已知作用在刚体上的外力系的主矢为$\boldsymbol{F}$，则

$$\sum_{i=1}^{n}\boldsymbol{F}_i^{(e)}=\boldsymbol{F} \tag{2-151}$$

则刚体的运动微分方程可写成

$$\sum_{i=1}^{n}m_i\frac{\mathrm{d}}{\mathrm{d}t}\dot{\boldsymbol{r}}_i=\boldsymbol{F}\quad,\qquad m\ddot{\boldsymbol{r}}_C=\boldsymbol{F} \tag{2-152}$$

式中，$\ddot{\boldsymbol{r}}_C$为刚体的质心矢径。

假设刚体绕定点O转动，其质心处的角速度为$\boldsymbol{\omega}$，角加速度为$\dot{\boldsymbol{\omega}}$。由欧拉方程可得，刚体上的力矩$\boldsymbol{N}_C$为

$$\boldsymbol{I}_C\dot{\boldsymbol{\omega}}+\boldsymbol{\omega}\times\boldsymbol{I}_C\boldsymbol{\omega}=\boldsymbol{N}_C \tag{2-153}$$

在 2.5.3 节已经介绍了连杆间的速度传递，当关节 $i+1$ 是转动关节时，连杆间的角速度可表示为

$$^{i+1}\boldsymbol{\omega}_{i+1}={}^{i+1}_{i}\boldsymbol{R}\,{}^{i}\boldsymbol{\omega}_i+\dot{\theta}_{i+1}\,{}^{i+1}\hat{\boldsymbol{Z}}_{i+1} \tag{2-154}$$

其连杆间的角加速度变换方程为

$$^{i+1}\dot{\boldsymbol{\omega}}_{i+1}={}^{i+1}_{i}\boldsymbol{R}\,{}^{i}\dot{\boldsymbol{\omega}}_i+{}^{i+1}_{i}\boldsymbol{R}\,{}^{i}\boldsymbol{\omega}_i\times\dot{\theta}_{i+1}\,{}^{i+1}\hat{\boldsymbol{Z}}_{i+1}+\ddot{\theta}_{i+1}\,{}^{i+1}\hat{\boldsymbol{Z}}_{i+1} \tag{2-155}$$

当关节 $i+1$ 是移动关节时，式（2-155）可表示为

$$^{i+1}\dot{\boldsymbol{\omega}}_{i+1}={}^{i+1}_{i}\boldsymbol{R}\,{}^{i}\dot{\boldsymbol{\omega}}_i \tag{2-156}$$

基于式(2-87)可得每个连杆质心的线加速度：

$$^{i+1}\dot{\boldsymbol{v}}_{i+1}={}^{i+1}_{i}\boldsymbol{R}\left({}^{i}\dot{\boldsymbol{v}}_i+{}^{i}\dot{\boldsymbol{\omega}}_i\times{}^{i}\boldsymbol{P}_{i+1}+{}^{i}\boldsymbol{\omega}_i\times({}^{i}\boldsymbol{\omega}_i\times{}^{i}\boldsymbol{P}_{i+1})\right)+2\,{}^{i+1}\boldsymbol{\omega}_{i+1}\times\dot{d}_{i+1}\,{}^{i+1}\hat{\boldsymbol{Z}}_{i+1}+\ddot{d}_{i+1}\,{}^{i+1}\hat{\boldsymbol{Z}}_{i+1} \tag{2-157}$$

假设坐标系$\{C_i\}$固定于连杆 i 上，坐标系原点位于连杆质心，且各坐标轴的姿态与连杆坐标系的姿态相同。无论关节的运动形式如何，连杆间的线加速度均可表示为

$$^{i+1}\dot{\boldsymbol{v}}_{C_i}={}^{i}\dot{\boldsymbol{\omega}}_i\times{}^{i}\boldsymbol{P}_{C_i}+{}^{i}\boldsymbol{\omega}_i\times({}^{i}\boldsymbol{\omega}_i\times{}^{i}\boldsymbol{P}_{C_i})+{}^{i}\dot{\boldsymbol{v}}_i \tag{2-158}$$

式中，$^{i}\boldsymbol{P}_{C_i}$ 是连杆质心的位置矢量。

当连杆质心间的线加速度和角加速度已知后，利用牛顿-欧拉公式可计算出作用在连杆间的力和力矩，即

$$\boldsymbol{F}_i=m\dot{\boldsymbol{v}}_{C_i} \tag{2-159}$$

$$\boldsymbol{N}_i=\boldsymbol{I}_{C_i}\dot{\boldsymbol{\omega}}_i+\boldsymbol{\omega}_i\times\boldsymbol{I}_{C_i}\boldsymbol{\omega}_i \tag{2-160}$$

式中，$\boldsymbol{I}_{C_i}$ 表示刚体在坐标系$\{C_i\}$中的惯性张量。

2.7.2　牛顿-欧拉动力学

假设连杆在无重力状态下，质心处受到力 $\boldsymbol{F}_i$ 和力矩 $\boldsymbol{N}_i$ 作用，如图 2-25 所示，$\boldsymbol{f}_i$ 表示连杆 $i-1$ 作用在连杆 i 上的力，$\boldsymbol{n}_i$ 表示连杆 $i-1$ 作用在连杆 i 上的力矩。要构建机器人的动力学模型，就要知道作用在关节处的力和力矩，因此可以根据理论力学知识列出力平衡方程：

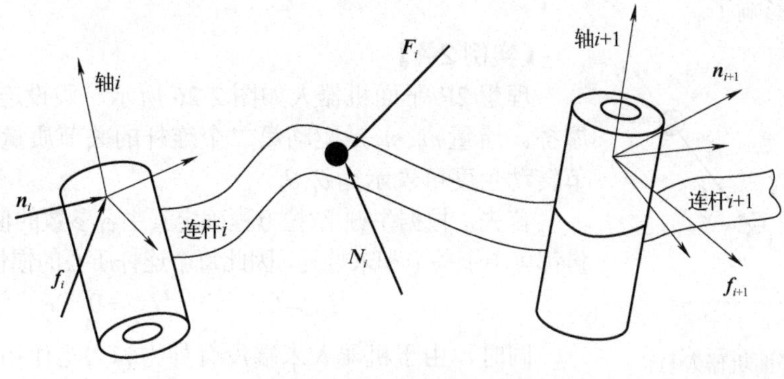

图 2-25　连杆间的受力情况

$$^{i}\boldsymbol{F}_i={}^{i}\boldsymbol{f}_i-{}_{i+1}^{i}\boldsymbol{R}\,{}^{i+1}\boldsymbol{f}_{i+1} \tag{2-161}$$

而力矩平衡方程为

$$^{i}\boldsymbol{N}_i={}^{i}\boldsymbol{n}_i-{}^{i}\boldsymbol{n}_{i+1}+(-{}^{i}\boldsymbol{P}_{C_i})\times{}^{i}\boldsymbol{f}_i-({}^{i}\boldsymbol{P}_{i+1}-{}^{i}\boldsymbol{P}_{C_i})\times{}^{i}\boldsymbol{f}_{i+1} \tag{2-162}$$

重新排列力和力矩平衡方程，可以得到相邻连杆间的迭代关系：

$$^{i}\boldsymbol{f}_i = {}^{i}_{i+1}\boldsymbol{R}\,{}^{i+1}\boldsymbol{f}_{i+1} + {}^{i}\boldsymbol{F}_i \tag{2-163}$$

$$^{i}\boldsymbol{n}_i = {}^{i}\boldsymbol{N}_i + {}^{i}_{i+1}\boldsymbol{R}\,{}^{i+1}\boldsymbol{n}_{i+1} + {}^{i}\boldsymbol{P}_{C_i} \times {}^{i}\boldsymbol{F}_i + {}^{i}\boldsymbol{P}_{i+1} \times {}^{i}_{i+1}\boldsymbol{R}\,{}^{i+1}\boldsymbol{f}_{i+1} \tag{2-164}$$

这里需要注意的是，如果机器人在空间中自由运动，则 $^{N+1}\boldsymbol{f}_{N+1}$ 和 $^{N+1}\boldsymbol{n}_{N+1}$ 都为零，当机器人与环境接触时，$^{N+1}\boldsymbol{f}_{N+1}$ 和 $^{N+1}\boldsymbol{n}_{N+1}$ 不为零，平衡方程中就包含了接触力和力矩。

以转动关节为例，基于牛顿-欧拉动力学方程计算机器人各关节的力和力矩。以迭代的形式从连杆 1 到连杆 n 依次计算连杆的速度和加速度，如式(2-154)和式(2-155)所示。从连杆 1 递推到连杆 2 的速度和加速度如下：

$$^{2}\boldsymbol{\omega}_2 = {}^{2}_{1}\boldsymbol{R}\,{}^{1}\boldsymbol{\omega}_1 + \dot{\theta}_2\,{}^{2}\hat{\boldsymbol{Z}}_2 \tag{2-165}$$

$$^{2}\dot{\boldsymbol{\omega}}_2 = {}^{2}_{1}\boldsymbol{R}\,{}^{1}\dot{\boldsymbol{\omega}}_1 + {}^{2}_{1}\boldsymbol{R}\,{}^{1}\boldsymbol{\omega}_1 \times \dot{\theta}_2\,{}^{2}\hat{\boldsymbol{Z}}_2 + \ddot{\theta}_2\,{}^{2}\hat{\boldsymbol{Z}}_2 \tag{2-166}$$

$$^{2}\dot{\boldsymbol{v}}_2 = {}^{2}_{1}\boldsymbol{R}\left({}^{1}\dot{\boldsymbol{\omega}}_1 \times {}^{1}\boldsymbol{P}_2 + {}^{1}\boldsymbol{\omega}_1 \times \left({}^{1}\boldsymbol{\omega}_1 \times {}^{1}\boldsymbol{P}_2\right) + {}^{1}\dot{\boldsymbol{v}}_1\right) \tag{2-167}$$

$$^{2}\dot{\boldsymbol{v}}_{C_2} = {}^{1}\dot{\boldsymbol{\omega}}_2 \times {}^{1}\boldsymbol{P}_{C_2} + {}^{1}\boldsymbol{\omega}_2 \times \left({}^{1}\boldsymbol{\omega}_2 \times {}^{1}\boldsymbol{P}_{C_2}\right) + {}^{1}\dot{\boldsymbol{v}}_2 \tag{2-168}$$

$$^{2}\boldsymbol{F}_2 = m_2\,{}^{2}\dot{\boldsymbol{v}}_{C_2} \tag{2-169}$$

$$^{2}\boldsymbol{N}_2 = {}^{2}\boldsymbol{I}_{C_2}\,{}^{2}\dot{\boldsymbol{\omega}}_2 + {}^{2}\boldsymbol{\omega}_2 \times {}^{2}\boldsymbol{I}_{C_2}\,{}^{2}\boldsymbol{\omega}_2 \tag{2-170}$$

当存在外部驱动力矩 $\boldsymbol{\tau}$ 时，利用平衡方程，以迭代的形式从连杆 n 到连杆 1 依次计算连杆间的相互作用力及力矩，如式(2-163)和式(2-164)所示。从连杆 2 递推到连杆 1 的关节作用力和力矩如下：

$$^{1}\boldsymbol{f}_1 = {}^{1}_{2}\boldsymbol{R}\,{}^{2}\boldsymbol{f}_2 + {}^{1}\boldsymbol{F}_1 \tag{2-171}$$

$$^{1}\boldsymbol{n}_1 = {}^{1}\boldsymbol{N}_1 + {}^{1}_{2}\boldsymbol{R}\,{}^{2}\boldsymbol{n}_2 + {}^{1}\boldsymbol{P}_{C_1} \times {}^{1}\boldsymbol{F}_1 + {}^{1}\boldsymbol{P}_2 \times {}^{1}_{2}\boldsymbol{R}\,{}^{2}\boldsymbol{f}_2 \tag{2-172}$$

$$\boldsymbol{\tau}_1 = {}^{1}\boldsymbol{n}_1^{\mathrm{T}}\,{}^{1}\hat{\boldsymbol{Z}}_1 \tag{2-173}$$

注意：以上的分析内容未考虑连杆的重力因素。要计算重力因素对机器人的影响，可以在上述方程的基础上，令 $^{0}\dot{\boldsymbol{v}}_0 = \boldsymbol{G}$，其中 $\boldsymbol{G}$ 与重力矢量大小相等、方向相反。这相当于机器人以 1g 的加速度向上运动，这和重力作用在连杆上的效果相同。因此，不需要额外计算重力对机器人连杆的影响了。

【实例 2-4】

理想 2R 平面机器人如图 2-26 所示。假设连杆无质量且无摩擦。质量 m_1, m_2 是驱动第二个连杆的关节质量和负载，各关节转动角度可表示为 θ_1, θ_2。

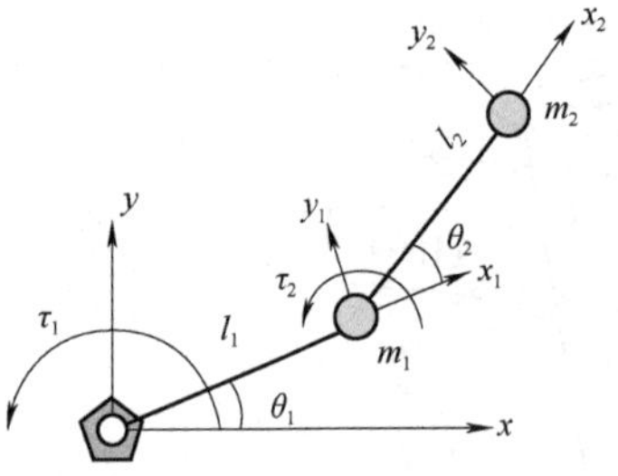

图 2-26　2R 平面机器人(1)

首先，根据牛顿-欧拉方程确定其中各参数的值。由于假设质量都集中于关节和末端处，因此每个连杆质心的惯性张量为零，即

$$^{1}I_{C_1} = 0 \quad , \quad {}^{2}I_{C_2} = 0 \tag{2-174}$$

同时，由于机器人末端没有外力和力矩作用，因此有

$$f_3 = 0 \quad , \quad n_3 = 0$$

由于机器人基座不旋转，因此有

$$\omega = 0 \quad , \quad \dot{\omega} = 0 \tag{2-176}$$

考虑重力因素的影响，则

$$^{0}\dot{\boldsymbol{v}}_0 = g\hat{\boldsymbol{Y}}_0 \tag{2-177}$$

连杆间的相对转动为

$$ {}_{i+1}^{\ i}\boldsymbol{R}=\begin{bmatrix} c_{i+1} & -s_{i+1} & 0 \\ s_{i+1} & c_{i+1} & 0 \\ 0 & 0 & 1 \end{bmatrix}, \quad {}_{i}^{i+1}\boldsymbol{R}=\begin{bmatrix} c_{i+1} & s_{i+1} & 0 \\ -s_{i+1} & c_{i+1} & 0 \\ 0 & 0 & 1 \end{bmatrix} \tag{2-178} $$

式中，$c_i=\cos\theta_i$；$s_i=\sin\theta_i$。

根据牛顿-欧拉方程，连杆 1 的速度和加速度为

$$ {}^{1}\boldsymbol{\omega}_1=\dot{\theta}_1{}^{1}\hat{\boldsymbol{Z}}_1=\begin{bmatrix} 0 \\ 0 \\ \dot{\theta}_1 \end{bmatrix}, \quad {}^{1}\dot{\boldsymbol{\omega}}_1=\ddot{\theta}_1{}^{1}\hat{\boldsymbol{Z}}_1=\begin{bmatrix} 0 \\ 0 \\ \ddot{\theta}_1 \end{bmatrix} \tag{2-179} $$

$$ {}^{1}\dot{\boldsymbol{v}}_1=\begin{bmatrix} c_1 & s_1 & 0 \\ -s_1 & c_1 & 0 \\ 0 & 0 & 1 \end{bmatrix}\begin{bmatrix} 0 \\ g \\ 0 \end{bmatrix}=\begin{bmatrix} gs_1 \\ gc_1 \\ 0 \end{bmatrix} \tag{2-180} $$

$$ {}^{1}\dot{\boldsymbol{v}}_{C_1}=\begin{bmatrix} 0 \\ l_1\ddot{\theta}_1 \\ 0 \end{bmatrix}+\begin{bmatrix} -l_1\dot{\theta}_1^2 \\ 0 \\ 0 \end{bmatrix}+\begin{bmatrix} gs_1 \\ gc_1 \\ 0 \end{bmatrix}=\begin{bmatrix} -l_1\dot{\theta}_1^2+gs_1 \\ l_1\ddot{\theta}_1+gc_1 \\ 0 \end{bmatrix} \tag{2-181} $$

得到连杆 1 质心的速度和加速度后，可得连杆 1 质心上的惯性力和力矩为

$$ {}^{1}\boldsymbol{F}_1=m_1{}^{1}\dot{\boldsymbol{v}}_{C_1}=\begin{bmatrix} -m_1l_1\dot{\theta}_1^2+m_1gs_1 \\ m_1l_1\ddot{\theta}_1+m_1gc_1 \\ 0 \end{bmatrix}, \quad {}^{1}\boldsymbol{N}_1=\begin{bmatrix} 0 \\ 0 \\ 0 \end{bmatrix} \tag{2-182} $$

连杆 2 的速度和加速度为

$$ {}^{2}\boldsymbol{\omega}_2=\begin{bmatrix} 0 \\ 0 \\ \dot{\theta}_1+\dot{\theta}_2 \end{bmatrix}, \quad {}^{2}\dot{\boldsymbol{\omega}}_2=\begin{bmatrix} 0 \\ 0 \\ \ddot{\theta}_1+\ddot{\theta}_2 \end{bmatrix} \tag{2-183} $$

$$ {}^{2}\dot{\boldsymbol{v}}_2=\begin{bmatrix} c_2 & s_2 & 0 \\ -s_2 & c_2 & 0 \\ 0 & 0 & 1 \end{bmatrix}\begin{bmatrix} -l_1\dot{\theta}_1^2+gs_1 \\ l_1\ddot{\theta}_1+gc_1 \\ 0 \end{bmatrix}=\begin{bmatrix} l_1\ddot{\theta}_1s_2-l_1\dot{\theta}_1^2c_2+gs_{12} \\ l_1\ddot{\theta}_1c_2+l_1\dot{\theta}_1^2s_2+gc_{12} \\ 0 \end{bmatrix} \tag{2-184} $$

式中，$c_{12}=\cos(\theta_1+\theta_2)$；$s_{12}=\sin(\theta_1+\theta_2)$。

$$ {}^{2}\dot{\boldsymbol{v}}_{C_2}=\begin{bmatrix} 0 \\ l_2(\ddot{\theta}_1+\ddot{\theta}_2) \\ 0 \end{bmatrix}+\begin{bmatrix} -l_2(\dot{\theta}_1+\dot{\theta}_2)^2 \\ 0 \\ 0 \end{bmatrix}+\begin{bmatrix} l_1\ddot{\theta}_1s_2-l_1\dot{\theta}_1^2c_2+gs_{12} \\ l_1\ddot{\theta}_1c_2+l_1\dot{\theta}_1^2s_2+gc_{12} \\ 0 \end{bmatrix} \tag{2-185} $$

得到连杆 2 质心的速度和加速度后，可得连杆 2 质心上的惯性力和力矩为

$$ {}^{2}\boldsymbol{F}_2=m_2{}^{2}\dot{\boldsymbol{v}}_{C_2}=\begin{bmatrix} -m_2l_2(\dot{\theta}_1+\dot{\theta}_2)^2+m_2l_1\ddot{\theta}_1s_2-m_2l_1\dot{\theta}_1^2c_2+m_2gs_{12} \\ m_2l_2(\ddot{\theta}_1+\ddot{\theta}_2)+m_2l_1\ddot{\theta}_1c_2+m_2l_1\dot{\theta}_1^2s_2+m_2gc_{12} \\ 0 \end{bmatrix}, \quad {}^{2}\boldsymbol{N}_2=\begin{bmatrix} 0 \\ 0 \\ 0 \end{bmatrix} \tag{2-186} $$

连杆 2 上的作用力和力矩为

$$ {}^{2}\boldsymbol{f}_2={}^{2}\boldsymbol{F}_2 \tag{2-187} $$

$$
{}^{2}\boldsymbol{n}_2=\begin{bmatrix}0\\0\\m_2l_2^{\,2}(\ddot{\theta}_1+\ddot{\theta}_2)+m_2l_1l_2\ddot{\theta}_1\mathrm{c}_2+m_2l_1l_2\dot{\theta}_1^{\,2}\mathrm{s}_2+m_2l_2g\mathrm{c}_{12}\end{bmatrix} \tag{2-188}
$$

连杆 1 上的作用力和力矩为

$$
{}^{1}\boldsymbol{f}_1=\begin{bmatrix}\mathrm{c}_2 & -\mathrm{s}_2 & 0\\ \mathrm{s}_2 & \mathrm{c}_2 & 0\\ 0 & 0 & 1\end{bmatrix}\begin{bmatrix}-m_2l_2(\dot{\theta}_1+\dot{\theta}_2)^2+m_2l_1\ddot{\theta}_1\mathrm{s}_2-m_2l_1\dot{\theta}_1^{\,2}\mathrm{c}_2+m_2g\mathrm{s}_{12}\\ m_2l_2(\ddot{\theta}_1+\ddot{\theta}_2)+m_2l_1\ddot{\theta}_1\mathrm{c}_2+m_2l_1\dot{\theta}_1^{\,2}\mathrm{s}_2+m_2g\mathrm{c}_{12}\\ 0\end{bmatrix}+\begin{bmatrix}-m_1l_1\dot{\theta}_1^{\,2}+m_1g\mathrm{s}_1\\ m_1l_1\ddot{\theta}_1+m_1g\mathrm{c}_1\\ 0\end{bmatrix} \tag{2-189}
$$

$$
\begin{aligned}
{}^{1}\boldsymbol{n}_1=&\begin{bmatrix}0\\0\\m_2l_2^{\,2}(\ddot{\theta}_1+\ddot{\theta}_2)+m_2l_1l_2\ddot{\theta}_1\mathrm{c}_2+m_2l_1l_2\dot{\theta}_1^{\,2}\mathrm{s}_2+m_2l_2g\mathrm{c}_{12}\end{bmatrix}+\begin{bmatrix}0\\0\\m_1l_1^{\,2}\ddot{\theta}_1+m_1gl_1\mathrm{c}_1\end{bmatrix}\\
&+\begin{bmatrix}0\\0\\m_2l_1^{\,2}\ddot{\theta}_1-m_2l_1l_2\mathrm{s}_2(\dot{\theta}_1+\dot{\theta}_2)^2+m_2l_1l_2\mathrm{c}_2(\ddot{\theta}_1+\ddot{\theta}_2)+m_2l_1g\mathrm{s}_2\mathrm{s}_{12}+m_2l_1g\mathrm{c}_2\mathrm{c}_{12}\end{bmatrix}
\end{aligned} \tag{2-190}
$$

取 ${}^{i}\boldsymbol{n}_i$ 中的 $\hat{\boldsymbol{Z}}$ 方向的分量，可得关节力矩为

$$
\begin{aligned}
\tau_1=&m_2l_2^{\,2}(\ddot{\theta}_1+\ddot{\theta}_2)+m_2l_1l_2\mathrm{c}_2(2\ddot{\theta}_1+\ddot{\theta}_2)+(m_1+m_2)l_1^{\,2}\ddot{\theta}_1-m_2l_1l_2\mathrm{s}_2\dot{\theta}_2^{\,2}\\
&-2m_2l_1l_2\mathrm{s}_2\dot{\theta}_1\dot{\theta}_2+m_2l_2g\mathrm{c}_{12}+(m_1+m_2)l_1g\mathrm{c}_1
\end{aligned} \tag{2-191}
$$

$$
\tau_2=m_2l_2^{\,2}(\ddot{\theta}_1+\ddot{\theta}_2)+m_2l_1l_2\ddot{\theta}_1\mathrm{c}_2+m_2l_1l_2\dot{\theta}_1^{\,2}\mathrm{s}_2+m_2l_2g\mathrm{c}_{12} \tag{2-192}
$$

2.7.3 第二类拉格朗日方程

对于推导机器人系统的动力学方程，第二类拉格朗日方程是重要方法之一。在“理论力学”课程中对拉格朗日方程的推导过程进行了详细介绍，本节不再赘述，为便于理解后面动力学方程的建立，本节主要介绍其基本公式。

在由 N 个质点组成的 n 自由度质点系中，记质点系的 n 个广义坐标为 $q_1,q_2,\cdots,q_n$，则质点 i 的矢径 $\boldsymbol{r}_i$ 可以表示为

$$
\boldsymbol{r}_i=\boldsymbol{r}_i(q_1(t),\cdots,q_n(t),t)\quad,\qquad i=1,2,\cdots,N \tag{2-193}
$$

故

$$
\dot{\boldsymbol{r}}_i=\sum_{j=1}^{n}\frac{\partial\boldsymbol{r}_i}{\partial q_j}\dot{q}_j+\frac{\partial\boldsymbol{r}_i}{\partial t} \tag{2-194}
$$

限制质点系运动的各种条件称为约束，基于达朗贝尔原理可得，系统中运动受到约束的质点 i 的虚位移 $\delta\dot{\boldsymbol{r}}_i$ 可定义为

$$
\delta\dot{\boldsymbol{r}}_i=\sum_{j=1}^{n}\frac{\partial\dot{\boldsymbol{r}}_i}{\partial q_j}\delta q_j \tag{2-195}
$$

作用在质点系上的力 $\boldsymbol{F}_i$ 在虚位移上所做的虚功 δW 在广义坐标下可表示为

$$
\delta W=\sum_{i=1}^{N}\boldsymbol{F}_i\cdot\delta\boldsymbol{r}_i=\sum_{i=1}^{N}\boldsymbol{F}_i\cdot\left(\sum_{j=1}^{n}\frac{\partial\boldsymbol{r}_i}{\partial q_j}\delta q_j\right)=\sum_{j=1}^{n}\left(\sum_{i=1}^{N}\boldsymbol{F}_i\cdot\frac{\partial\boldsymbol{r}_i}{\partial q_j}\right)\delta q_j=\sum_{j=1}^{n}Q_j\delta q_j \tag{2-196}
$$

式中，Q_j 称为对应广义坐标 q_j 的广义力。

由牛顿第二定律可知，对系统中的每个质点i均有

$$\boldsymbol{F}_i+\boldsymbol{N}_i=m_i\ddot{\boldsymbol{r}}_i \quad , \qquad i=1,2,\cdots,N \tag{2-197}$$

式中，m_i、$\ddot{\boldsymbol{r}}_i$分别表示质点i的质量和加速度；$\boldsymbol{F}_i$、$\boldsymbol{N}_i$分别表示作用于质点i上的主动力和约束反力。

当约束为理想约束时，理想约束反力的虚功和为 0，即：$\sum_{i=1}^{n}\boldsymbol{N}_i\cdot\frac{\partial\boldsymbol{r}_i}{\partial q_j}=0$，从而质点系在广义坐标系中用牛顿第二定律表示为

$$\sum_{i=1}^{N}m_i\ddot{\boldsymbol{r}}_i\cdot\frac{\partial\boldsymbol{r}_i}{\partial q_j}=\sum_{i=1}^{N}(\boldsymbol{F}_i+\boldsymbol{N}_i)\cdot\frac{\partial\boldsymbol{r}_i}{\partial q_j}$$

$$\sum_{i=1}^{N}m_i\left(\frac{\mathrm{d}}{\mathrm{d}t}\left(\frac{\mathrm{d}\boldsymbol{r}_i}{\mathrm{d}t}\right)\right)\cdot\frac{\partial\boldsymbol{r}_i}{\partial q_j}=\sum_{i=1}^{N}\boldsymbol{F}_i\cdot\frac{\partial\boldsymbol{r}_i}{\partial q_j}$$

$$\sum_{i=1}^{N}m_i\left(\frac{\mathrm{d}}{\mathrm{d}t}\left(\frac{\mathrm{d}\boldsymbol{r}_i}{\mathrm{d}t}\cdot\frac{\partial\boldsymbol{r}_i}{\partial q_j}\right)-\frac{\mathrm{d}\boldsymbol{r}_i}{\mathrm{d}t}\cdot\frac{\mathrm{d}}{\mathrm{d}t}\left(\frac{\partial\boldsymbol{r}_i}{\partial q_j}\right)\right)=Q_j$$

$$\sum_{i=1}^{N}m_i\left(\frac{\mathrm{d}}{\mathrm{d}t}\left(\dot{\boldsymbol{r}}_i\cdot\frac{\partial\dot{\boldsymbol{r}}_i}{\partial\dot{q}_j}\right)-\dot{\boldsymbol{r}}_i\cdot\frac{\partial\dot{\boldsymbol{r}}_i}{\partial q_j}\right)=Q_j$$

$$\sum_{i=1}^{N}m_i\left(\frac{\mathrm{d}}{\mathrm{d}t}\left(\frac{1}{2}\frac{\partial}{\partial\dot{q}_j}(\dot{\boldsymbol{r}}_i\cdot\dot{\boldsymbol{r}}_i)\right)-\frac{1}{2}\frac{\partial}{\partial q_j}(\dot{\boldsymbol{r}}_i\cdot\dot{\boldsymbol{r}}_i)\right)=Q_j$$

$$\frac{\mathrm{d}}{\mathrm{d}t}\frac{\partial}{\partial\dot{q}_j}\left(\sum_{i=1}^{N}\frac{1}{2}m_i\dot{\boldsymbol{r}}_i\cdot\dot{\boldsymbol{r}}_i\right)-\frac{\partial}{\partial q_j}\left(\sum_{i=1}^{N}\frac{1}{2}m_i\dot{\boldsymbol{r}}_i\cdot\dot{\boldsymbol{r}}_i\right)=Q_j \tag{2-198}$$

式中，$\dot{\boldsymbol{r}}_i=\boldsymbol{v}_i$表示质点$i$的速度，则$\frac{1}{2}m_i\dot{\boldsymbol{r}}_i\cdot\dot{\boldsymbol{r}}_i=\frac{1}{2}m_i\boldsymbol{v}_i\cdot\boldsymbol{v}_i=T_i$表示质点$i$的动能，则式(2-198)可表示为

$$\frac{\mathrm{d}}{\mathrm{d}t}\frac{\partial T}{\partial\dot{q}_j}-\frac{\partial T}{\partial q_j}=Q_j \quad , \qquad j=1,2,\cdots,n \tag{2-199}$$

对式(2-199)进行扩展，当质点系为保守系统时，即主动力为有势力系统。因此可以定义拉格朗日函数$L=T-V$，V表示系统势能，则式(2-198)可写为

$$\frac{\mathrm{d}}{\mathrm{d}t}\frac{\partial L}{\partial\dot{q}_j}-\frac{\partial L}{\partial q_j}=Q_j \quad , \qquad j=1,2,\cdots,n \tag{2-200}$$

式(2-200)称为第二类拉格朗日方程。由公式结构可知，只要知道系统的动能与势能就可以利用拉格朗日方程构建系统的动力学方程。

2.7.4　拉格朗日动力学

在构建机器人动力学方程之前，需要先求各连杆的动能和势能。记连杆i的动能为T_i，可以表示为

$$T_i=\frac{1}{2}m_i\boldsymbol{v}_{C_i}^{\mathrm{T}}\boldsymbol{v}_{C_i}+\frac{1}{2}{}^{i}\boldsymbol{\omega}_i^{\mathrm{T}}\,{}^{C_i}\boldsymbol{I}_i^{i}\boldsymbol{\omega}_i \tag{2-201}$$

式中，第一项是由连杆质心速度$\boldsymbol{v}_{C_i}$产生的动能；第二项是由连杆角速度$\boldsymbol{\omega}_i$产生的动能；${}^{C_i}\boldsymbol{I}_i$

表示连杆质心的惯性积。整个机器人系统的动能为各个连杆动能之和，即

$$T=\sum_{i=1}^{n}T_i \tag{2-202}$$

由此可知，机器人的动能 T 是关于关节角度 $\boldsymbol{\theta}$ 和关节速度 $\dot{\boldsymbol{\theta}}$ 的标量函数 $T(\dot{\boldsymbol{\theta}},\boldsymbol{\theta})$，机器人系统的动能可以写成二次型的形式，如下：

$$T(\dot{\boldsymbol{\theta}},\boldsymbol{\theta})=\frac{1}{2}\dot{\boldsymbol{\theta}}^{\mathrm{T}}\boldsymbol{M}\dot{\boldsymbol{\theta}} \tag{2-203}$$

式中，$\boldsymbol{M}$ 表示机器人的质量矩阵。式(2-203)展开后，方程全部由 $\dot{\theta}_i$ 的二次项构成，且总动能永远为正，因此机器人的质量矩阵一定是正定矩阵。

连杆 i 的势能 V_i 可以表示为

$$V_i=-m_i\,{}^{o}\boldsymbol{g}^{\mathrm{T}}\,{}^{o}\boldsymbol{r}_i \tag{2-204}$$

式中，${}^{o}\boldsymbol{g}$ 表示重力矢量；${}^{o}\boldsymbol{r}_i$ 表示连杆 i 质心的矢量。整个机器人系统的势能为各个连杆势能之和，即

$$V=\sum_{i=1}^{n}V_i \tag{2-205}$$

式(2-205)表示机器人的势能 V 可以描述为关节角度 $\boldsymbol{\theta}$ 的标量函数 $V(\boldsymbol{\theta})$。

利用拉格朗日方程可构建机器人的动力学方程为

$$\begin{cases}\dfrac{\mathrm{d}}{\mathrm{d}t}\dfrac{\partial L}{\partial\dot{\boldsymbol{\theta}}}-\dfrac{\partial L}{\partial\boldsymbol{\theta}}=\boldsymbol{\tau}\\ \dfrac{\mathrm{d}}{\mathrm{d}t}\dfrac{\partial(T-V)}{\partial\dot{\boldsymbol{\theta}}}-\dfrac{\partial(T-V)}{\partial\boldsymbol{\theta}}=\boldsymbol{\tau}\\ \dfrac{\mathrm{d}}{\mathrm{d}t}\dfrac{\partial T}{\partial\dot{\boldsymbol{\theta}}}-\dfrac{\partial T}{\partial\boldsymbol{\theta}}+\dfrac{\partial V}{\partial\boldsymbol{\theta}}=\boldsymbol{\tau}\end{cases} \tag{2-206}$$

式中，$\boldsymbol{\tau}$ 表示驱动力矩矢量。

【实例 2-5】

理想 2R 平面机器人如图 2-27 所示。假设连杆无质量且无摩擦。质量 m_1,m_2 是驱动第二个连杆的关节质量和负载，各关节在广义坐标系下的角度可表示为 θ_1,θ_2。

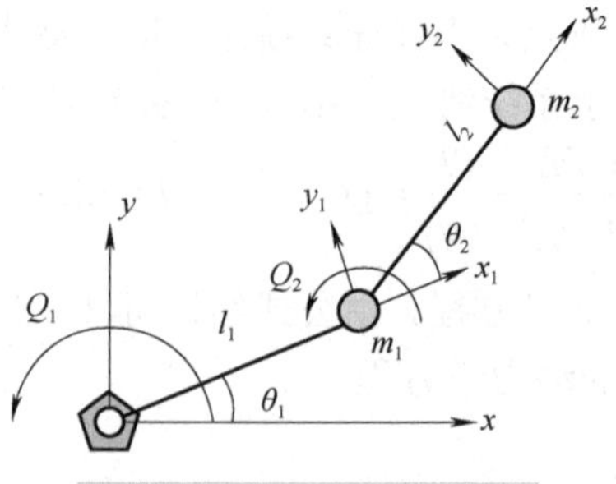

图 2-27　2R 平面机器人(2)

系统总动能可以表示为

$$\begin{aligned}T&=\sum_{i=1}^{2}T_i\\&=\frac{1}{2}m_1(l_1\dot{\theta}_1)^2+\frac{1}{2}m_2\left[(l_1\dot{\theta}_1)^2+l_2^{\,2}(\dot{\theta}_1+\dot{\theta}_2)^2+2l_1l_2\dot{\theta}_1(\dot{\theta}_1+\dot{\theta}_2)\cos\theta_2\right]\end{aligned} \tag{2-207}$$

系统的总势能可以表示为

$$\begin{aligned} V &= \sum_{i=1}^{2} V_i \\ &= m_1 g l_1 \sin\theta_1 + m_2 g\left[l_1 \sin\theta_1 + l_2 \sin(\theta_1+\theta_2)\right] \end{aligned} \tag{2-208}$$

此时，拉格朗日函数为

$$L = T - V \tag{2-209}$$

对其求偏导可得

$$\frac{\partial L}{\partial \theta_1} = -(m_1+m_2) g l_1 \cos\theta_1 - m_2 g l_2 \cos(\theta_1+\theta_2) \tag{2-210}$$

$$\frac{\partial L}{\partial \dot{\theta}_1} = (m_1+m_2) l_1^2 \dot{\theta}_1 - m_2 l_2^2 \cos(\dot{\theta}_1+\dot{\theta}_2) + m_2 l_1 l_2 (2\dot{\theta}_1+\dot{\theta}_2)\cos\theta_2 \tag{2-211}$$

$$\begin{aligned} \frac{\mathrm{d}}{\mathrm{d}t}\left(\frac{\partial L}{\partial \dot{\theta}_1}\right) &= (m_1+m_2) l_1^2 \ddot{\theta}_1 - m_2 l_2^2 \cos(\ddot{\theta}_1+\ddot{\theta}_2) \\ &\quad + m_2 l_1 l_2 (2\ddot{\theta}_1+\ddot{\theta}_2)\cos\theta_2 - m_2 l_1 l_2 \dot{\theta}_2 (2\dot{\theta}_1+\dot{\theta}_2)\sin\theta_2 \end{aligned} \tag{2-212}$$

$$\frac{\partial L}{\partial \theta_2} = -m_2 l_1 l_2 \dot{\theta}_1 (\dot{\theta}_1+\dot{\theta}_2)\sin\theta_2 - m_2 g l_2 \cos(\theta_1+\theta_2) \tag{2-213}$$

$$\frac{\partial L}{\partial \dot{\theta}_2} = m_2 l_2^2 (\dot{\theta}_1+\dot{\theta}_2) + m_2 l_1 l_2 \dot{\theta}_1 \cos\theta_2 \tag{2-214}$$

$$\frac{\mathrm{d}}{\mathrm{d}t}\left(\frac{\partial L}{\partial \dot{\theta}_2}\right) = m_2 l_2^2 (\ddot{\theta}_1+\ddot{\theta}_2) + m_2 l_1 l_2 \ddot{\theta}_1 \cos\theta_2 - m_2 l_1 l_2 \ddot{\theta}_1 \ddot{\theta}_2 \sin\theta_2 \tag{2-215}$$

根据拉格朗日方程，在广义坐标下，广义力 Q_1, Q_2 可表示为

$$\begin{aligned} Q_1 &= \frac{\mathrm{d}}{\mathrm{d}t}\left(\frac{\partial L}{\partial \dot{\theta}_1}\right) - \frac{\partial L}{\partial \theta_1} \\ Q_2 &= \frac{\mathrm{d}}{\mathrm{d}t}\left(\frac{\partial L}{\partial \dot{\theta}_2}\right) - \frac{\partial L}{\partial \theta_2} \end{aligned} \tag{2-216}$$

则系统的动力学方程为

$$\begin{aligned} Q_1 &= \left[(m_1+m_2) l_1^2 + m_2 l_2 (l_2 + 2 l_1 \cos\theta_2)\right]\ddot{\theta}_1 + m_2 l_2 (l_2 + l_1 \cos\theta_2)\ddot{\theta}_2 \\ &\quad - 2 m_2 l_1 l_2 \sin\theta_2 \dot{\theta}_1 \dot{\theta}_2 - m_2 l_1 l_2 \sin\theta_2 \dot{\theta}_2^2 + (m_1+m_2) g l_1 \cos\theta_1 + m_2 g l_2 \cos(\theta_1+\theta_2) \end{aligned} \tag{2-217}$$

$$Q_2 = m_2 l_2 (l_2 + l_1 \cos\theta_2)\ddot{\theta}_1 + m_2 l_2^2 \ddot{\theta}_2 - m_2 l_1 l_2 \sin\theta_2 \dot{\theta}_1^2 + m_2 g l_2 \cos(\theta_1+\theta_2) \tag{2-218}$$

2.8 小　　结

机器人运动学和动力学是机器人研究的基础，本章主要介绍了串联机器人运动学和动力学的基础知识。首先，针对机器人运动学的基本数学原理进行了介绍，对刚体在空间中的位姿进行了数学描述，并基于此介绍了空间坐标变换的原理及构建齐次变换方程的过程。之后，介绍了机器人 D-H 参数运动建模方法，并结合实际案例对机器人正运动学建模进行了介绍。

其次，介绍了串联机器人逆运动学计算的常用方法，并基于实例介绍了机器人逆运动学的求解过程。再次，介绍了机器人连杆间的速度传递关系，并基于此介绍了机器人的速度雅可比矩阵、力雅可比矩阵以及奇异性，介绍了机器人常用的轨迹规划方法及解算方法。最后，介绍了常用的两种机器人动力学建模方法，即牛顿-欧拉方程以及第二类拉格朗日方程。

习　题

2-1　题 2-1 图为二自由度机械臂，当从手爪看到点 P 位置为 ${}^{E}\boldsymbol{P}_P = (0.2\text{m}, 0.2\text{m})^{\mathrm{T}}$ 时，试用齐次变换矩阵求出 ${}^{B}\boldsymbol{P}_P$。这里假设 $l_1 = l_2 = 0.2\text{m}$，$\theta_1 = \theta_2 = \pi/6(\text{rad})$。

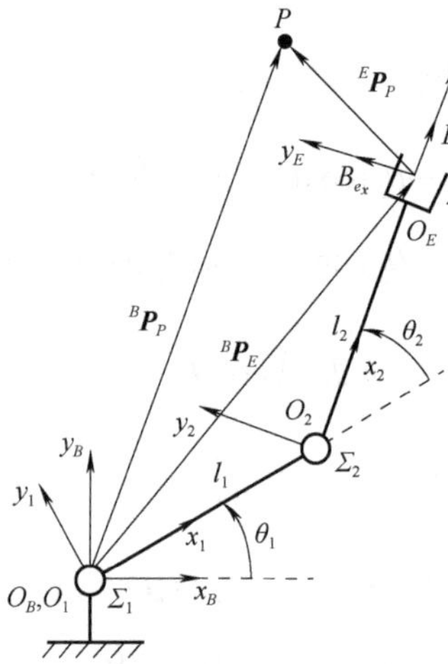

题 2-1 图　二自由度机械臂

2-2　题 2-2 图为三自由度机械臂，试求其雅可比矩阵。

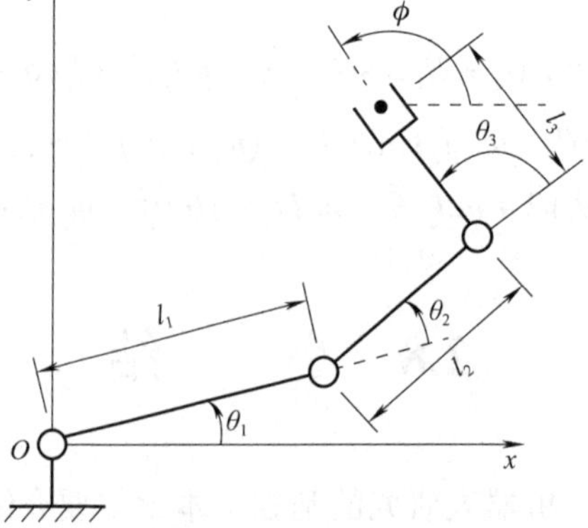

题 2-2 图　三自由度机械臂

2-3　题 2-3 图为 4R 平面机械臂，试列出其 D-H 参数表并求解末端运动学表达式。

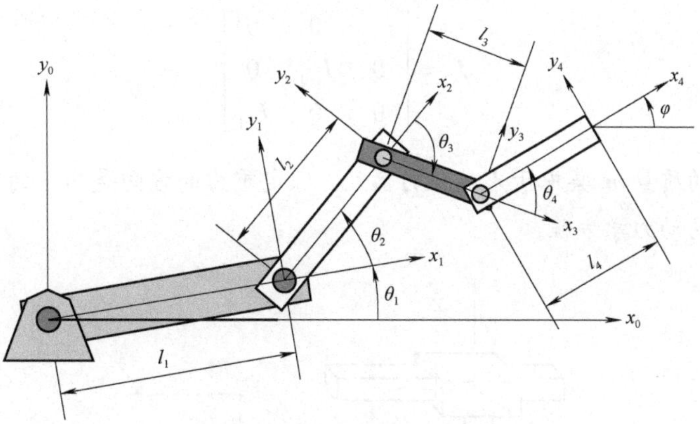

题 2-3 图　4R 平面机械臂

2-4　空间站机械臂遥控系统如题 2-4 图所示，试求其末端姿态的表达式。

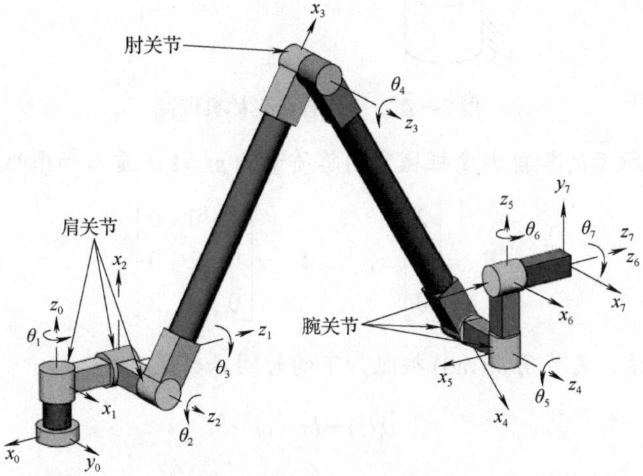

题 2-4 图　空间站机械臂遥控系统

2-5　建立题 2-5 图所示的二连杆非平面机械臂的动力学方程。假设每个连杆的质量可视为集中于连杆末端(最外端)的集中质量。质量分别为 m_1 和 m_2，连杆长度为 l_1 和 l_2。假设作用于每个关节的黏性摩擦系数分别为 v_1 和 v_2。

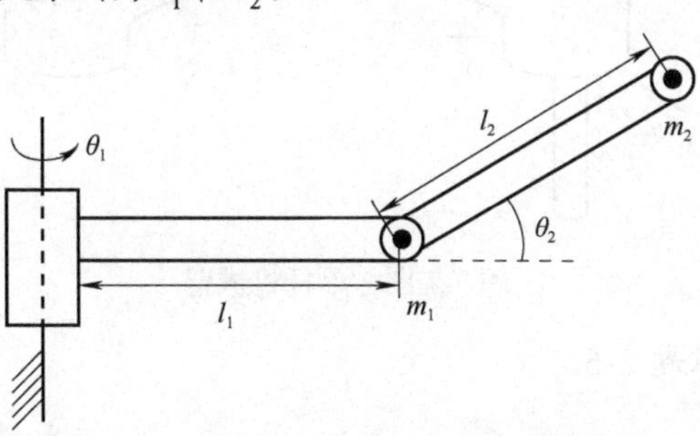

题 2-5 图　质量集中于连杆末端的二连杆非平面机械臂

2-6 题 2-6 图为两连杆极坐标机械臂。已知连杆 1 的惯性张量为

$$\boldsymbol{I}_{C_1}=\begin{bmatrix} I_{xx1} & 0 & 0 \\ 0 & I_{yy1} & 0 \\ 0 & 0 & I_{zz1} \end{bmatrix}$$

假定连杆 2 的质量 m_2 集中于末端执行器处。假定重力的方向是向下的($\hat{Z}_1$ 的负方向)。推导二连杆机械臂的动力学方程。

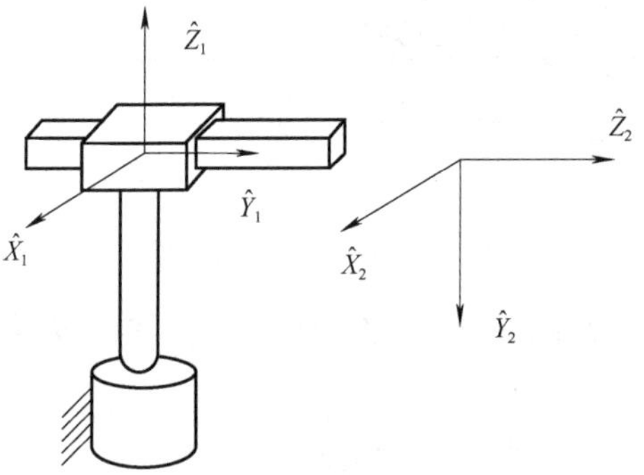

题 2-6 图　二连杆极坐标机械臂

2-7 题 2-7 图所示的单自由度机械臂的总质量为 $m=1$，质心和惯性张量为

$$\boldsymbol{P}_{C_1}=\begin{bmatrix} 2 \\ 0 \\ 0 \end{bmatrix}, \quad \boldsymbol{I}_{C_1}=\begin{bmatrix} 1 & 0 & 0 \\ 0 & 2 & 0 \\ 0 & 0 & 2 \end{bmatrix}$$

从静止 $t=0$ 开始，关节角 θ_1(rad) 按照如下的时间函数运动:

$$\theta_1(t)=bt+ct^2$$

求在坐标系 $\{1\}$ 下，连杆的角加速度和质心的线加速度的关于时间 t 的函数。

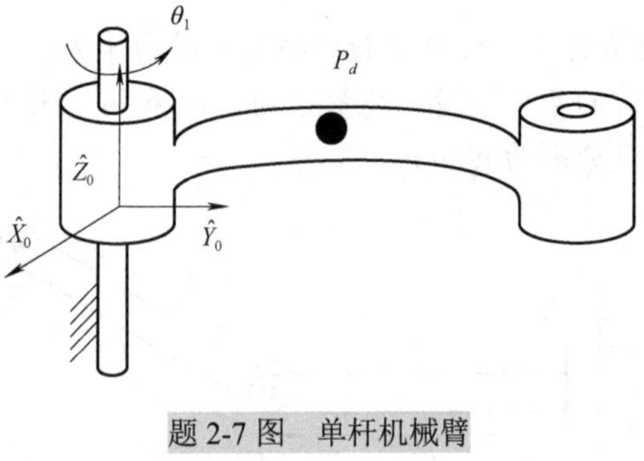

题 2-7 图　单杆机械臂

2-8 用拉格朗日法做题 2-6。

2-9　题 2-9 图为一个具有无质量机械臂及两个质点 m_1 和 m_2 的关节式机械臂，试建立其 D-H 参数关系并求其变换矩阵，并利用拉格朗日法建立动力学方程。

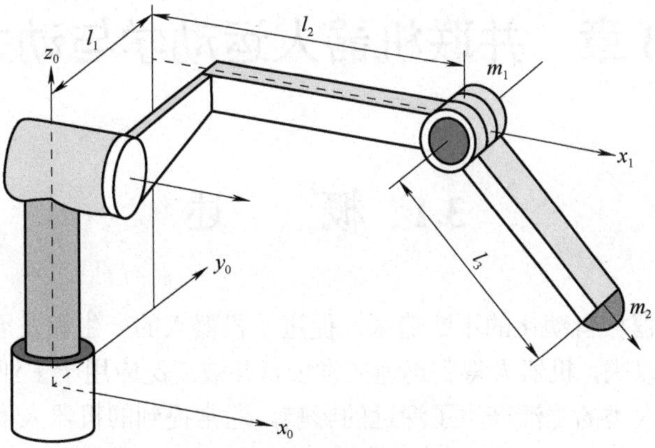

题 2-9 图　关节式机械臂

2-10　根据题 2-4，对于下列的重力加速度，利用拉格朗日法确定空间站机械臂遥控系统的运动方程：① $g=0$；② $g=-g^0k_0$。

2-11　题 2-11 图为安装到航天器上的一个 3R 平面机械臂。确定每个关节处的静力和静力矩以保持机械臂的状态，如果 $g=-g^0i_0$，试求其末端运动方程。

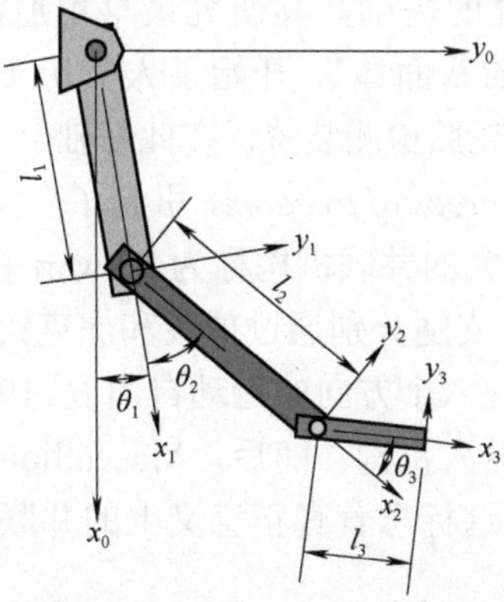

题 2-11 图　安装到航天器上的一个 3R 平面机械臂

第 3 章　并联机器人运动学与动力学

3.1　概　　述

人类千百年来对器械自动化的不断追求，促进了机器人的产生和发展。自 1961 年美国推出第一台工业机器人以来，机器人得到迅速的发展，并被广泛应用于工业、服务、医疗、卫生、娱乐等诸多领域，对人类的生活产生了深远的影响。通常提到的机器人多指工业机器人，大都由基座、腰部(肩部)、大臂、小臂、腕部和手部等部件构成，并通过串联形式连接，因而也称为串联机器人。目前串联机器人的研究与应用相对成熟，但在某些特定应用场景(如轻量化、高精度等需求)中仍存在局限性，为此，另一类全新的机器人——并联机器人应运而生。相对于串联机器人，并联机器人具有：①刚度大，结构稳定；②承载能力强；③定位精度高；④运动惯性小等优点。并联机器人作为串联机器人强有力的补充，拓宽了机器人的应用领域，引起机器人学术界及工程界的广泛关注，成为机器人研究的热点之一。

并联机构是并联机器人研究的基础，其研究最早可追溯到 19 世纪。1895 年，数学家 Cauchy 提出一种“用关节连接的八面体”，开始了人类历史上对并联机构的研究。1947 年，Gough 最早采用并联机构制作了轮胎检测装置，在此基础上，1965 年英国高级工程师 Stewart 发表了论文 *A platform with six degrees of freedom*，引起了广泛关注，从而奠定了他在空间并联机构研究方面的鼻祖地位。其研究的并联机构称为 Stewart 机构(图 3-1)，该机构主要由上平台、下平台及 6 条支腿构成，各支腿分别通过球铰和虎克铰与上、下平台连接。通过各支腿独立产生伸缩运动，该机构可实现六个方向的运动自由度。1978 年，澳大利亚机构学教授 Hunt 提出可以将 Stewart 机构作为机器人机构。随后，Maccallion 和 Pham 首次将该机构设计成操作器，成功地用于装配生产线，这标志着真正意义上的并联机器人诞生，从而推动了并联机器人发展的历史。

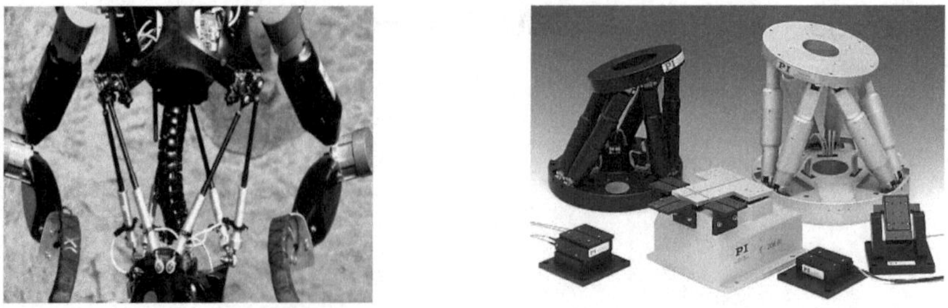

(a) 基于 Stewart 平台的人工脊柱　　(b) 高精密定位平台

图 3-1　并联机器人

从 20 世纪 80 年代以来，美、英、日、法等国家的研究机构和企业，以及我国的燕山大学、哈尔滨工业大学、清华大学、天津大学、中国科学院沈阳自动化研究所等单位，分别先后开展了并联机器人的相关研究，取得了一系列学术及产业化成果，并且随着工业技术的不断发展，关于并联机器人的研发和应用也将会日益广泛。

3.2 运 动 学

并联机器人独特的闭环结构形式导致其耦合程度相比串联机器人更高，运动控制也更复杂。为此，寻求高精度、低耗时的运动学解是并联机器人中的一个研究难点。并联机器人运动学问题通常可分为逆运动学和正运动学两类。逆运动学问题定义为：根据末端动平台给定的位姿(位置和姿态)求解若干个独立的输入运动。该问题并不复杂，多个输入运动的表达式独立，可以通过并行计算快速完成求解。正运动学问题则定义为：输入运动已知的情况下，求解动平台的位姿。然而，不同于前者，后者通常不具备封闭形式和唯一解。由于并联机器人的运动学正解在反馈控制、运动轨迹规划中具有极其重要的作用，因此解决正运动学问题是并联机器人研究领域内亟待解决的挑战性任务之一。

3.2.1 逆运动学

逆运动学问题包含了建立关节坐标值和动平台之间的对应配置关系。逆运动学问题的确立对于并联机器人的位置控制是十分必要的。通过一组参数描述刚体位姿的方法有很多，其中最经典的方法就是利用刚体中给定的点 C 建立参考坐标系，并且通过 3 个角度描述刚体的姿态。下面介绍并联机器人的逆运动学求解过程。

如图 3-2 所示，对基座到动平台的每一个支链进行分析，支链与基座连接的点称为 A，与动平台连接的点称为 B。A 点坐标在固定参考坐标系中是已知的，B 点坐标由动平台的位置和姿态决定。因此，矢量 $\boldsymbol{AB}$ 是求解逆运动学问题的基本数据，在求解中起到决定性作用。

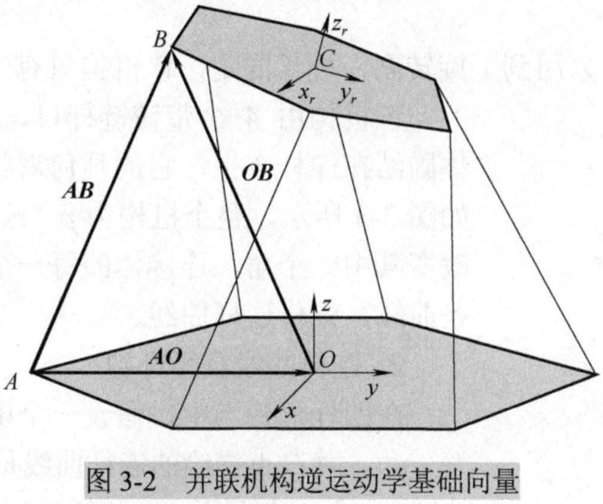

图 3-2　并联机构逆运动学基础向量

令 $\boldsymbol{X}$ 为动平台的广义坐标，有如下公式：

$$\boldsymbol{AB} = \boldsymbol{AO} + \boldsymbol{OB} = H_1(\boldsymbol{X}) \tag{3-1}$$

由于式(3-1)涵盖了所有支链的末端位置信息，可以直接对其中一个支链进行运动学求解，并且只需用到动平台的广义坐标和支链铰点坐标，而不需要其他支链的信息，因此，每个支链的求解是解耦、并行的。但当各支链存在共享主动关节的情况时，这种并行的运动学逆解则不成立，此时需引入关节坐标 $\boldsymbol{\Theta}$ 与参数 $\boldsymbol{X}$ 共同表示矢量 $\boldsymbol{AB}$：

$$\boldsymbol{AB} = H_2(\boldsymbol{X},\boldsymbol{\Theta}) \tag{3-2}$$

关节坐标的计算可以通过求解以下方程实现：

$$H_1(\boldsymbol{X}) = H_2(\boldsymbol{X},\boldsymbol{\Theta}) \tag{3-3}$$

如果基座与动平台之间存在 p 个支链，式(3-3)中的未知量个数就是 $3p$(平面机器人则为 $2p$)。假设有 N 个关节，其中有 n 个主动关节，即在 $\boldsymbol{X}$ 中有 n 个未知量。当驱动器被锁定(即式(3-3)中有 n 个未知量为固定值)时，仍然有 N 个未知量。

大多数情况下(如 6-R 系列的支链结构)，该求解较复杂。然而，并联机器人中用到的支链都是很简单的，并且求解中不存在其他问题，除非存在对结构性能影响非常明显的支链，它具有复杂的运动学正解，导致逆运动学也很复杂。该方程的建立来源于对支链的运动学描述，大部分该类系统存在通用的求解方法，并且求解式(3-3)不仅可以确定主动关节坐标，也可以确定被动关节坐标。

3.2.2　正运动学

根据测得的最少数量的关节坐标确定动平台的位姿，与求解逆运动学方程组是一样的。通常这个问题的解决方法并不是唯一的，即并联机构存在多种不同的位姿都对应给定的主动关节坐标，但无法以解析的方式给出广义坐标 $\boldsymbol{X}$ 与主动关节坐标 $\boldsymbol{\Theta}$ 之间的函数关系。

对于给定的一组关节坐标值，动平台的位姿有多组，因此，会有不同的方式装配并联机器人，这些不同的方式称作装配模式。为了得到装配模式，需对方程组进行变换，以降低问题的难度，找到一元多项式的根。当使用这种代数消除方法求解正运动学问题时，首先需要确定装配模式个数的上限，用于指导消元，以获得一个尽可能简单的多项式。通常需要借助机械理论的一些基础概念找到装配模式个数的上限，下面以四杆机构进行图解说明。

1. 连杆机构

图 3-3 为四杆机构，只用到了旋转副，杆长固定，该机构只有一个自由度。

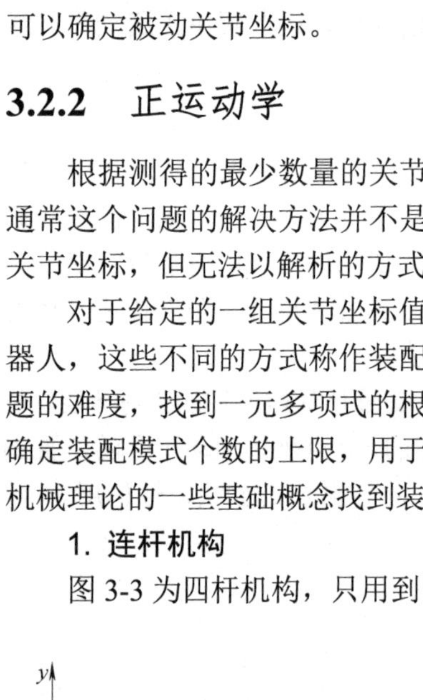

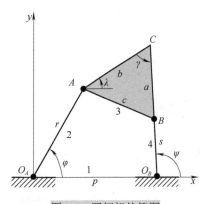

图 3-3　四杆机构简图

该机构由 4 个带铰链杆(1、2、3、4)构成。一个连接体固结在连杆 3 上，它的几何形状由 a、b 以及 γ 角定义。如图 3-3 所示，整个机构由 p、r、s 和 φ、ψ 角定义。如果改变其中一个角，连接体的每一个点，如 C 点，将描绘一条曲线，称作连杆曲线。

2. 连杆曲线及循环数

在四杆机构当中，假设一个电机使 2 号杆转动，即改变 φ 角，由 C 点描绘的连杆曲线是六次的。该六次曲线有个特点，它是三点循环，即它有 3 个双点(位于虚圆上的双点)。根据 Bezout 定理：一个 n 阶代数曲线通常与一个 m 阶代数曲线有 $n\times m$ 个交点。该结论看似是个悖论，若将它应用到圆内，将导致 4 个交点的存在。该悖论可以解释如下。

设一个圆心为(a,b)、半径为 r 的圆：

$$(x-a)^2+(y-b)^2-r^2=0 \tag{3-4}$$

在投影空间内，引入未知量 w，则有

$$(x/w-a)^2+(y/w-b)^2-r^2=0 \tag{3-5}$$

该未知量 w 可以理解为比例因子。上述方程被称作齐次的，因为

$$(x-aw)^2+(y-bw)^2-r^2w^2=0 \tag{3-6}$$

所有变量 x,y,w 都是 2 阶的。坐标系 xyw 称为齐次平面坐标系。在该坐标系中，(x,y,w)和$(\lambda x,\lambda y,\lambda w)$表示同一个点。容易验证$(1,\pm \mathrm{i},0)$两点位于圆上，这两个虚数点称为虚圆点 S_1、S_2，满足定义虚圆的方程 $x^2+y^2=0$。由于虚圆周点不依赖于 a,b,r，所以它们属于所有的圆。因此，任意两圆的交点都包括这两个虚圆点，即两圆交点不可能多于两个。如果平面曲线包含了 S_1、S_2 点，作为双点，则称为该曲线循环数为 2；若作为三点，循环数为 3。

四杆机构六次曲线 S 有三个圆点，即它的循环数是 3。实际上，当 $w=0$ 时，在齐次坐标下表示的六次曲线方程为

$$(x^2+y^2)^3(a^2+b^2-2ab\cos\gamma)=0 \tag{3-7}$$

仅当四边形 O_AABO_B 的一边长度为零时，它退化为三角形，方程(3-7)与$(x^2+y^2)^3=0$等价。因此，四杆机构六次曲线的三个点中包含了 S_1、S_2 两点。同时，六次曲线的循环数不能大于 3，因此该曲线的循环数是最大的。

需要注意的是，循环数的概念推广到空间情况时，方程 $x^2+y^2+z^2=0$ 是理想圆锥。

但是，至今无法通过解析法找到位姿变量的显式形式。即使找到所有可能解，也未完全解决正运动学问题，仍需进一步确定唯一的实际位姿。在某些情况下，针对解析法得到的一个单变量高次代数方程或者非线性方程组，可通过附加传感器的方法获得唯一解，但在实际应用中仍会受到传感器测量误差等的限制。在数值法方面，牛顿-拉弗森迭代法被广泛使用，该方法将非线性方程组转化为线性方程组求解，其收敛域依赖非线性方程组的性质，若迭代初值位于收敛域内，则可以获得精确解。通过神经网络算法获得牛顿-拉弗森迭代法所需初值，可以保证算法的稳定性。直接采用遗传算法、神经网络算法等优化算法求解运动学方程也可获得唯一解，但遗传算法、神经网络算法等均耗时较长，不满足实时性的应用要求。因此，若能解决并联机器人运动学快速正解的问题，即可将其应用于闭环反馈实时控制中。

3.3 奇 异 性

并联机器人的奇异位形是一个相当复杂的问题，主要指动平台处于特殊位姿时导致并联机器人产生的奇异。当处于奇异位形时，并联机器人的运动能力和承载能力相比一般状态时变得很差。从数学的观点分析，并联机器人的奇异性与雅可比矩阵的奇异性对应，可以分为串联奇异、并联奇异和结构奇异(前两者同时出现)，这种分类方法有助于奇异性检测算法的实现，以确定无奇异工作空间或者无奇异运动轨迹。

从奇异产生的原因分析，并联机器人奇异性又分为结构奇异、公式奇异和位形奇异(如欧拉角奇异)。结构奇异是机构尺寸参数不合理造成的，只能在设计阶段避免。公式奇异可以通过选择其他数学公式(如四元数)避免。位形奇异包含串联奇异和并联奇异，因此，在确定无奇异工作空间和无奇异运动轨迹规划阶段，主要考虑由位形奇异引起的串联奇异性和并联奇异性，这是奇异性研究的主要内容。此外，还有冗余被动运动奇异性，如 6-SPS 机器人中支腿绕自身轴线的自运动，此类奇异对工作空间的大小没有影响，故不做讨论。

当并联机器人处于或接近串联奇异位形时，即使动平台的速度极慢，主动关节速度也可能出现很快的情况。串联奇异位形对应工作空间的边界，但反之不成立。并联奇异存在于并联机器人的工作空间之内，当接近或处于并联奇异位形时，即使主动关节锁死，动平台仍具有产生小范围运动的能力。从力传递的角度分析，动平台在某些方向失去承载能力，动平台微小的载荷会引起主动关节极大的输出力，这对机器人工作的安全性造成很大影响。

通过对奇异性的研究分析，可以获得并联机器人处于奇异位形时位姿参数的关系。在实际应用中，确保动平台的轨迹避免接近或者处于奇异点是奇异性研究的关键，即计算无奇异工作空间是并联机器人设计和运动轨迹规划阶段的重要问题。

以一个非冗余的 n 自由度并联机器人为研究对象，它有 n 个主动关节，一共 N 个关节。动平台的运动用一列参数矢量 $\boldsymbol{X}$ 描述，关节运动用 $\boldsymbol{\Theta}$ 描述，包括被动关节参数和主动关节参数 $\boldsymbol{\Theta}_p$ 、 $\boldsymbol{\Theta}_a$ 。运动学方程如下：

$$\boldsymbol{F}(\boldsymbol{X},\boldsymbol{\Theta})=\boldsymbol{0} \tag{3-8}$$

式(3-8)中有 N 个方程以及 $N+n$ 个未知数。当式(3-8)中的独立方程少于 N 个或者当该系统的雅可比矩阵的秩小于 N 时将引起运动学奇异性。

3.3.1 奇异性分类

利用式(3-8)对主动关节参数 $\boldsymbol{\Theta}_a$ 和参数矢量 $\boldsymbol{X}_n$ (该矢量描述动平台的 n 个期望运动)的限制，动平台的全旋量 $\boldsymbol{W}$ 被分解成 $\boldsymbol{W}_n$ 、 $\boldsymbol{W}_e$ ， $\boldsymbol{W}_n$ 对应 n 自由度机器人的速度， $\boldsymbol{W}_e$ 是 $\boldsymbol{W}_n$ 关于 $\boldsymbol{W}$ 的补集。微分之后可得到主动关节速度 $\dot{\boldsymbol{\Theta}}_a$ 与 n 维旋量 $\boldsymbol{W}_n$ 之间的关系：

$$\boldsymbol{A}\dot{\boldsymbol{\Theta}}_a+\boldsymbol{B}\boldsymbol{W}_n=\boldsymbol{0} \tag{3-9}$$

运动学奇异性可分为如下三种不同类型。

(1) $\boldsymbol{A}$ 奇异(串联奇异)：存在一个非零速度矢量 $\dot{\boldsymbol{\Theta}}_a$ ，动平台不运动。

(2) $\boldsymbol{B}$ 奇异(并联奇异)：存在一个非零旋量 $\boldsymbol{W}_n$ 使得关节速度为 $\boldsymbol{0}$。在这种情形下，当驱动器被锁死时，机器人仍能够做微小运动(该情况下，动平台的运动应该为零，也就是说该机器人“获得”一些自由度)，导致动平台的某些自由度不能被控制，从而成为这类奇异的主要问题。满足这样条件的位姿称为奇异位形或奇点。对于给定的机构，奇异性依赖于驱动形式。

(3) $\boldsymbol{A}$ 和 $\boldsymbol{B}$ 都奇异(结构奇异)：动平台在驱动器锁死时可以被移动，反之亦然。

另一种更普遍的运动学奇异性的定义是增量瞬时运动奇异性，也称作不确定位形。已知主/被动关节速度与动平台的全旋量 $\boldsymbol{W}$ 间的关系可写为

$$\boldsymbol{A}\dot{\boldsymbol{\Theta}}_a+\boldsymbol{B}\boldsymbol{W}_n+\boldsymbol{C}\dot{\boldsymbol{\Theta}}_p=\boldsymbol{0} \tag{3-10}$$

这个关系式被用来解决正向瞬时运动学问题，确定 $\boldsymbol{W}$ 和 $\dot{\boldsymbol{\Theta}}_p$ 为主动关节速度 $\dot{\boldsymbol{\Theta}}_a$ 的函数；还被用来解决逆向瞬时运动学问题，确定 $\dot{\boldsymbol{\Theta}}_p$ 、 $\dot{\boldsymbol{\Theta}}_a$ 为 $\boldsymbol{W}$ 的函数。方程(3-10)可写作：

$$\boldsymbol{L}(\dot{\boldsymbol{\Theta}}_a,\dot{\boldsymbol{\Theta}}_p,\boldsymbol{W})^{\mathrm{T}}=\boldsymbol{0} \tag{3-11}$$

式中，$\boldsymbol{L}$ 是 $N\times(N+n)$ 的矩阵。奇异性可定义如下。

(1)冗余输入奇异性：当主动关节速度不为零时，动平台的旋量可以为零。如此，逆向瞬时运动学不可解；这与串联奇异性是一致的。

(2)冗余输出奇异性：在驱动器被锁死的情况下得到动平台的非零旋量，正向瞬时运动学不可解。这一奇异性包含了并联奇异性(如果对于 $\boldsymbol{W}$ 有 $\boldsymbol{W}_n\neq\boldsymbol{0}$)，而且范围更广，因为 $\boldsymbol{W}$ 可能有 $\boldsymbol{W}_n=\boldsymbol{0},\boldsymbol{W}_e\neq\boldsymbol{0}$，如果只看输入-输出方程，该情况就会被忽略，称为约束奇异。需指出的是，约束奇异中有一种特殊情况，即若动平台能产生有限运动，则这种奇异叫做结构奇异，并由此引出一种自运动机器人。

(3)冗余被动运动奇异性：尽管驱动器被锁死且动平台的旋量为零，但仍会观测出现非零被动关节速度。这种奇异称为驱动奇异。例如，对于 Stewart 平台，如果在支腿的两个末端都用 S 关节，那么支腿绕着两个 S 关节中心连线的旋转将不会使动平台产生速度。然而，实际上并非如此，因为关节不是完美的，并且这样的状态也应该避免。

3.3.2　奇异性和静力学

本节将并联机器人的机械平衡引入奇异性，用 $\boldsymbol{\tau}$ 表示支腿施加于动平台上的力或力矩。矢量 $\boldsymbol{\tau}$ 包括主动关节提供的力和力矩，也可能包含被动关节提供的力和力矩。如果在动平台上施加一个扭矩 $\boldsymbol{F}$，且作用于动平台上的关节力的合矢量与 $\boldsymbol{F}$ 相反，则机械系统将处于平衡。否则，动平台将运动直至达到平衡位置，则在平衡位置 $\boldsymbol{\tau}$ 和 $\boldsymbol{F}$ 间有如下关系：

$$\boldsymbol{F}=\boldsymbol{J}_{\mathrm{fk}}^{-\mathrm{T}}\boldsymbol{\tau} \tag{3-12}$$

式中，$\boldsymbol{J}_{\mathrm{fk}}^{-\mathrm{T}}$ 是逆运动学雅可比矩阵的转置。就 $\boldsymbol{\tau}$ 的组成而言，该方程描述了一个线性系统。对于给定的 $\boldsymbol{F}$，它通常存在唯一解。若 $\boldsymbol{J}_{\mathrm{fk}}^{-\mathrm{T}}$ 是奇异的，那么该线性系统不再只含唯一解，机械系统不再处于平衡状态。另一个实际的影响是在该奇异位形附近，由于 $\boldsymbol{J}_{\mathrm{fk}}^{-\mathrm{T}}$ 的行列式作为分母，关节力会变得非常大。由于可能出现机构失效的情况，因此分析奇异状态是很重要的。注意，逆运动学雅可比矩阵只涉及主动关节(有可能还有一些被动关节)的力和力矩。就检查关节处无穷大的力和力矩而言，一个更一般性的奇异性分析应该是涉及所有的可能关节。

3.3.3　奇异性和运动学

引入奇异位形的另一个目的是研究正运动学的解在给定解附近的唯一性。当主动关节变量被固定时，逆运动学方程可以写作：

$$\boldsymbol{F}(\boldsymbol{X})=\boldsymbol{0} \tag{3-13}$$

如果 $\boldsymbol{X}_0$ 是该系统的一个解，那么根据秩定理，如果该系统的雅可比矩阵是非奇异的，则在 $\boldsymbol{X}_0$ 的邻域内只有一个解，否则会得到多解，并且即使主动关节被锁死，动平台也会产生微小运动。奇异性与运动学分支的研究相关联。对于给定的主动关节变量 $\boldsymbol{\Theta}_a^0$，应用式(3-13)能够求解出 m 个解 $\boldsymbol{X}_1,\boldsymbol{X}_2,\cdots,\boldsymbol{X}_m$。如果主动关节变量从 $\boldsymbol{\Theta}_a^0$ 到 $\boldsymbol{\Theta}_a^1$ 连续变化，那么式(3-13)的解也是连续变化的：动平台的位姿追随不同的轨迹，即运动学分支。如果两个分支重叠，则发生奇异，或者一个分支进入无穷空间。注意，这样的奇异不包含约束奇异。

3.4 工 作 空 间

3.4.1 工作空间的极限、表示和类型

不同的因素限制着并联机器人的运动：被动关节的机械限制、机器人各部分之间的相互碰撞、驱动器和奇异性类型的限制等，上述因素均有可能把工作空间分离成独立的部分。

并联机器人工作空间表示的主要问题在于：关于自由度的限制通常是耦合的。因此，对于有三个以上自由度的机器人，难以通过图形来表示它的工作空间。这些对串联机器人来说通常不是问题。例如，六自由度串联机器人的手腕关节轴线相交于一点时，其工作空间由机器人的中心能达到的三维体积以及末端执行器能达到的曲面组成。三维体积只依赖于前三个主动关节的运动能力，然而姿态取决于最后三个关节。并联机器人的工作空间的图形表示仅适用于三自由度机器人。对于自由度$n>3$的工作空间，只有固定$n-3$个自由度的构成参数才能表示。根据固定的参数类型或者强加约束的参数，可以获得不同的工作空间。

1. 不同类型的工作空间

最为常见的工作空间的类型如下。

(1) 定方位工作空间或者平移工作空间：所有机器人的工作点C以给定的方位所能达到的可能位置。

(2) 方位工作空间：当C点在一个固定的位置时，所有可能达到的方位。

(3) 最大工作空间或者可达工作空间：C点至少以一个方位可以达到的所有位置。

(4) 包含方位工作空间：C点至少以给定方位角范围中的一个方向达到的所有位置。最大工作空间是一个特定情况的包含方位工作空间，它的方向角度范围是$[0,2\pi]$。

(5) 全方位工作空间：C点以给定方位角范围中的所有方向可以达到的所有位置。

(6) 灵巧工作空间：C点能以所有方位到达的所有位置。灵巧工作空间是全方位工作空间在范围是$[0,2\pi]$旋转角时的一个特殊情况。

(7) 简化全方位工作空间：C点能够以定义范围中的任何方位子集到达的所有位置，而其他方位则允许有任意值。这样的工作空间对不涉及所有自由度的应用很重要。例如，如果一个六自由度机器人用作一个五轴机床，滚转角并不关键。

本节将重点放在只限于几何约束的工作空间，但其他约束因素也可能限制了机器人工作空间，例如，奇异性指标的阈值可能限制机器人工作空间。

2. 方位描述

最常用的方位参数是标准欧拉角ψ、θ、φ，以及俯仰角、偏航角、滚转角。欧拉角存在的一个问题是当$\theta=0$时，旋转角度为$\psi+\varphi$，出现方位表示的奇异性。为了解决这个问题，可以使用改进的欧拉角，即用倾斜角和扭转角描述方位，首先绕z轴旋转的角度φ，然后绕y轴旋转角度θ，然后绕新的z轴旋转角度ψ。为了更好地表示方位，有如下三种方法。

(1) 坐标轴表示三个欧拉角的坐标系。

(2) 球坐标系，其中，φ、θ是方位角和天顶角，ψ是射线长度。

(3) 圆柱坐标系，其中，φ、θ是圆的坐标，ψ是z坐标。

3.4.2　工作空间的计算方法

有很多方法可以用于计算并联机器人的工作空间。

1. 几何方法

几何方法的目的是要确定机器人工作空间的几何边界。这个原则是推断每条腿上的一个几何约束 W_l 描述了所有可能的满足腿约束的位置 $\boldsymbol{X}$，由此获得了每条腿和机器人工作空间的交点的所有 W_l。

例如，考虑 6-U$\underline{\text{P}}$S 机器人的一个支链(画线的字母表示起驱动作用的关节)，并假设支链长度限制在范围 $[\rho_{\min},\rho_{\max}]$ 之内：支链末端 B 在约束中心为 A 和半径为 $[\rho_{\min},\rho_{\max}]$ 构成的球内(图 3-4(a))。如果进一步假设动平台的方向是恒定的，那么每个支链将 C 约束在类似的区域 W_l^i 内，其中心是通过恒定的矢量 $\boldsymbol{B}_i\boldsymbol{C}$ 移动 A_i 的方式获得的。于是，机器人的工作空间是六个 W_l^i 的交集。也可以考虑一个 $\underline{\text{P}}$RRS 型支链，即直线驱动器通过虎克铰连接长度为 l 的连杆，B 点可达的几何体 V 是由一个半径为 l 和高度为 $\rho_{\max}-\rho_{\min}$ 的圆柱体 B 加上两个半径为 l 的半球体构成的(图 3-4(b))。假设方向是不变的，以通过一个简单的平移得到 W_l^i 的 V。

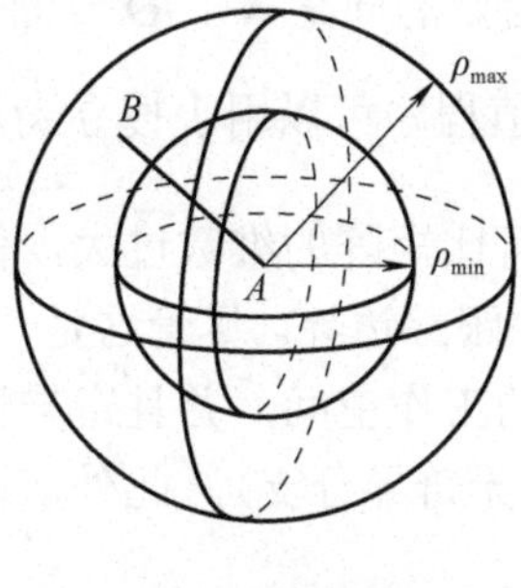

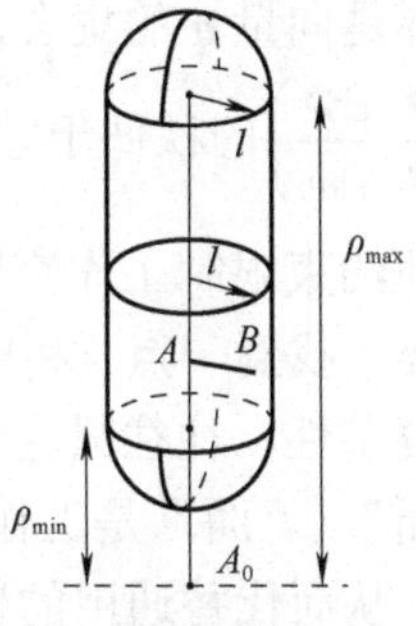

图 3-4　并联机器人支链的 B 点能达到的几何体

几何方法通常仅限于三维工作空间，能够处理多关节坐标的约束，但在某些情况下要考虑关节限制和干涉限制。

几何方法通常是快速准确的，可以提供工作空间的最小表示，从而有效地计算工作空间中的一些特性，如它的体积。但缺点是很难考虑到所有约束，且工作空间的最小表示并不适用于运动轨迹规划等任务。一种简单的方法是仅计算工作空间的切片，用多边形近似表示 W_l 的区域。这种方法需要一个能够良好执行布尔运算的计算几何库，可以对任意边数的多边形进行交、并或者差的计算。

2. 离散化方法

大量研究利用位姿参数离散化的方法处理工作空间问题，从而确定工作空间的边界。在这种离散化方法中，工作空间覆盖了规则的网格，无论笛卡儿坐标还是极坐标的节点。然后对每个节点进行测试，以查看它是否属于工作空间。工作空间的边界是一系列有效节点构成的集合，其中至少有一个相邻点不属于工作空间。

离散化方法的优点是可以考虑到所有的约束，但是，这种方法有很多缺点。

(1)边界的准确性取决于用于创建网格的采样步长，计算时间随采样步长呈指数增长，所以在精度上有一定的限制。

(2)当工作空间有间隙时会出现问题。

(3)边界表示可能会涉及大量的节点。

(4)边界可以用于不同的操作，如确定工作空间体积，判断轨迹是否在工作空间内等。当在由一组离散姿态集合表示的边界上执行工作空间求解算法时，计算量很大。为了避免这一缺点，可以使用八叉树结构来存储工作空间，从而允许更快的运动轨迹规划和体积计算。

3.4.3 数值方法

综合考虑关节坐标的约束，可以通过添加额外的变量将不等式变为等式，再考虑广义坐标(向量$\boldsymbol{X}$)、关节坐标(向量$\boldsymbol{\Theta}$)以及将不等式变为等式的变量(向量$\boldsymbol{w}$)。设$\boldsymbol{q}$是所有这些未知量所构成的向量。由机构的结构能推导出关于$\boldsymbol{q}$分量的约束方程，隐式地写为$\boldsymbol{\Phi}(\boldsymbol{q})=\boldsymbol{0}$。令$\boldsymbol{J}_{\Phi}$为系统的雅可比矩阵，即

$$\boldsymbol{J}_{\Phi}=\frac{\partial\boldsymbol{\Phi}}{\partial\boldsymbol{q}}=\left(\frac{\partial\boldsymbol{\Phi}}{\partial\boldsymbol{X}},\frac{\partial\boldsymbol{\Phi}}{\partial\boldsymbol{\Theta}},\frac{\partial\boldsymbol{\Phi}}{\partial\boldsymbol{w}}\right) \tag{3-14}$$

工作空间的边界是向量$\boldsymbol{q}$的集合，对于一个给定的向量$\boldsymbol{X}$、$\boldsymbol{\Theta}$，向量$\boldsymbol{w}$不存在唯一解。换句话说，矩阵$\left(\frac{\partial\boldsymbol{\Phi}}{\partial\boldsymbol{\Theta}},\frac{\partial\boldsymbol{\Phi}}{\partial\boldsymbol{w}}\right)$的秩低于它的维数。数值程序可以用于搜寻满足这个条件的平台位姿。然而，引入其他约束限制工作空间将导致雅可比矩阵的维数过大，使得编程非常困难。为此可以设法在边界上找到一点，利用数值延拓法跟踪边界。尽管这是一种通用的计算方法，但是考虑到计算的复杂性，往往只会计算定方位的工作空间，并且奇异性的存在会将工作空间划分为不同的“面”(“面”是工作空间最大的无奇异分支)。此外，还可以将边界点视为一个约束优化问题，从而代替通用的数值延拓法。

另一种方法基于如下原理：对位于工作空间边界的位姿而言，动平台的速度向量不能有沿边界法向的分量。该方法可以应用于各种平面机器人或者仅含有转动关节的机器人的最大工作空间和灵巧工作空间的计算。但是该方法的主要缺点是无法应用于直线驱动器，也很难引入机械限制和杆间干涉的概念。

此外，还有区间分析方法，它是一种几乎能够处理任何约束和任何自由度个数的方法，并可以有效地计算最复杂情况下的6-U$\underline{\text{P}}$S机器人的六维工作空间。然而，它仅仅提供一个近似的工作空间(可以实现任意精度，但误差有界)，且计算量相对较大。

3.5 动 力 学

3.5.1 动力学的意义

并联机器人动力学分为正动力学和逆动力学。正动力学常用于测试机器人的性能指标，在机构、结构和控制器设计阶段提供物理系统的仿真模型。逆动力学用于设计阶段驱动器等零部件的选型和基于模型的控制系统中。动力学在并联机器人的下述应用中起着非常重要的作用。

(1) 高速或重载机器人：在相对较大的工作空间以某一速度操作时，动力学对末端执行器的运动有重大影响。如飞行模拟和分拣操作这类应用。

(2) 高带宽的机器人：具有非常小的工作空间，但是响应频率高。这种机器人的一个典型应用是振动模拟。

(3) 结构敏感的机器人：即使在低速运行时，这类机器人的动力学效应可以显著地改变它们的运动性能。这一类机器人比较典型的有绳驱动机器人和柔性机器人。

首要问题是：需要建立动力学模型来控制机器人，但建模过程复杂、难度大、容易引入错误，因此，可以不以整个系统为控制对象，而是用比 PID 鲁棒性更强的控制律独立地控制每个驱动器。此外，建立基于动力学的实用控制律是非常困难的，这不仅是因为动力学关系的复杂性，也因为很难处理无法避开的正运动学。

3.5.2　动力学模型

1. 逆动力学

逆动力学是给定动平台的轨迹、速度和加速度 $\boldsymbol{X}$、$\boldsymbol{W}$ 和 $\dot{\boldsymbol{W}}$，确定主动关节力 $\boldsymbol{\tau}$。逆动力学模型的一般公式为

$$\boldsymbol{M}(\boldsymbol{X})\dot{\boldsymbol{W}}+\boldsymbol{C}(\boldsymbol{W},\boldsymbol{X},\boldsymbol{\Theta})+\boldsymbol{G}=\boldsymbol{\tau} \tag{3-15}$$

式中，$\boldsymbol{M}$ 是正定惯性矩阵；$\boldsymbol{G}$ 是重力系数；$\boldsymbol{C}$ 是离心力和科氏力项。这一公式对串联机器人仍然适用。

2. 正动力学

正动力学是给定主动关节的力/力矩，确定动平台的轨迹、速度和加速度。

构建闭链动力学的经典模型时，首先要考虑等效树结构，然后考虑利用拉格朗日乘子或者达朗贝尔原理处理系统约束。可以通过包括虚功率原理、拉格朗日方程、哈密顿原理、牛顿-欧拉方程等方法构建闭链动力学，并且在某些情况下它们是可以混合的。闭环形式的正、逆动力学模型可以由支腿的动力学模型计算得到，而支腿的动力学模型可以用任何形式进行计算。此外，闭环形式只包含用来计算模型的最少参数。尽管所有方法在理论上都是等价的，但是它们的计算量并不相同。为了避免动力学模型过于复杂，通常需要简化假设。例如，可以忽略连杆的转动惯量，假定它们的质量集中在末端，或者假设连杆质心位于连杆中心且动平台为圆盘，还可以假设连杆的质心位置不会随着连杆的移动而变化，从而简化惯性矩阵。对于 6-U<u>P</u>S 类型的机械臂，实际中可以找到允许忽略科氏力和惯性力的直线驱动器的速度范围，且平台上的铰点布局也对动力学模型有影响，即基座越接近三角形，且平台越接近正六边形，则驱动器所需要的动力就会越小。

动力学模型对于控制有着指导性的作用，如自适应控制中使用动力学模型，利用跟踪误差实时地修正动力学方程的参数。此外，相比于传统的线性控制器，使用动态补偿的控制律时，可以改善机器人的性能。在航天器对接及隔振等相关领域，基于动力学模型的并联机构控制有着深入的应用，它们使用了相对于动平台的广义惯性矩阵的特征值作为动态性能指标。

3.5.3 闭链动力学

首先使用经典的建模方法获得一个等效树结构，然后对具有 N 个刚体和 L 个连杆的机构使用拉格朗日乘子。经典方法通过在原机构的某被动连杆处切断闭链，使得获得的树形机构具有与原机构一样多的独立分支，即 $B = L - N$ 。这里以一种特殊的 6-U$\underline{\text{P}}$S 机构为例，该机构的基座和动平台皆为三角形，它包含 31 个刚体和 36 个关节，通过在平台上的球关节处打开该机构的环，获得具有 5 个独立分支的树形机构。树形机构的关节数量等于该机构的刚体数量，都是 31，如图 3-5 所示，在这些关节中，有 6 个主动关节以及 25 个必须写出约束方程的基本被动关节(如 1 个虎克铰可等价为 2 个基本被动关节)。通过拉格朗日乘子，将基本被动关节的约束方程引入树形机构的动力学方程中，从而获得原机构的动力学方程。可以看出算子的数量很大，这使得求解成为相当精细的任务。

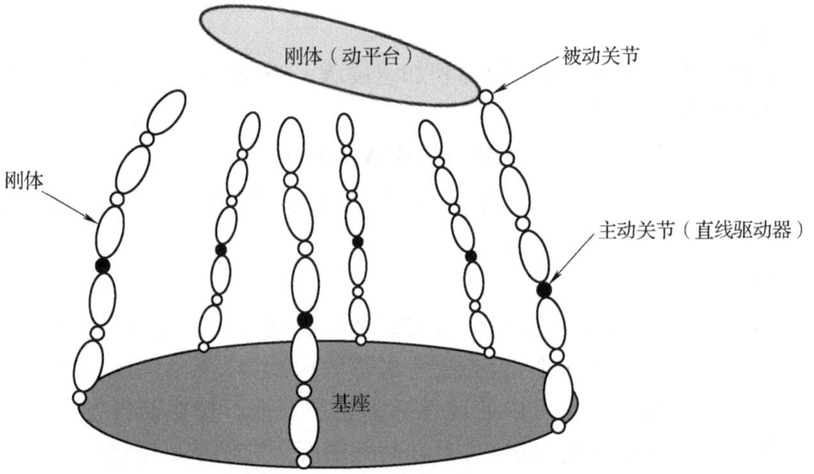

图 3-5　动力学方程的经典树形机构

3.6 实 例 分 析

3.6.1 6-U$\underline{\text{P}}$S 机构概述

6-U$\underline{\text{P}}$S 机构是一类六自由度并联机构，由上、下平台和六条支腿所构成，其中支腿上的大多设计为移动副，支腿与上下平台间的连接一般选用球铰或虎克铰，通过控制六条支腿的伸缩量可以调整动平台的位置和姿态，实现任意轨迹。本节以 6-U$\underline{\text{P}}$S 构型为例，进行逆运动学、构件速度、构件加速度计算，并完成动力学分析。

图 3-6 中，A_i 是连接支腿与下平台的万向节；B_i 是连接支腿与上平台的球铰；O_A 是下平台的中心；O_B 是上平台的中心，也是运动控制点。为了便于分析，在 O_A 点建立与下平台固结的参考惯性坐标系$\{A\}$，在 O_B 点建立与上平台固结的动坐标系$\{B\}$。上、下平台均为内切于圆的对称六边形，半径分别为 R_b 和 R_a ，相应的圆心角分别为 θ_b 和 θ_a ，如图 3-7 所示。

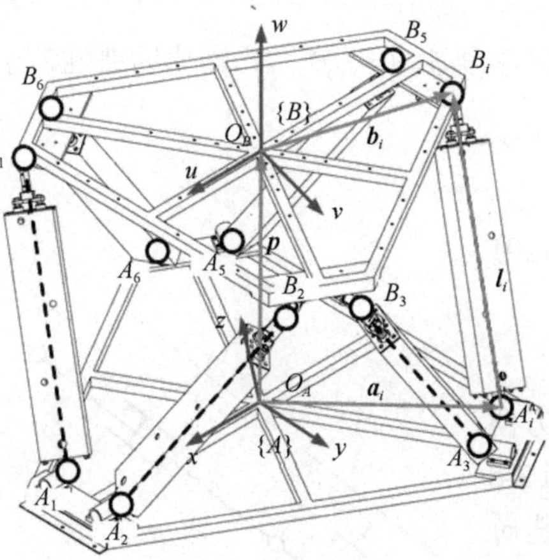

图 3-6　6-UPS 机构示意图

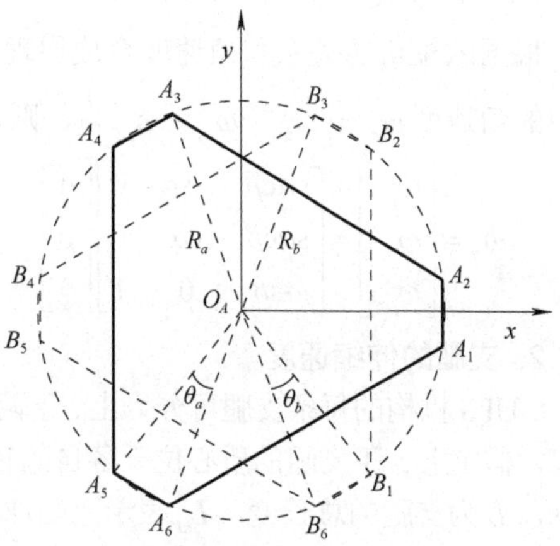

图 3-7　上、下平台示意图

图 3-6 中的向量 $\boldsymbol{b}_i=[b_{ix}\ \ b_{iy}\ \ b_{iz}]^{\mathrm{T}}$ 是上平台连接铰点 B_i 在动坐标系 $\{B\}$ 中的位置坐标；向量 $\boldsymbol{a}_i=[a_{ix}\ \ a_{iy}\ \ a_{iz}]^{\mathrm{T}}$ 是下平台连接铰点 A_i 在惯性参考坐标系 $\{A\}$ 中的位置坐标，具体数学描述如下：

$$\boldsymbol{a}_i=\begin{bmatrix}a_{ix}\\a_{iy}\\a_{iz}\end{bmatrix}=\begin{bmatrix}R_a\cos\alpha_i\\R_a\sin\alpha_i\\0\end{bmatrix},\quad \boldsymbol{b}_i=\begin{bmatrix}b_{ix}\\b_{iy}\\b_{iz}\end{bmatrix}=\begin{bmatrix}R_b\cos\beta_i\\R_b\sin\beta_i\\0\end{bmatrix} \tag{3-16}$$

式中

$$\alpha_i=\frac{(i-1)\pi}{3}-\frac{\theta_a}{2},\quad \beta_i=\frac{(i-2)\pi}{3}+\frac{\theta_b}{2},\quad i=1,3,5$$

$$\alpha_i=\alpha_{i-1}+\theta_a,\quad \beta_i=\frac{(i-1)\pi}{3}-\frac{\theta_b}{2},\quad i=2,4,6$$

3.6.2　逆运动学分析

逆运动学即已知上平台的位置和姿态，计算支腿的长度。在图 3-6 中，$\boldsymbol{l}_i$ 为第 i 条支腿的位置矢量，$\boldsymbol{p}$ 为上平台控制点的位置矢量。将 $\boldsymbol{b}_i$ 转换到惯性参考坐标系 $\{A\}$ 中，左乘坐标变换矩阵 $\boldsymbol{R}$，即 $\boldsymbol{Rb}_i$，则 $\boldsymbol{l}_i$、$\boldsymbol{Rb}_i$、$\boldsymbol{p}$ 和 $\boldsymbol{a}_i$ 组成矢量闭环，得到第 i 条支腿在惯性参考坐标系下的表示为

$$\boldsymbol{l}_i=\boldsymbol{p}+\boldsymbol{Rb}_i-\boldsymbol{a}_i,\quad i=1,2,\cdots,6 \tag{3-17}$$

对支腿位置矢量 $\boldsymbol{l}_i$ 取模，即得到第 i 条支腿的长度：

$$L_i=\left\|\boldsymbol{p}+\boldsymbol{Rb}_i-\boldsymbol{a}_i\right\|_2,\quad i=1,2,\cdots,6 \tag{3-18}$$

3.6.3　各构件的速度

本节分析上平台、上支腿、下支腿的速度和角速度，以及支腿的伸缩速度，即上、下支腿的相对速度。

1. 上平台的速度和角速度

上平台的速度和角速度可根据给定的位姿规律求得，分别用 $\boldsymbol{v}_p$ 和 $\boldsymbol{\omega}_p$ 表示。其中，上平台的速度为

$$\boldsymbol{v}_p = \dot{\boldsymbol{p}} \tag{3-19}$$

根据欧拉角的关系和角速度合成原理，将欧拉角速度 $\dot{\boldsymbol{\varphi}}=[\dot{\alpha} \quad \dot{\beta} \quad \dot{\gamma}]^{\mathrm{T}}$ 转化为惯性笛卡儿空间中的角速度 $\boldsymbol{\omega}_p=\begin{bmatrix}\omega_{px} & \omega_{py} & \omega_{pz}\end{bmatrix}^{\mathrm{T}}$，则 $\boldsymbol{\omega}_p$ 可以表示为

$$\boldsymbol{\omega}_p=\begin{bmatrix}\omega_{px}\\ \omega_{py}\\ \omega_{pz}\end{bmatrix}=\begin{bmatrix}\mathrm{c}\alpha\mathrm{c}\beta & -\mathrm{s}\alpha & 0\\ \mathrm{s}\alpha\mathrm{c}\beta & \mathrm{c}\alpha & 0\\ -\mathrm{s}\beta & 0 & 1\end{bmatrix}\begin{bmatrix}\dot{\alpha}\\ \dot{\beta}\\ \dot{\gamma}\end{bmatrix} \tag{3-20}$$

2. 支腿的伸缩速度

6-UPS 机构的每条支腿可分为上、下两部分，为方便计算，假定上、下支腿的质心位于各自的轴上，如图 3-8 所示，L_i 为支腿的总长度，L_{ui} 表示上端球铰与上支腿质心的距离，L_{di} 表示下端万向节与下支腿质心的距离。

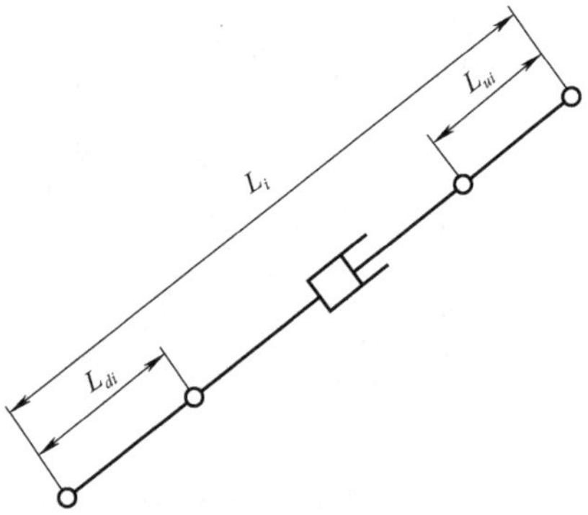

图 3-8　支腿示意图

将等式(3-17)两边对时间求导，记 $\boldsymbol{b}_i'=\boldsymbol{R}\boldsymbol{b}_i$，支腿的轴向单位向量为 $\boldsymbol{e}_i$，$\dot{\boldsymbol{l}}_i$ 为上平台与上支腿连接铰点 B_i 的速度，则支腿伸缩速度 $\dot{L}_i$ 是 $\dot{\boldsymbol{l}}_i$ 在支腿轴向的投影：

$$\dot{L}_i=\dot{\boldsymbol{l}}_i\cdot\boldsymbol{e}_i=(\boldsymbol{v}_p+\boldsymbol{\omega}_p\times\boldsymbol{b}_i')\cdot\boldsymbol{e}_i \tag{3-21}$$

3. 支腿的角速度

支腿的位置矢量还可以写成支腿的长度乘以其轴向单位向量，对该矢量求导可得

$$\dot{\boldsymbol{l}}_i=\dot{L}_i\boldsymbol{e}_i+L_i\dot{\boldsymbol{e}}_i=\dot{L}_i\boldsymbol{e}_i+\boldsymbol{\omega}_i\times\boldsymbol{l}_i \tag{3-22}$$

式中，$\boldsymbol{\omega}_i$ 表示支腿的角速度。对式(3-22)的左右两边同时左叉乘支腿的轴向单位向量 $\boldsymbol{e}_i$，根据二重叉积恒等式 $(\boldsymbol{a}\times(\boldsymbol{b}\times\boldsymbol{c})=(\boldsymbol{a}\cdot\boldsymbol{c})\boldsymbol{b}-(\boldsymbol{a}\cdot\boldsymbol{b})\boldsymbol{c})$，忽略支腿的轴向转动(即 $\boldsymbol{e}_i\cdot\boldsymbol{\omega}_i=0$)，可得支腿的角速度 $\boldsymbol{\omega}_i$ 为

$$\boldsymbol{\omega}_i=\frac{\boldsymbol{e}_i\times\dot{\boldsymbol{l}}_i}{L_i}=\frac{\boldsymbol{e}_i\times\boldsymbol{v}_p+\boldsymbol{e}_i\times(\boldsymbol{\omega}_p\times\boldsymbol{b}_i')}{L_i} \tag{3-23}$$

4. 上、下支腿质心的速度

下支腿由于下端固定，故质心的速度 $\boldsymbol{v}_{di}$ 由支腿的转动所产生，可表示为

$$\boldsymbol{v}_{di}=L_{di}(\boldsymbol{\omega}_i\times\boldsymbol{e}_i) \tag{3-24}$$

上支腿质心的速度 $\boldsymbol{v}_{ui}$ 由支腿转动的牵连速度和上、下支腿的相对速度组成，因此其可表示为

$$\boldsymbol{v}_{ui}=\dot{L}_i\boldsymbol{e}_i+(L_i-L_{ui})(\boldsymbol{\omega}_i\times\boldsymbol{e}_i) \tag{3-25}$$

3.6.4　各构件的加速度

1. 上平台的加速度和角加速度

将上平台的速度 $\boldsymbol{v}_p$ 和角速度 $\boldsymbol{\omega}_p$ 对时间求导，可得到上平台的加速度 $\boldsymbol{a}_p$ 和角加速度 $\boldsymbol{\varepsilon}_p$ 为

$$\boldsymbol{a}_p=\ddot{\boldsymbol{p}} \tag{3-26}$$

$$\boldsymbol{\varepsilon}_p=\begin{bmatrix}-\dot{\alpha}\mathrm{s}\alpha\mathrm{c}\beta-\dot{\beta}\mathrm{c}\alpha\mathrm{s}\beta & -\dot{\alpha}\mathrm{c}\alpha & 0\\ \dot{\alpha}\mathrm{c}\alpha\mathrm{c}\beta-\dot{\beta}\mathrm{s}\alpha\mathrm{s}\beta & -\dot{\alpha}\mathrm{s}\alpha & 0\\ -\dot{\beta}\mathrm{c}\beta & 0 & 0\end{bmatrix}\begin{bmatrix}\dot{\alpha}\\ \dot{\beta}\\ \dot{\gamma}\end{bmatrix}+\begin{bmatrix}\mathrm{c}\alpha\mathrm{c}\beta & -\mathrm{s}\alpha & 0\\ \mathrm{s}\alpha\mathrm{c}\beta & \mathrm{c}\alpha & 0\\ -\mathrm{s}\beta & 0 & 1\end{bmatrix}\begin{bmatrix}\ddot{\alpha}\\ \ddot{\beta}\\ \ddot{\gamma}\end{bmatrix} \tag{3-27}$$

2. 支腿的伸缩加速度

对式(3-22)两边求导可得

$$\ddot{\boldsymbol{l}}_i = \left(\ddot{L}_i - L_i \boldsymbol{\omega}_i \cdot \boldsymbol{\omega}_i\right)\boldsymbol{e}_i + 2\boldsymbol{\omega}_i \times \dot{L}_i \boldsymbol{e}_i + \boldsymbol{\varepsilon}_i \times \boldsymbol{l}_i \tag{3-28}$$

在式(3-28)两边点乘支腿的轴向单位向量$\boldsymbol{e}_i$，并忽略支腿轴向转动($\boldsymbol{e}_i \cdot \boldsymbol{\omega}_i = 0$，$\boldsymbol{e}_i \cdot \boldsymbol{\varepsilon}_i = 0$)，可以求得支腿的伸缩加速度$\ddot{L}_i$为

$$\ddot{L}_i = \boldsymbol{e}_i \cdot \ddot{\boldsymbol{l}}_i + L_i \boldsymbol{\omega}_i \cdot \boldsymbol{\omega}_i \tag{3-29}$$

3. 支腿的角加速度

对式(3-28)两边左叉乘支腿的轴向单位向量$\boldsymbol{e}_i$，求得支腿的角加速度$\boldsymbol{\varepsilon}_i$为

$$\boldsymbol{\varepsilon}_i = (\boldsymbol{e}_i \times \ddot{\boldsymbol{l}}_i - 2\dot{L}_i \boldsymbol{\omega}_i)/L_i \tag{3-30}$$

4. 上、下支腿质心的加速度

对式(3-24)两边求导，求得下支腿质心的加速度$\boldsymbol{a}_{di}$为

$$\boldsymbol{a}_{di} = L_{di}(\boldsymbol{\varepsilon}_i \times \boldsymbol{e}_i + \boldsymbol{\omega}_i \times (\boldsymbol{\omega}_i \times \boldsymbol{e}_i)) \tag{3-31}$$

对式(3-25)两边求导，求得上支腿质心的加速度$\boldsymbol{a}_{ui}$为

$$\boldsymbol{a}_{ui} = \ddot{L}_i \boldsymbol{e}_i + 2\dot{L}_i \boldsymbol{\omega}_i \times \boldsymbol{e}_i + (L_i - L_{ui})\left[\boldsymbol{\varepsilon}_i \times \boldsymbol{e}_i + \boldsymbol{\omega}_i \times (\boldsymbol{\omega}_i \times \boldsymbol{e}_i)\right] \tag{3-32}$$

3.6.5　雅可比矩阵

6-UPS 平台的运动学雅可比矩阵描述的是上平台末端的速度与支腿关节速度之间的映射关系，力雅可比矩阵描述的是静态下支腿驱动力和上平台末端受力之间的映射关系，运动学雅可比矩阵和力雅可比矩阵互为转置。

根据式(3-21)，将六条支腿的速度写成列向量之后，得到运动学雅可比矩阵$\boldsymbol{J}$为

$$\boldsymbol{J} = \begin{bmatrix} \boldsymbol{e}_1^{\mathrm{T}} & (\boldsymbol{b}_1' \times \boldsymbol{e}_1)^{\mathrm{T}} \\ \boldsymbol{e}_2^{\mathrm{T}} & (\boldsymbol{b}_2' \times \boldsymbol{e}_2)^{\mathrm{T}} \\ \vdots & \vdots \\ \boldsymbol{e}_6^{\mathrm{T}} & (\boldsymbol{b}_6' \times \boldsymbol{e}_6)^{\mathrm{T}} \end{bmatrix} \tag{3-33}$$

记六条支腿的驱动力为$\boldsymbol{f} = \left[f_1 \quad f_2 \quad \cdots \quad f_6\right]^{\mathrm{T}}$，上平台末端受到外力$\boldsymbol{F}$和外力矩$\boldsymbol{M}$，将其总称为末端的广义力$\boldsymbol{F}_e$，即

$$\boldsymbol{F}_e = \begin{bmatrix} \boldsymbol{F} \\ \boldsymbol{M} \end{bmatrix} \tag{3-34}$$

则有关系式：$\boldsymbol{F}_e = \boldsymbol{J}^{\mathrm{T}} \boldsymbol{f}$，$\boldsymbol{J}^{\mathrm{T}}$即为平台静态下的力雅可比矩阵。

3.6.6　奇异性与工作空间

结合前面对奇异性的描述，式(3-9)中的$\boldsymbol{A}$矩阵为单位阵，因此 6-UPS 不存在串联奇异和结构奇异。当$\boldsymbol{J}$不满秩时，会存在并联奇异，由于机构的雅可比矩阵为6×6的方阵，机构存在奇异性的条件可写为

$$\det(\boldsymbol{J}) = 0 \tag{3-35}$$

计算并联机器人从初始装配位形开始在无奇异关节空间中的连续运动时，将动平台的位姿参数的可达范围定义为该并联机器人的最大无奇异工作空间，如图 3-9 所示。

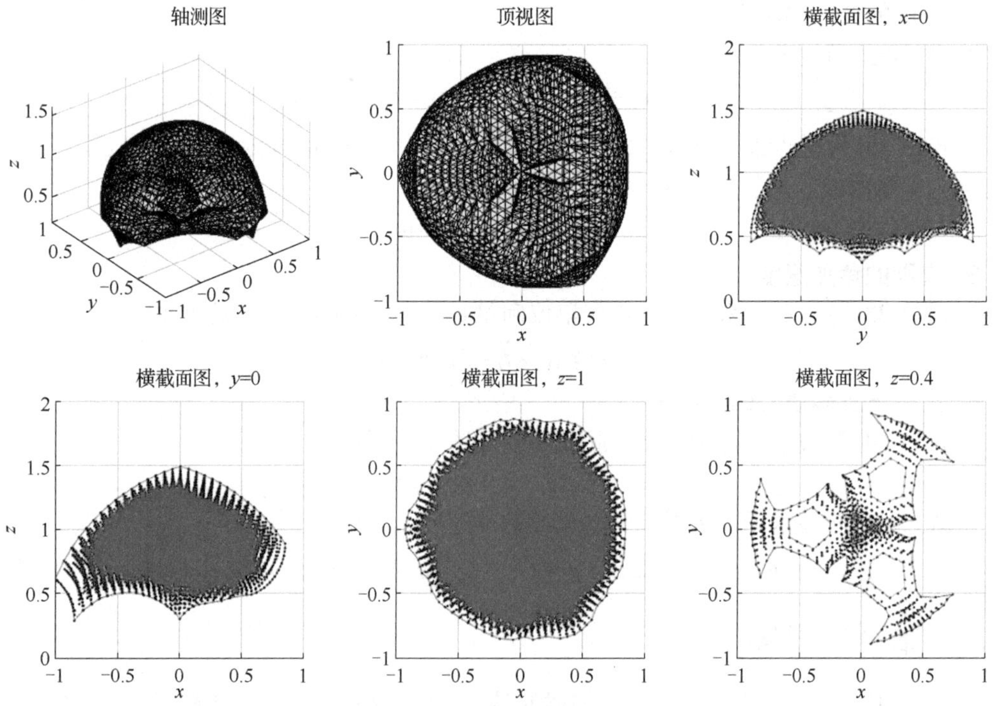

图 3-9　最大无奇异工作空间

3.6.7　动力学分析

本节用牛顿-欧拉法对 6-UPS 机构进行动力学分析。通过对支腿进行受力分析可知，若忽略各关节之间的摩擦力，则每条支腿上的未知量包括以下三部分：①上支腿球铰三个方向上的约束力；②下支腿虎克铰处三个方向上的约束力和一个方向的约束力矩；③上下支腿间三个方向上的相互作用力和力矩，共计 13 个未知量。上下两个支腿间共可列出 12 个力和力矩平衡方程，因此 13 个未知量都可用 1 个未知量表示，本节选取的是上铰点约束力沿支腿方向上的分量。六条支腿共有六个未知量，将上铰点处的约束力看作作用在上平台上的外力，则可通过对上平台列出六个平衡方程求得未知量。

先对上、下支腿列写牛顿-欧拉方程。上、下支腿受力分析如图 3-10 所示，支腿的闭环支链坐标系如图 3-11 所示。记下支腿质量为 m_{i1}，上支腿质量为 m_{i2}；下支腿以 A_i 为参考点投影到 $\{A_i\}$ 的惯性张量为 ${}^{Ai}\boldsymbol{I}_{Ai1}$，上支腿以 A_i 为参考点投影到 $\{A_i\}$ 的惯性张量为 ${}^{Ai}\boldsymbol{I}_{Ai2}$；下支腿以质心为参考点投影到 $\{A_i\}$ 的惯性张量为 ${}^{Ai}\boldsymbol{I}_{ci1}$，上支腿以质心为参考点投影到 $\{A_i\}$ 的惯性张量 ${}^{Ai}\boldsymbol{I}_{ci2}$。记 $\boldsymbol{I}_0=\mathrm{diag}[1\quad 1\quad 0]$，根据平行轴定理有

$$ {}^{Ai}\boldsymbol{I}_{Ai1}={}^{Ai}\boldsymbol{I}_{ci1}+m_{i1}{L_{di}}^2\boldsymbol{I}_0\quad,\qquad {}^{Ai}\boldsymbol{I}_{Ai2}={}^{Ai}\boldsymbol{I}_{ci2}+m_{i2}(L_i-L_{ui})^2\boldsymbol{I}_0 \tag{3-36} $$

可由旋转矩阵求得下支腿和上支腿在惯性坐标系 $\{A_{0i}\}$ 中以 A_i 为参考点的惯性张量：

$$ {}^{A_{0i}}\boldsymbol{I}_{Ai1}={}^{A_{0i}}\boldsymbol{R}_{Ai}\,{}^{Ai}\boldsymbol{I}_{Ai1}\,{}^{A_{0i}}\boldsymbol{R}_{Ai}^{\mathrm{T}}\quad,\qquad {}^{A_{0i}}\boldsymbol{I}_{Ai2}={}^{A_{0i}}\boldsymbol{R}_{Ai}\,{}^{Ai}\boldsymbol{I}_{Ai2}\,{}^{A_{0i}}\boldsymbol{R}_{Ai}^{\mathrm{T}} \tag{3-37} $$

记支腿的轴向单位矢量为 $\boldsymbol{s}_i$，下支腿和上支腿的质心在 $\{A_{0i}\}$ 中的位置矢量 $\boldsymbol{c}_{i1}$、$\boldsymbol{c}_{i2}$ 为

$$ \boldsymbol{c}_{i1}=L_{di}\boldsymbol{s}_i\quad,\qquad \boldsymbol{c}_{i2}=\left(L_i-L_{ui}\right)\boldsymbol{s}_i \tag{3-38} $$

分别列写上、下支腿的欧拉方程并相加，可以得到整个支腿的欧拉方程为

$$M_{bi}\boldsymbol{s}_i + l_i\boldsymbol{s}_i\times\boldsymbol{f}_{ai} + (m_{i1}\boldsymbol{c}_{i1}+m_{i2}\boldsymbol{c}_{i2})\times\boldsymbol{g} - ({}^{A_{0i}}\boldsymbol{I}_{Ai1}+{}^{A_{0i}}\boldsymbol{I}_{Ai2})\dot{\boldsymbol{\omega}}_i - \boldsymbol{\omega}_i\times({}^{A_{0i}}\boldsymbol{I}_{Ai1}+{}^{A_{0i}}\boldsymbol{I}_{Ai2})\boldsymbol{\omega}_i = \boldsymbol{0} \tag{3-39}$$

令

$$\boldsymbol{C}_i = -(m_{i1}\boldsymbol{c}_{i1}+m_{i2}\boldsymbol{c}_{i2})\times\boldsymbol{g} + ({}^{A_{0i}}\boldsymbol{I}_{Ai1}+{}^{A_{0i}}\boldsymbol{I}_{Ai2})\dot{\boldsymbol{\omega}}_i + \boldsymbol{\omega}_i\times({}^{A_{0i}}\boldsymbol{I}_{Ai1}+{}^{A_{0i}}\boldsymbol{I}_{Ai2})\boldsymbol{\omega}_i \tag{3-40}$$

将式(3-40)代入式(3-39)，两边叉乘 $\boldsymbol{s}_i$ 消去未知的标量 M_{bi}，整理可得第 i 条支腿上的铰点约束力为

$$\boldsymbol{f}_{ai} = f_{si}\boldsymbol{s}_i + \boldsymbol{K}_i = f_{si}\boldsymbol{s}_i - \frac{\boldsymbol{s}_i\times\boldsymbol{C}_i}{l_i} \tag{3-41}$$

式中，f_{si} 为第 i 条支腿上的铰点约束力 $\boldsymbol{f}_{ai}$ 沿其支腿方向的分量。

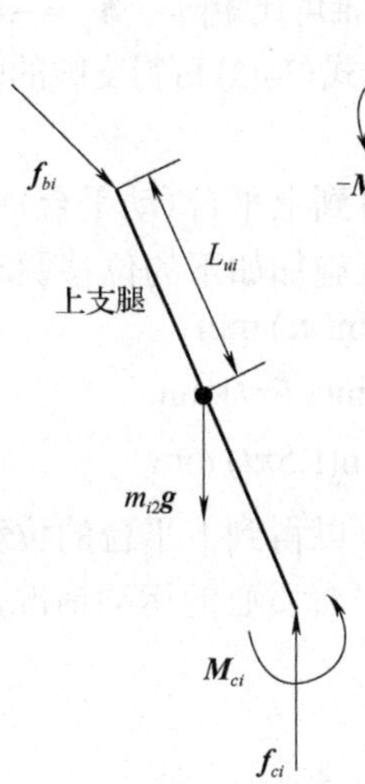

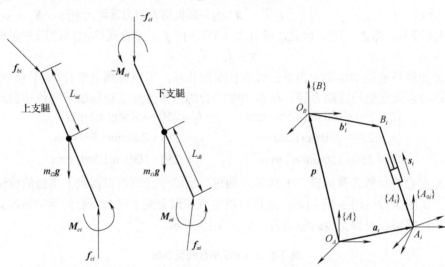

图 3-10　上下支腿受力分析图

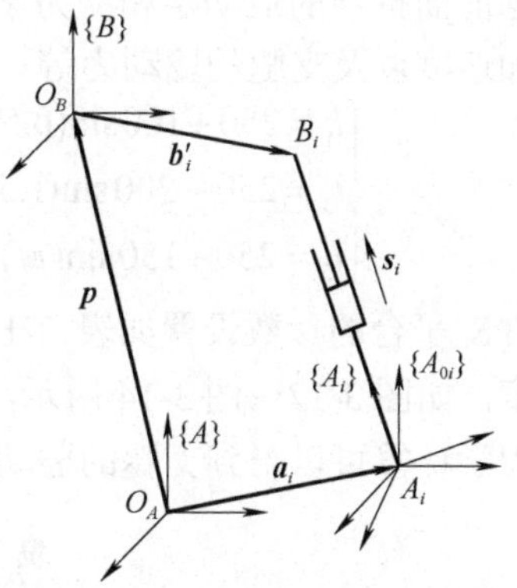

图 3-11　闭环支链坐标系示意图

根据图 3-10 所示的受力分析，可以得到上支腿的牛顿方程为

$$-m_{i2}\boldsymbol{a}_{ui} + m_{i2}\boldsymbol{g} + \boldsymbol{f}_{ai} + \boldsymbol{f}_{ci} = \boldsymbol{0} \tag{3-42}$$

式中，$\boldsymbol{a}_{ui}$ 为上支腿质心的加速度。由于 τ_i 为 $\boldsymbol{f}_{ci}$ 沿支腿方向的分量，即 $\tau_i = \boldsymbol{s}_i\cdot\boldsymbol{f}_{ci}$，因此对式(3-42)点乘 $\boldsymbol{s}_i$，可得

$$\tau_i = m_{i2}\boldsymbol{s}_i\cdot(\boldsymbol{a}_{ui}-\boldsymbol{g}) - \boldsymbol{s}_i\cdot\boldsymbol{f}_{ai} = f_{ui} - f_{si} \tag{3-43}$$

式中，$f_{ui} = m_{i2}\boldsymbol{s}_i\cdot(\boldsymbol{a}_{ui}-\boldsymbol{g})$ 为一个已知标量，为了得到驱动力，还需求 f_{si}。

记动平台质量为 m_p，动平台以 O_B 为参考点投影到 $\{B\}$ 的惯性张量为 ${}^B\boldsymbol{I}_p$，其投影到基坐标系 $\{A\}$ 可表示为

$$\boldsymbol{I}_p = \boldsymbol{R}\,{}^B\boldsymbol{I}_p\boldsymbol{R}^{\mathrm{T}} \tag{3-44}$$

根据图 3-10 所示的受力分析，不考虑系统所受外力和外力矩，忽略铰点摩擦力，则动平台仅受到各铰点约束力 $\boldsymbol{f}_{ai}$ 和自身重力 $m_p\boldsymbol{g}$。动平台的牛顿方程可以写为

$$\boldsymbol{F}_p - \sum_{i=1}^{6}\boldsymbol{f}_{ai} = \boldsymbol{0} \tag{3-45}$$

式中，$\boldsymbol{F}_p = -m_p\boldsymbol{a}_p + m_p\boldsymbol{g}$，其中 $\boldsymbol{a}_p$ 为上平台的加速度。动平台的欧拉方程为

$$\boldsymbol{\Gamma}_p-\sum_{i=1}^{6}\left(\boldsymbol{q}_i\times\boldsymbol{f}_{ai}\right)=\boldsymbol{0} \tag{3-46}$$

式中，$\boldsymbol{q}_i=\boldsymbol{R}\boldsymbol{b}_i$ 为矢量 $\boldsymbol{b}_i$ 在 $\{A\}$ 中的表达式；$\boldsymbol{\Gamma}_p=m_p\boldsymbol{c}\times\boldsymbol{g}-\boldsymbol{I}_p\dot{\boldsymbol{\omega}}-\boldsymbol{\omega}\times(\boldsymbol{I}_p\boldsymbol{\omega})$，其中 $\boldsymbol{c}=\boldsymbol{R}\boldsymbol{c}_p$，$\boldsymbol{c}_p$ 为上平台质心在 $\{B\}$ 中的位置矢量。

将式(3-41)代入式(3-45)和式(3-46)，联立两式提取全部六个未知变量 f_{si}，可得

$$\boldsymbol{J}^{\mathrm{T}}\boldsymbol{f}_s=\begin{bmatrix}\boldsymbol{F}_p-\sum\limits_{i=1}^{6}\boldsymbol{K}_i\\ \boldsymbol{\Gamma}_p-\sum\limits_{i=1}^{6}(\boldsymbol{q}_i\times\boldsymbol{K}_i)\end{bmatrix} \tag{3-47}$$

式中，$\boldsymbol{f}_s=\begin{bmatrix}f_{s1} & f_{s2} & f_{s3} & f_{s4} & f_{s5} & f_{s6}\end{bmatrix}^{\mathrm{T}}$；$\boldsymbol{J}^{\mathrm{T}}$ 为并联机器人的力雅可比矩阵；$\boldsymbol{K}_i=-\boldsymbol{s}_i\times\boldsymbol{c}_i/\boldsymbol{l}_i$。因为机器人不奇异，即 $\boldsymbol{J}^{\mathrm{T}}$ 可逆，因此，可由式(3-47)求得 $\boldsymbol{f}_s$。结合式(3-43)可得支腿的驱动力为

$$\boldsymbol{\tau}=\boldsymbol{f}_u-\boldsymbol{f}_s \tag{3-48}$$

根据前面推导的运动学和动力学公式进行编程计算，可以得到上平台(动平台)的位移、速度、加速度以及支腿的驱动力等。在 6-U$\underline{\text{P}}$S 平台的六条支腿上施加如下的位移驱动：

$$\begin{cases}l_1=250+100\sin(0.5\pi t)\ \text{mm}, & l_2=250+150\sin(\pi t)\ \text{mm}\\ l_3=250+200\sin(1.5\pi t)\ \text{mm}, & l_4=250+200\sin(1.5\pi t)\ \text{mm}\\ l_5=250+150\sin(\pi t)\ \text{mm}, & l_6=250+100\sin(1.5\pi t)\ \text{mm}\end{cases} \tag{3-49}$$

6-U$\underline{\text{P}}$S 平台的参数设置如表 3-1 所示，通过正运动学计算可以得到上平台的位移、速度与加速度，如图 3-12～图 3-14 所示，这样可以更直观地看到上平台质心的运动情况。进而通过逆动力学计算可以得到支腿的驱动力，如图 3-15 所示。

表 3-1　6-U$\underline{\text{P}}$S 平台模型参数

变量	参数	值	单位
R_a,R_b	静、动平台半径	0.849	m
θ_a,θ_b	静、动平台短边圆心角	16.915	°
l_0	初始腿长	1.110	m
$l_{\min}$	腿长最小值	1.110	m
$l_{\max}$	腿长最大值	1.585	m
m_p	动平台质量	70.396	kg
m_{i1}	下支腿质量	40.184	kg
m_{i2}	上支腿质量	9.949	kg
${}^{B}\boldsymbol{I}_p$	动平台惯性张量	diag(171.4, 171.4, 341.8)	$\text{kg}\cdot\text{m}^2$
${}^{Ai}\boldsymbol{I}_{ci1}$	下支腿惯性张量	diag(0.140, 2.884, 2.884)	$\text{kg}\cdot\text{m}^2$
${}^{Ai}\boldsymbol{I}_{ci2}$	上支腿惯性张量	diag(0.016, 0.451, 0.451)	$\text{kg}\cdot\text{m}^2$
$\boldsymbol{c}_p$	动平台质心位矢	[0 0 0.4694]	m
c_{i1}	下支腿质心位置	0.4774	m
c_{i2}	上支腿质心位置	0.3879	m

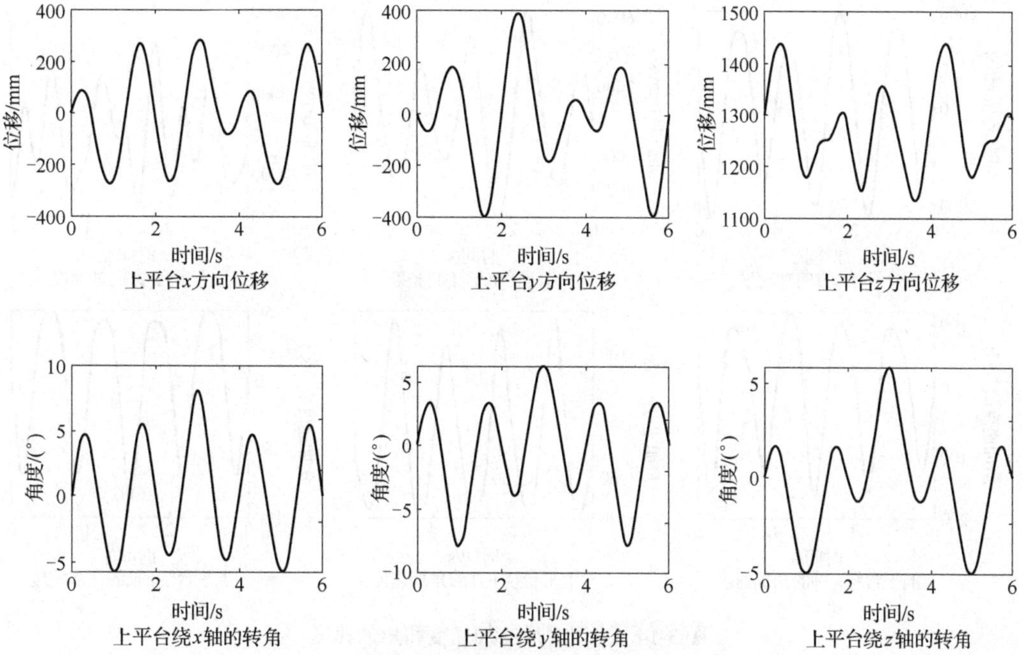

图 3-12　上平台质心位移和角位移

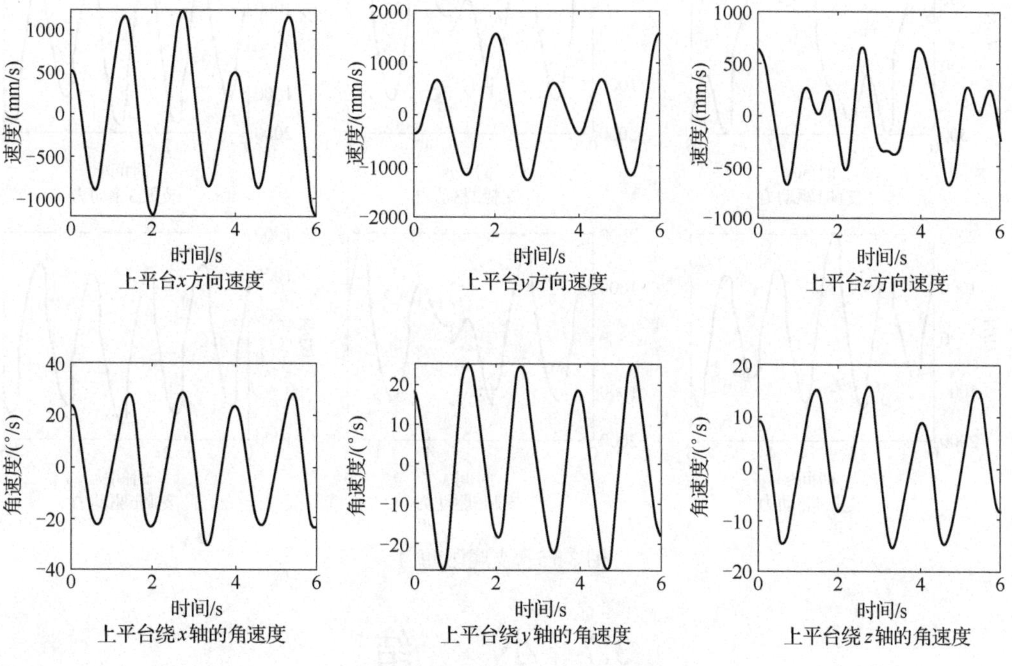

图 3-13　上平台质心速度和角速度

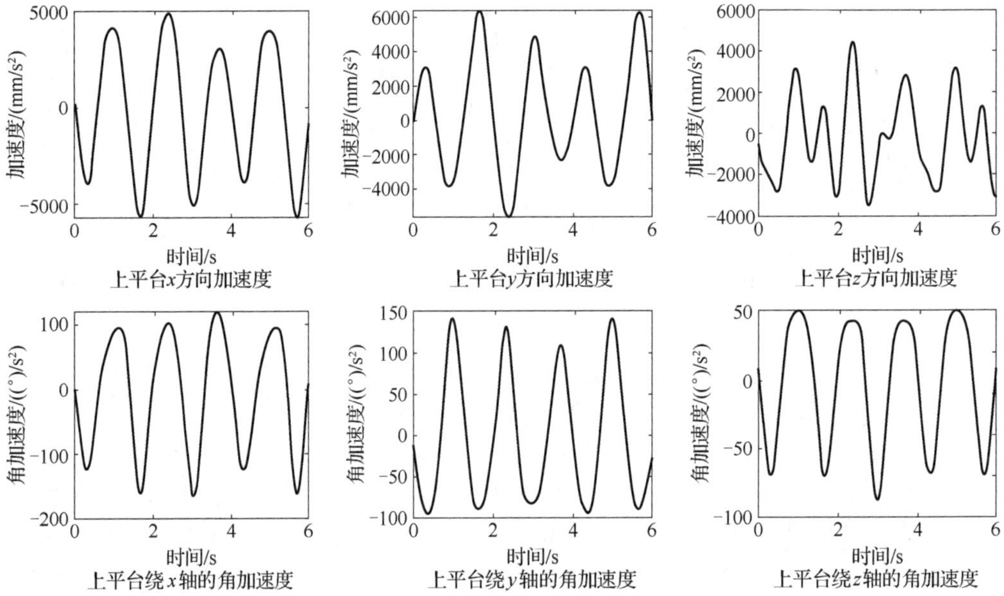

图 3-14　上平台质心加速度和角加速度

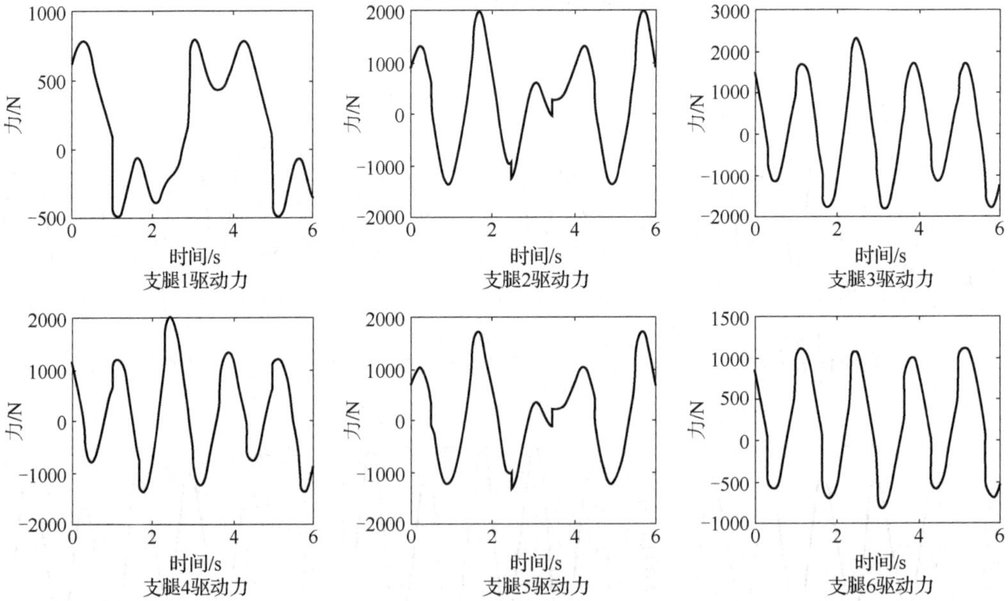

图 3-15　支腿驱动力

3.7　小　　结

并联机器人是机器人领域中的重要分支，其运动学和动力学研究是关键，本章主要介绍了并联机器人运动学和动力学的基础知识。针对并联机器人的发展历程进行了简要介绍，就其运动学分别叙述了逆运动学及正运动学求解方法，阐述了并联机器人的奇异性问题，讨论了奇异性与静力学、运动学之间的关联，介绍了并联机器人工作空间的分类和计算方法、动力学建模方法，最后，以 6-UPS 机构为例，展示了运动学和动力学建模与分析过程。

习　题

3-1　计算平面 3-RRR 并联机器人(题 3-1 图中所示)的自由度。

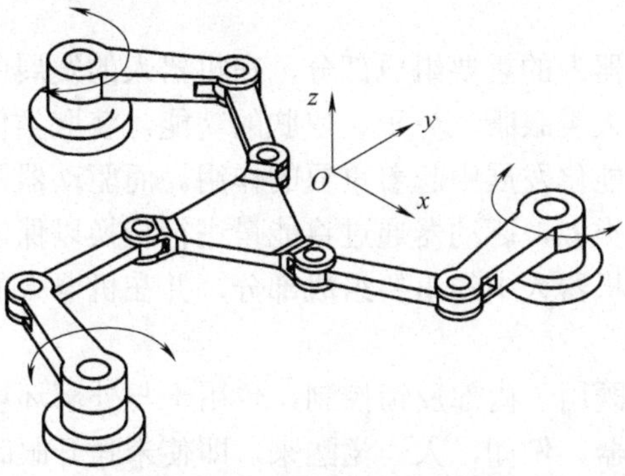

题 3-1 图　3-RRR 并联机器人

3-2　计算平面 3-RRS 并联机器人(题 3-2 图中所示)的自由度。

3-3　如题 3-3 图所示，对 6-UPS 并联机器人进行位置反解。

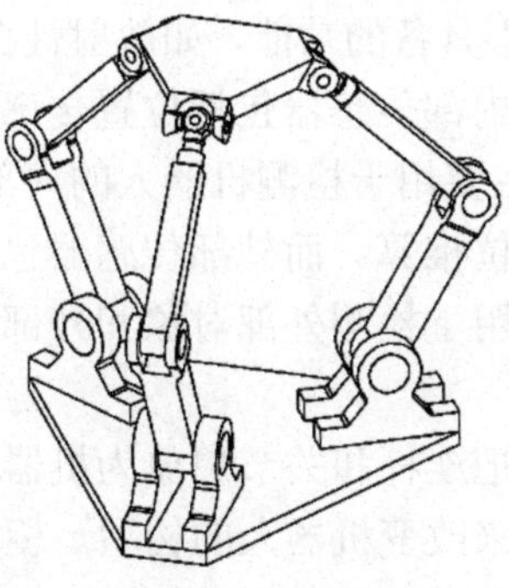

题 3-2 图　3-RRS 并联机器人

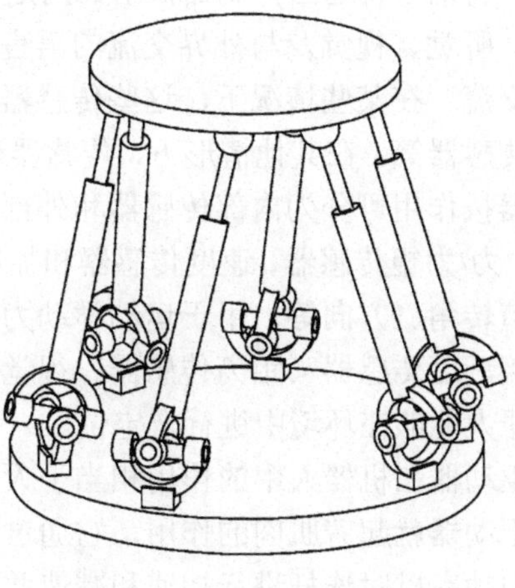

题 3-3 图　6-UPS 并联机器人

3-4　如题 3-1 图中所示，确定平面 3-RRR 机器人的运动学雅可比矩阵。

第4章　机器人传感与驱动

4.1　概　　述

传感和驱动装置是机器人的重要组成部分，在机器人的发展中发挥着重要的作用。传感器帮助机器人实现类似于人类眼睛、鼻子、皮肤的功能，获取类似于人类视觉、嗅觉、触觉获取的信息，在机器人智能化发展中起着重要的作用。而驱动器则在机器人的运动中起着重要的作用，与人类的肌肉类似，驱动器通过将能量进行转换以保证机器人运动的顺利进行。感知系统和驱动系统均为机器人中的重要组成部分，并在机器人的整体工作中发挥着重要的作用。

传感器在机器人中，既用于内部反馈控制，也用于与外部环境的交互。动物和人都具有类似的但功能各异的传感器。例如，人一觉醒来，即使未睁开眼睛，也能感觉和知道四肢的位置，而不必留心身边的胳膊和弯曲的腿，这是因为人的四肢随肌肉的收缩、伸展或放松而活动时，肌肉神经中的信号也随之发生变化，神经给大脑发送信号，大脑即可判断出每块肌肉的状态。类似地，在机器人中，当连杆和关节运动时，传感器如电位器、编码器、旋转变压器等将信号传送给控制器，由其判定各关节的位置。此外，同人类和动物拥有嗅觉、触觉、味觉、听觉、视觉及与外界交流的语言一样，机器人也可以带有类似的传感器，以实现与环境的交流。在某些情况下，这些传感器在功能上与人类相似，如视觉传感器、嗅觉传感器及触觉传感器等。在其他情形下，传感器还会具备人类所不具备的功能，如放射性探测传感器。传感器按作用可分为内部传感器和外部传感器。其中，内部传感器包括位置传感器、姿态传感器、力/力矩传感器、速度传感器和加速度传感器等，主要用于检测机器人的内部状态信息，如关节转角、方向等，用于运动学动力学模型计算和航位推算。而外部传感器包括触觉传感器、接近度传感器、距离传感器、视觉传感器等，主要用于检测外部对象和外部环境状态，使机器人能够在环境中进行自定位。

驱动器在机器人中的作用相当于人体的肌肉。如果把连杆和关节想象为机器人的骨骼，那么驱动器就起着肌肉的作用，它通过移动或转动连杆来改变机器人的构型。驱动器必须有足够的功率以对连杆进行加速和减速并带动负载，同时自身必须质轻、经济、精确、灵敏、可靠并便于维护。根据能量转换方式，将机器人的驱动方式划分为电机驱动、液压驱动、气压驱动、智能材料驱动和其他驱动方式。在选择机器人驱动器时，除要充分考虑机器人的工作要求，如工作速度、最大搬运物重、驱动功率、驱动平稳性、精度要求外，还应考虑到其是否能够在较大的惯性负载条件下，提供足够的加速度以满足作业要求。

4.2　机器人感知系统

4.2.1　传感器的基础知识

1. 传感器的定义

传感器是指能感受规定的被测量并按照一定的规律(数学函数法则)将其转换成可用信号的器件或装置，通常由敏感元件和转换元件组成。最广义地来说，传感器是一种能把物理量和化学量转变成便于利用的电信号的器件。它能把位移、速度、力、声音、温度、湿度、光、热量、化学成分等非电量按照一定的规律转换成电压、电流等电量。

2. 传感器的组成

传感器一般由敏感元件、转换元件、测量电路、辅助电路等部分组成，如图 4-1 所示。其中，敏感元件指能直接感受与检测被测量的非电量，并将其转换成与被测量呈确定关系的其他量的元件；转换元件指能将敏感元件感受到的与被测量呈确定关系的非电量转换成电量的器件；测量电路又称为信号调理电路，指把转换元件输出的电信号变换成便于记录、显示、处理和控制的有用电信号的电路；辅助电路通常包括电源等。

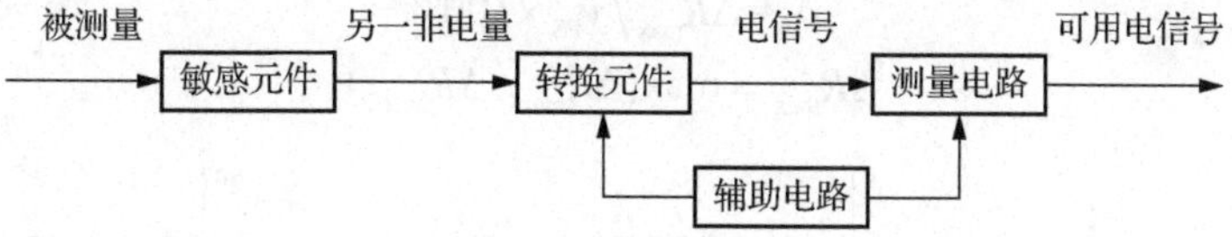

图 4-1　传感器组成框图

3. 传感器的分类

通常，传感器按原理可以分成这几类：电阻式传感器、电感式传感器、电容式传感器、压电式传感器、磁电式传感器、热电式传感器、光电式传感器、光纤式传感器、超声波传感器、热敏传感器等。

传感器按输出信号可分为模拟传感器、数字传感器、膺数字传感器、开关传感器等。其中，模拟传感器可以将被测量的非电量转换成模拟电信号；数字传感器可以将被测量的非电量转换成数字输出信号(包括直接和间接转换)；膺数字传感器可以将被测量的信号量转换成频率信号或短周期信号(包括直接和间接转换)；开关传感器指当一个被测量的信号达到某个特定的阈值时，传感器相应地输出一个设定的低电平或高电平信号。

4.2.2　传感器的性能指标

1. 传感器的静态特性

传感器的静态特性是指对于静态的输入信号，传感器的输出量与输入量之间所具有的相互关系。因为这时输入量和输出量都和时间无关，所以它们之间的关系，即传感器的静态特性可用一个不含时间变量的代数方程，或以输入量作横坐标，把与其对应的输出量作纵坐标而画出的特性曲线来描述。表征传感器静态特性的主要参数有线性度、灵敏度、精度、迟滞、重复性等。

传感器的线性度指传感器输入与输出的线性程度，通常用非线性度来表示这一特性。如图 4-2 所示，传感器的最大非线性度（δ_L）指输出曲线与拟合曲线的最大偏差（$\Delta L_{\max}$）与满量程输出值（y_{FS}）的百分比，如式(4-1)所示：

$$\delta_L = \Delta L_{\max} / y_{\mathrm{FS}} \times 100\% \tag{4-1}$$

传感器的灵敏度指达到稳定工作状态时，传感器输出的变化量(dy)与引起此变化量的输入变化量(dx)之比，即 dy/dx，如式(4-2)所示：

$$K = \mathrm{d}y / \mathrm{d}x \tag{4-2}$$

传感器的精度指传感器的输出读数(y)与真实值(Y)之间的接近程度，通常用最大相对误差($\delta_{\max}$)表示，如式(4-3)所示：

$$\delta_{\max} = (Y - y) / y_{\mathrm{FS}} \times 100\% \tag{4-3}$$

如图 4-3 所示，传感器的迟滞是指在正常工作条件下全测量范围内时，对应同一输入量的正行程和反行程的输出值间的最大偏差($\Delta H_{\max}$)，迟滞误差一般以满量程输出值的百分数表示，如式(4-4)所示：

$$\delta_H = 0.5 \times \Delta H_{\max} / y_{\mathrm{FS}} \times 100\% \tag{4-4}$$

如图 4-4 所示，传感器的重复性是指输入按同一方向做全量程连续多次变动时所得特性曲线不一致的程度，用 δ_R 表示，如式(4-5)和式(4-6)所示：

$$\delta_R = \Delta R_{\max} / y_{\mathrm{FS}} \times 100\% \tag{4-5}$$

$$\Delta R_{\max} = \max(\Delta R_{\max 1}, \Delta R_{\max 2}) \tag{4-6}$$

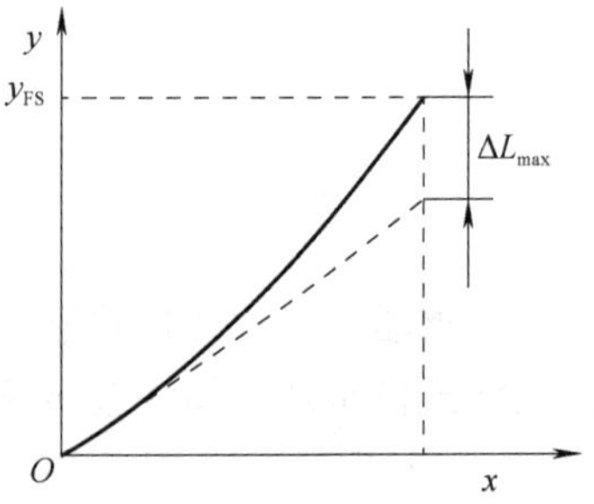

图 4-2 传感器线性度示意图

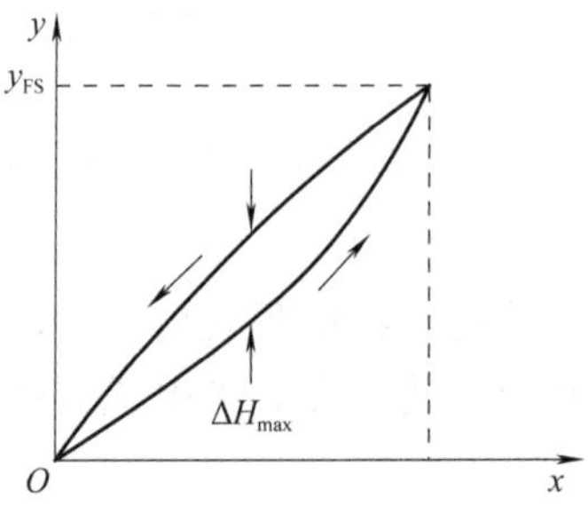

图 4-3 传感器迟滞示意图

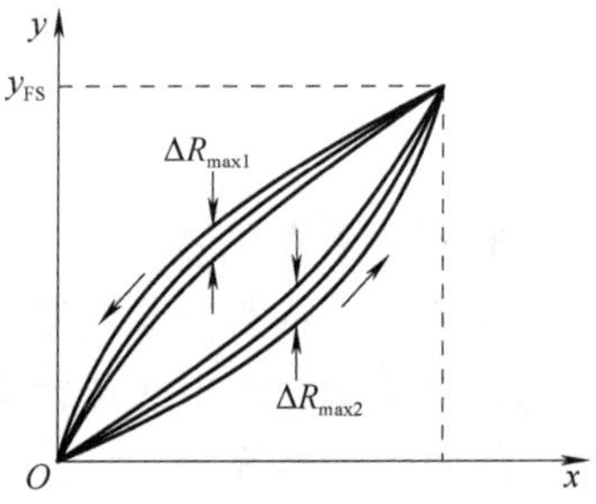

图 4-4 传感器重复性示意图

2. 传感器的动态特性

动态特性是指在输入变化时，传感器的输出特性。在实际工作中，传感器的动态特性常用它对某些标准输入信号的响应来表示。这是因为传感器对标准输入信号的响应容易用实验方法求得，并且它对标准输入信号的响应与它对任意输入信号的响应之间存在一定的关系，往往知道了前者就能推定后者。最常用的标准输入信号有阶跃信号和正弦信号两种，所以传感器的动态特性也常用阶跃响应和频率响应来表示。

传感器的动态特性通常指灵敏度、时间常数、固有频率、阻尼系数等。对于零阶传感器，传感器输出 y 与输入 x 之间的关系为线性关系，如式(4-7)所示，k 为灵敏度。对于一阶传感器，传感器输出 y 与输入 x 之间的关系可以用式(4-8)表示，其中 τ 为时间常数。对于二阶传感器，传感器输出 y 与输入 x 之间的关系可用式(4-9)表示，其中 ξ 为阻尼系数，ω_n 为固有频率。

以一阶传感器为例，其动态特性的标定为：测得阶跃响应之后，取输出值，将其达到最终值的 63.2%时所经过的时间作为时间常数 τ 。而对于二阶传感器，如电阻应变式压力传感器，它由弹性敏感元件及电阻应变片构成，其二阶特性包括固有频率 ω_n 、阻尼系数 ξ 、灵敏度 k。

$$y(t) = kx(t) \tag{4-7}$$

$$\tau \frac{\mathrm{d}y(t)}{\mathrm{d}t} + y(t) = kx(t) \tag{4-8}$$

$$\frac{\mathrm{d}^2 y(t)}{\mathrm{d}t^2} + 2\xi\omega_n \frac{\mathrm{d}y(t)}{\mathrm{d}t} + \omega_n^2 y(t) = \omega_n^2 kx(t) \tag{4-9}$$

4.2.3　机器人对传感器的要求

在机器人系统中，传感器作为机器人的感知部分，显得尤为重要。一个机器人系统对于传感器的选择具有一定的要求。传感器可以分为多种，如内部传感器与外部传感器、接触式传感器与非接触式传感器、无源传感器与有源传感器等。挑选什么类型的传感器需要分析多个方面的因素。不同的机器人实现的功能不同，选择的传感器类型也不同。下面从功能性要求和基本性能要求两部分来阐述机器人对传感器的要求。

1. 功能性要求

选择机器人传感器时，需要考虑机器人的功能。下面以工业机器人和移动机器人为例，说明机器人对传感器的功能性要求。

装配机器人是一种常见的工业机器人，它的核心工作部件是机械臂，需要视觉、触觉和力觉等感觉能力。与别的工业机器人相比，装配机器人对工作位置的要求更高，为了使被装配零件获得对应的装配位置，通常采用视觉系统选择合适的装配零件，并对它们进行粗定位，然后机器人触觉系统能够自动校正装配位置。而对于焊接机器人来说，需要位置传感器和速度传感器进行控制。位置传感器主要采用光电式增量码盘，也可以采用较精密的电位器。

对移动机器人来说，环境感知能力是其除移动之外最基本的一种能力，环境感知能力的高低直接决定了一个移动机器人的智能性，而环境感知能力是由感知系统决定的。移动机器人的感知系统相当于人类的五官和神经系统，是机器人获取外部环境信息及进行内部反馈控制的工具，它是移动机器人最重要的部分之一。移动机器人的感知系统通常由多种传感器组成，这些传感器处于连接外部环境与机器人的接口位置，是机器人获取信息的窗口。机器人用这些传感器采集各种信息，并采取适当的方法，将多个传感器获取的环境信息加以综合处理，控制机器人进行智能作业。

2. 基本性能要求

传感器的灵敏度在机器人的检测与控制中有着巨大的作用。通常，在传感器的线性范围内，传感器的灵敏度越高越好。因为只有灵敏度高时，与被测量变化对应的输出信号才比较明显，有利于信号处理。但随着传感器灵敏度的提高，与被测量无关的外界噪声也容易混入，经过放大系统放大，会影响传感器的测量精度。因此，传感器本身应具有较高的信噪比，尽量减少从外界引入的干扰信号。

传感器的线性范围是指输出与输入成正比的范围。从理论上讲，在此范围内，灵敏度保持定值。传感器的线性范围越宽，则其量程越大，并且能保证一定的测量精度。在选择传感器时，当传感器的种类确定以后，首先要看其量程是否满足要求。但实际上，任何传感器都不能保证绝对的线性，其线性度也是相对的。当所要求的测量精度比较低时，在一定的范围内，可将非线性误差较小的传感器近似看作线性的，这会给测量带来极大的方便。

精度是传感器的一个重要性能指标，它是关系到机器人测控系统精度的一个重要环节。传感器的精度越高，其价格越昂贵，在选择传感器时，只要其精度满足整个测量系统的精度要求即可。这样即可在满足同一测量目的的诸多传感器中选择较便宜和合适的传感器。如果只需要定性分析测量值，选用重复精度高的传感器即可；如果需要对测量结果进行定量分析，要求测得的值比较精确，选用精度等级满足要求的传感器。

抗干扰能力也是选择传感器时需要考虑的一个重要的性能指标。传感器会对光线、热量和电磁辐射等产生反应。这就需要把噪声(干扰)从信号中分离出去。有三种原理能够有效地提高这类传感器的灵敏度，降低它们对噪声和干扰的敏感性，这就是滤波、调制和均分，这些原理使得传感器能应用于光波、声波、磁场、静电场等能量场中。

4.2.4　机器人传感器的分类

根据传感器在系统中的作用进行划分，机器人传感器一般可分为内部传感器和外部传感器，表 4-1 为机器人传感器的基本种类。内部传感器又称本体感受器，是测量机器人自身状态的功能元件，包括位置传感器、速度传感器、加速度传感器、倾斜角传感器、力(力矩)传感器等。它的检测对象有机器人关节的线位移、角位移等几何量，速度、角速度、加速度等运动量，倾斜角、方位角、振动等物理量。

表 4-1　机器人传感器的基本种类

机器人传感器	传感器类型	功能	基本种类
内部传感器	位置传感器	测量传感器	电位器、旋转变压器、码盘
	速度传感器	测量传感器	测速发电机、码盘
	加速度传感器	测量传感器	应变片式、伺服式、压电式、电动式
	倾斜角传感器	测量传感器	液体式、垂直振子式
	力(力矩)传感器	测量传感器	应变式、压电式
外部传感器	视觉传感器	测量传感器	光学式
		识别传感器	光学式、声波式
	触觉传感器	触觉传感器	单点式、分布式
		压觉传感器	单点式、高密度集成式、分布式
		滑觉传感器	点接触式、线接触式、面接触式
	接近度传感器	接近度传感器	空气式、磁场式、电场式、光学式、声波式
		距离传感器	光学式、声波式

外部传感器又称作环境感受传感器，包括视觉传感器、触觉传感器、接近度传感器等，主要用来采集机器人和外部环境以及工作对象之间的相互作用信息，测量周边环境参数，通常跟机器人的目标识别、作业安全等因素有关，属于规划决策层，一些外部传感器的信号被底层伺服控制层所利用。

工业机器人、移动机器人及飞行机器人是三种典型的机器人，根据其工作任务的不同，选择的传感器类型也不同。表 4-2 根据这三种机器人的典型功能，列出了其一般选择的传感器。

表 4-2　三种典型机器人及其传感器

机器人种类	典型功能	传感器名称	机器人示意图
工业机器人	位置、角度测量	电位器、旋转变压器、编码器	
	速度、角速度测量	测速发电机	
	加速度测量	应变片加速度传感器、伺服加速度传感器、压电感应加速度传感器	
	触觉传感	接触开关、缓冲器、光栅栏	
	力觉传感	应变片、压电元件、差动变压器、电容位移计	
	距离传感	超声测距仪、激光测距仪	
移动机器人	接触传感	接触开关、缓冲器、光栅栏	
	轮/马达传感	光学编码器、电位计	
	导向传感	罗盘、陀螺仪	
	主动测距	超声传感器、激光/光学三角仪	
	运动/速度测量	多普勒雷达、陀螺仪	
	视觉传感	CCD/CMOS 摄像机	
飞行机器人	加速度测量	加速度计	
	角速度测量	陀螺仪	
	定位	GPS	
	压力测量	压力传感器	
	角度测量	磁罗盘	
	高度测量	超声波传感器	

4.2.5　常用的内部传感器

1. 位置传感器

位置传感器的种类繁多，如电位计式传感器、可调变压器、光电编码器等。当前机器人系统中应用的位置传感器一般为编码器，如图 4-5 所示。编码器就是将某种物理量转换为数字格式的装置。在机器人运动控制系统中，编码器的作用是将位置和角度等参数转换为数字量。可采用电接触、磁效应、电容效应和光电转换等机理，形成各种类型的编码器，最常见的编码器是光电编码器。根据其结构形式分为旋转光电编码器(光电码盘)和直线光电编码器(光栅尺)，可分别用于机器人的转动关节或直线运动关节的位置检测。光电编码器的特征参数是编码器的分辨率，如 800 线/转、1200 线/转、2500 线/转、3600 线/转，甚至有更高的分辨率。当然编码器的价格会随分辨率的提高而增加。

光电编码器根据检测角度位置的方式分为绝对型光电编码器和增量型光电编码器两种。绝对型光电编码器有绝对位置的记忆装置，能测量旋转轴或移动轴的绝对位置，因此在机器人系统中得到大量应用。对于直线移动轴或旋转轴，当编码器的安装位置确定后，绝对的参考零位的位置就确定了。一般情况下，绝对型光电编码器对绝对零位的记忆依靠不间断的供电电源，目前一般使用高效的锂离子电池进行供电。增量型光电编码器是普遍的编码器类型，这种编码器在一般机电系统中的应用非常广泛。对于一般的伺服电机，为了实现闭环控制，与电机同轴安装有光电编码器，可实现电机的精确运动控制。增量型光电编码器能记录旋转轴或移动轴的相对位置变化量，却不能给出运动轴的绝对位置，因此这种编码器通常用于定位精度不高的机器人，如喷涂机器人、搬运机器人、码垛机器人等。

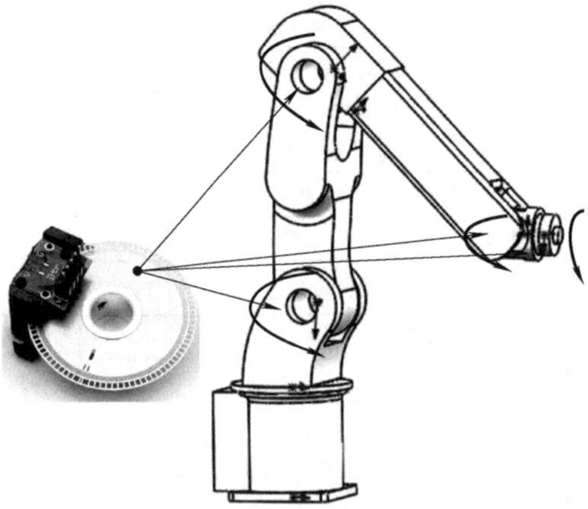

图 4-5　编码器及其在机器人上的安装位置

1) 增量型光电编码器

图 4-6 为增量型旋转光电编码器及其光电转换电路。在与被测轴同心的码盘上刻制了按一定编码规则形成的遮光和透光部分的组合。在码盘的一边是发光管，另一边是光敏器件。码盘随着被测轴转动，使得透过码盘的光束产生间断，通过光敏器件的接收和电子线路的处理，产生特定电信号的输出，再经过数字处理可计算出位置和速度信息。

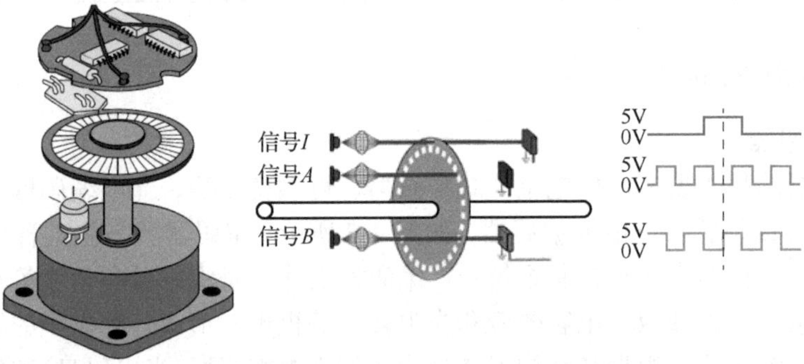

图 4-6　增量型旋转光电编码器及其原理

在现代高分辨率码盘上，透光和遮光部分都是很细的窄缝和线条，因此也称为圆光栅。相邻的窄缝之间的夹角称为栅距角，透光窄缝和遮光部分大约各占栅距角的 1/2。码盘的分辨率以每转计数表示，即码盘旋转一周在光电检测部分可产生的脉冲数。在码盘上往往还另外安排一个(或一组)特殊的窄缝，用于产生定位(index)或零位(zero)信号。测量装置或运动控制系统可以利用这个信号产生复位或回零操作。

2) 绝对型光电编码器

绝对型光电编码器的码盘由多个同心的码道(track)组成，这些码道沿径向具有各自不同的二进制权值。每个码道上按照其权值划分为遮光段和投射段，分别代表二进制的 0 和 1。

与码道个数相同的光电器件分别与各自对应的码道对准并沿码盘的半径直线排列。通过这些光电器件的检测可以产生绝对位置的二进制编码。绝对型光电编码器对于转轴的每个位置均产生唯一的二进制编码，因此可用于确定绝对位置。绝对位置的分辨率取决于二进制编码的位数，即码道的个数。例如，一个 10 码道的编码器可以产生 1024 个位置，角度的分辨率为 21′6″，目前绝对型光电编码器已可以做到有 17 个码道，即 17 位绝对型光电编码器。

这里以 4 位绝对码盘来说明绝对型光电编码器的工作原理，如图 4-7 所示。图 4-7(a)所示的码盘采用标准二进制编码，其优点是可以直接用于绝对位置的换算。但是这种码盘在实际中很少采用，因为它在两个位置的边缘交替或来回摆动时，由于码盘制作或光电器件排列的误差会产生编码数据的大幅度跳动，导致位置显示和控制失常。例如，在位置 0111 与 1000 的交界处，可能会出现 1111、1110、1011、0101 等数据。因此绝对型光电编码器一般采用图 4-7(b)所示的称为格雷码的循环二进制码盘。

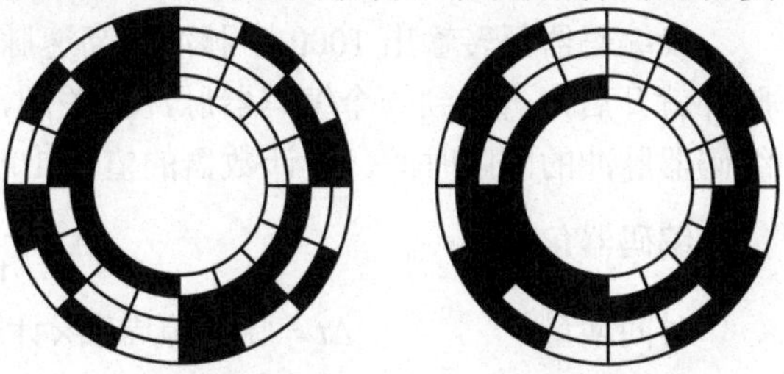

(a) 4位二进制码盘　　(b) 4位格雷码盘

图 4-7　绝对型光电编码器的码盘

格雷码的特点是相邻两个数据之间只有一位数据变化，因此在测量过程中不会产生数据的大幅度跳动，即通常所说的不确定或模糊现象。格雷码在本质上是一种对二进制的加密处理，其每位不再具有固定的权值，必须经过一个解码过程转换为二进制码，然后才能得到位置信息。这个解码过程可通过硬件解码器或软件来实现。

绝对型光电编码器的优点是即使静止或关闭后再打开，仍可得到位置信息。但其缺点是结构复杂、造价较高。此外，其信号线随着分辨率的提高而增多。例如，18 位的绝对型光电编码器的输出至少需要 19 根信号线。但是随着集成电路技术的发展，已经有可能将检测机构与信号处理电路、解码电路乃至通信接口组合在一起，形成数字化、智能化或网络化的位置传感器。例如，已有集成化的绝对型光电编码器产品将检测机构与数字处理电路集成在一起，其输出信号线数量减少为只有数根，输出信号可以是分辨率为 12 位的模拟信号，也可以是串行数据。

2. 速度传感器

速度传感器是机器人内部的传感器之一，是闭环控制系统中不可缺少的重要组成部分，它用来测量机器人关节的运动速度。可以进行速度测量的传感器很多，进行位置测量的传感器大多可同时获得速度的信息，如增量型光电编码器。此外，应用最广泛、能直接得到代表转速的电压且具有良好的实时性的速度传感器是测速发电机。这些速度传感器根据输出信号的形式可分为模拟式和数字式两种。

1) 模拟式速度传感器

测速发电机是最常用的一种模拟式速度传感器，它是一种小型永磁式直流发电机。其工作原理基于当励磁磁通恒定时，其输出电压和转子转速成正比，即 $U = kn$ 。式中，U 为测速发电机的输出电压，V；n 为测速发电机的转速，r/min；k 为比例系数。

当测速发电机有负载时，电枢绕组流过电流，由于电枢反应而使输出电压降低。若负载较大，或者测量过程中负载变化，则破坏了线性特性而产生误差。为减少误差，必须使负载尽可能小而且性质不变。测速发电机总是与驱动电动机同轴连接，这样就测出了驱动电动机的瞬时速度。

2)数字式速度传感器

编码器是数字元件，它的脉冲个数代表了位置，而单位时间里的脉冲个数表示这段时间里的平均速度。显然单位时间越短，越能代表瞬时速度，但在太短的时间里，只能记录到几个编码器脉冲，因而降低了速度分辨率。目前在技术上有多种办法能够解决这个问题。例如，可以采用两个编码器脉冲为一个时间间隔，然后用计数器记录在这段时间里高速脉冲源发出的脉冲个数。

设编码器每转输出 1000 个脉冲，高速脉冲源的周期为 0.1ms，门电路每接收一个编码器脉冲就开启，再接到一个编码器脉冲就关闭，这样周而复始，也就是门电路开启时间是两个编码器脉冲的间隔时间。若计数器的值为 100，则有

编码器角位移： $$\Delta\theta=\frac{1}{1000}\times 2\pi$$

时间增量： $$\Delta t=\text{脉冲源周期}\times\text{计数值}=0.1\text{ms}\times 100=10\text{ms}$$

速度： $$\dot{\theta}=\frac{\Delta\theta}{\Delta t}=\left(\frac{1}{1000}\times 2\pi\right)\Big/(10\times 10^{-3})=0.628(\text{rad/s})$$

3. 加速度传感器

随着机器人的高速化、高精度化，由机械运动部分刚性不足所引起的振动问题开始得到关注。作为抑制振动问题的对策，有时在机器人的各杆件上安装加速度传感器，测量振动加速度，并把它反馈到杆件底部的驱动器上；有时把加速度传感器安装在机器人的末端执行器上，将测得的加速度进行数值积分，加到反馈环节中，以改善机器人的性能，如图 4-8 所示。从测量振动的目的出发，加速度传感器日趋受到重视。

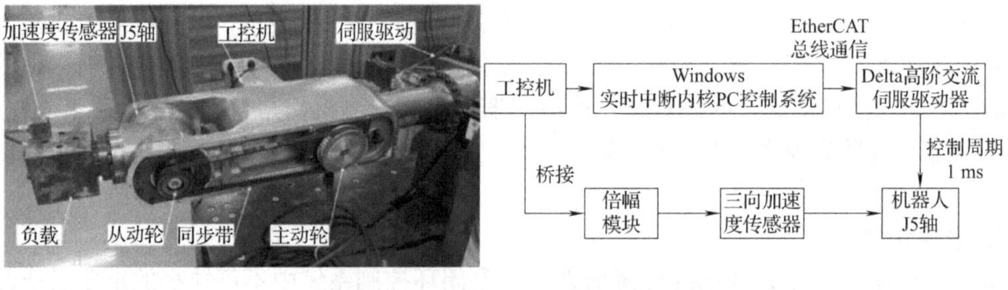

图 4-8　机器人关节振动分析与抑制

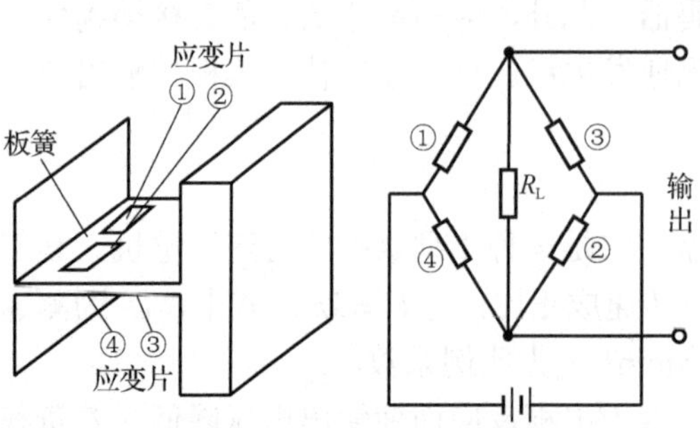

图 4-9　应变片加速度传感器

机器人的动作是三维的，而且活动范围很广，因此可在连杆等部位直接安装接触式振动传感器。虽然机器人的振动频率仅为数十赫兹，但因为共振特性容易改变，所以要求传感器具有低频、高灵敏度的特性。

1)应变片加速度传感器

Ni-Cu 或 Ni-Cr 等金属电阻应变片加速度传感器是一个由板簧支承重锤所构成的振动系统，板簧上下两面分别贴两个应变片(图 4-9)。应变

片受振动产生应变，其电阻值的变化通过电桥电路的输出电压被检测出来。除金属电阻外，Si 或 Ge 半导体压阻元件也可用于加速度传感器。

半导体应变片的应变系数比金属电阻应变片高 50～100 倍，灵敏度很高，但温度特性差，需要加补偿电路。最近研制出充硅油耐冲击的高精度悬臂结构(重锤的支承部分)，包含信号处理电路的超小型芯片式悬臂机构也正在研制中。

2) 压电加速度传感器

压电加速度传感器利用具有压电效应的物质，将产生加速度的力转换为电压。这种具有压电效应的物质，受到外力发生机械形变时，能产生电压；反之，外加电压时，也能产生机械形变。压电元件大多由具有高压电常数的锆钛酸铅材料制成。

设压电常数为 d，则加在元件上的力 F 和产生电荷 Q 的关系式为 $Q = dF$ 。

设压电元件的电容为 C，输出电压为 U，则 $U = Q / C = dF / C$ ，其中 U 和 F 在很大的动态范围内保持线性关系。压电元件的形变有三种基本模式：压缩形变、剪切形变和弯曲形变。图 4-10 是利用压缩方式的压电加速度传感器结构图，由外壳、质量块、压电元件、预压弹簧(提供预紧力)、基座以及紧定螺栓等组成。当有加速度为 a 的信号作用在传感器上时，质量块由于惯性，使得压电元件受到力 F 作用，根据牛顿第二定律，压电元件承受的力的大小 F 与其质量 m 和加速度 a 的关系为 $F = ma$ ，又因为压电元件受力产生的电荷 Q 与承受的外力 F 之间具有一定的正比关系，所以压电加速度传感器的输出电荷量与被测加速度成正比。

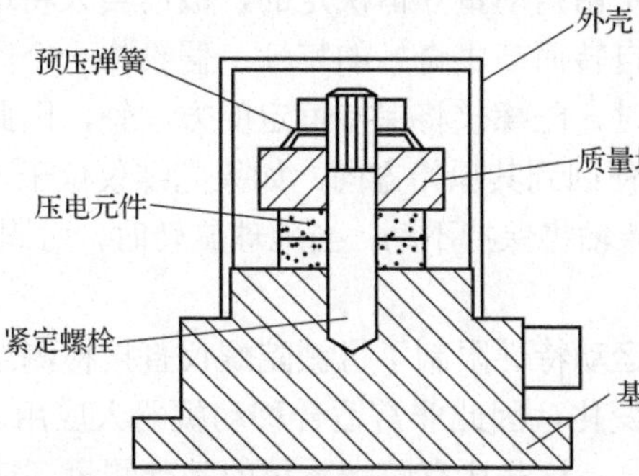

图 4-10　压电加速度传感器结构示意图

4. 惯性传感器

惯性传感器是惯性导航系统的重要部件，包括陀螺仪和加速度计，在机器人领域具有广阔的应用前景。例如，移动机器人的导航定位系统中就用到了惯性测量单元(IMU)，如图 4-11 所示，图中 IMU 提供三个方向的角度和角速度以及三个方向的线加速度，与激光雷达、里程计提供的信息融合，实现环境建模及定位。

1) 陀螺仪

陀螺仪是用来感测方向的装置，从广义上讲，凡是能测量载体相对惯性空间旋转的装置就可以称为陀螺仪。陀螺仪主要由一个位于轴心且可旋转的转子构成，如图 4-12 所示。由于转子的角动量守恒，陀螺仪一旦开始旋转，即有抗拒方向改变的趋向。陀螺仪多用于导航定位等系统。陀螺仪用在飞机飞行仪表的心脏地位，是由于其具有两个基本特性：一是定轴性(inertia 或 rigidity)，二是逆动性(precession)，这两种特性都建立在角动量守恒的原则下。

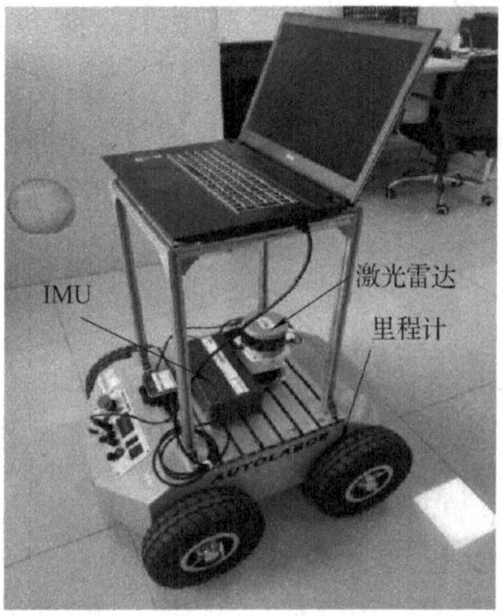

图 4-11 移动机器人上的导航定位系统

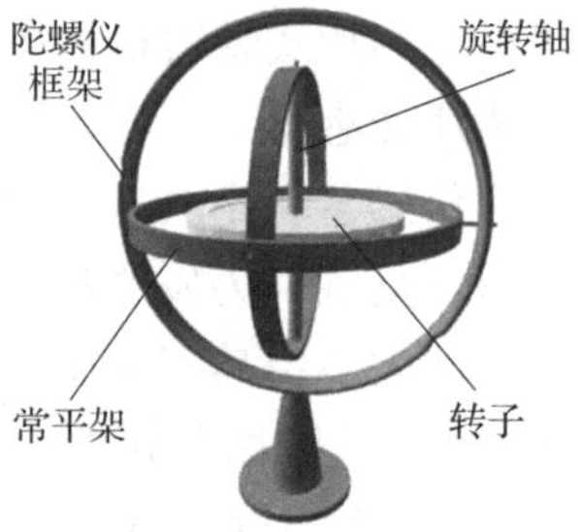

图 4-12 陀螺仪

(1)机械陀螺仪。

机械陀螺仪是将快速旋转的轮安装在轴上，根据角动量守恒保持方向的陀螺仪。假设轴承上没有摩擦或空气阻力，则不管外罩的运动如何，转子轴都将保持恒定。可以利用这种方向性来使运动独立于机器人，以保持方位。

由于转子轴方向的不变是由角动量守恒决定的，故而当人将地球作为参照系时，陀螺仪的旋转轴指向会由于地球的自转而产生奇妙的特性：假设将一个陀螺仪安装在赤道上，其旋转轴指向赤道。当地球旋转时，陀螺仪将保持恒定的方向轴，因此对于固定在地球上的观察者来说，似乎每隔 24h 旋转便回到其原始方向。如果陀螺仪位于赤道上，使其旋转轴平行于地球的旋转轴，陀螺仪的旋转轴将保持不动，当地球旋转时，对固定在地球上的观察者来说，陀螺仪的旋转轴将保持不动。

虽然这种与地球的相对运动特性限制了机械陀螺仪直接检测绝对方位的能力，但机械陀螺仪可用于测量方位的局部变化，因此非常适合移动机器人应用。速率陀螺仪(RGs)可以用来测量机器人的转速(角速度)，这是所有陀螺系统的基础测量。速率积分陀螺仪(RIGs)使用嵌入式处理器在内部将角速度积分，以产生机器人绝对角位移的估计值。如图 4-13 所示。

(a)速率陀螺仪　　(b)速率积分陀螺仪

图 4-13 速率陀螺仪和速率积分陀螺仪

(2)新型陀螺仪。

机械陀螺仪需要施加外力来维持陀螺仪的旋转，该过程会将不必要的力引入系统，这会进一步破坏测量过程。考虑到机械陀螺罗经的复杂性、成本、尺寸、微妙的性质以及性价比高的、更可靠的技术的可用性，机械陀螺罗经已被基于光学和 MEMS 的系统所取代。

光学陀螺仪依靠萨奈克效应(Sagnac effect)而不是旋转惯性来测量(相对)航向，如图 4-14 所示。(萨奈克效应：将同一光源发出的一束光分解为两束，让它们在同一个环路内沿相反方向循行一周后会合，然后在屏幕上产生干涉，当在环路平面内有旋转角速度时，屏幕上的干涉条纹将会发生移动的现象。)

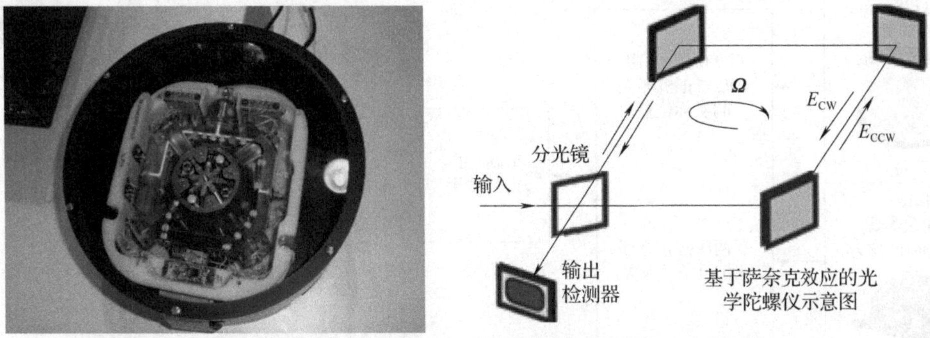

图 4-14　光学陀螺仪和萨奈克效应

几乎所有的 MEMS 陀螺仪(图 4-15)都基于振动的机械元件来感应旋转。振动陀螺仪依靠科氏加速度振动模式之间能量的传递来工作。

早期的 MEMS 陀螺仪利用振动石英晶体来产生必要的线性运动。最近更多的设计已经用硅基振动器代替了振动石英晶体。现已开发了各种 MEMS 结构，包括音叉陀螺仪、振动轮式陀螺仪、葡萄酒杯谐振陀螺仪等。手机中使用的都是 MEMS 陀螺仪。

图 4-15　MEMS 陀螺仪

2)惯性传感器信息融合

由于单个陀螺仪仅测量围绕单个轴的旋转，因此通常将多个陀螺仪与正交轴组合在一起以测量 3D 旋转。这些陀螺仪集合通常与其他传感器(罗盘、加速度计等)集成在一起，以构造惯性测量单元(IMU)。一般地，一个 IMU 内会装有三轴的陀螺仪和三个方向的加速度计，来测量物体在三维空间中的角速度和线加速度，并以此解算出物体的姿态。为了提高可靠性，还可以为每个轴配备更多的传感器。IMU 大多用在需要进行运动控制的设备上，如汽车和机器人，也被用在需要用姿态进行精密位移推算的场合，如潜艇、飞机、导弹和航天器的惯性导航设备等，一般安装在被测物体的重心上。

IMU 对底层的陀螺仪和加速度计中的测量误差极为敏感。陀螺仪中的漂移会导致机器人相对于重力的方向估计错误，从而导致重力矢量的错误抵消，这对于任何 IMU 都是一个基本问题。给定足够长的运行时间，所有 IMU 最终都会漂移，并且需要参考一些外部测量值来纠正此问题。对于许多现场的机器人而言，GPS 已成为这些外部校正的有效来源。

GPS 和 IMU 技术优势互补，如图 4-16 所示。GPS 可以在行星表面上获取高分辨率的定位信息，但无法获取机器人的方向信息，必须与其他传感器(包括罗盘、陀螺仪和 IMU)结合。

GPS 接收器通常无法提供连续位置的独立估计，估算值有相当大的延时。获取 GPS 定位并不总是可行的，某些地理环境（如山脉、建筑物、树木）以及屏蔽无线电信号的覆盖物可以阻挡信号。GPS 接收器与其他传感器（通常是 IMU）的集成可以用来处理这些问题。

集成 GPS 和 IMU 数据的过程通常表示为扩展卡尔曼滤波器估计过程。本质上，IMU 数据用于在 GPS 测量之间建立桥梁，并且在两者均可用时，以最小二乘法使 IMU 数据与 GPS 数据组合最优。鉴于这两个传感器的互补性和真正的独立性，已经开发了多种商业软件包来集成 GPS 数据和 IMU 数据。

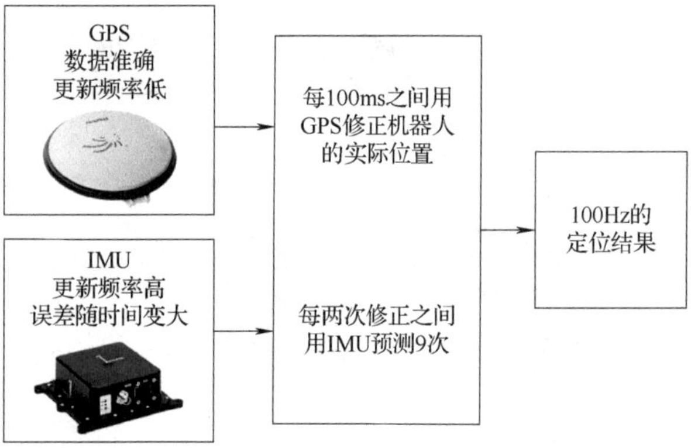

图 4-16　GPS 和 IMU 优势互补

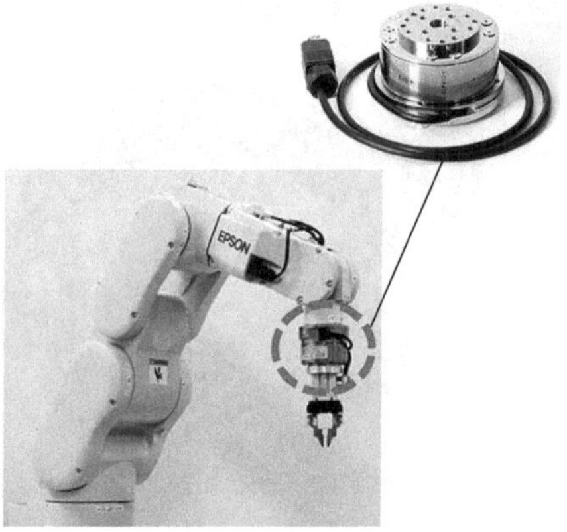

图 4-17　腕力传感器及其在机器人腕力觉传感上的安装位置

5. **力觉传感器**

力觉是指对机器人的指、肢和关节等在运动中所受力的感知，主要包括腕力觉（图 4-17）、关节力觉和支座力觉等。根据被测对象的负载，可以把力觉传感器分为测力传感器（单轴力传感器）、力矩表（单轴力矩传感器）、手指传感器（检测机器人手指作用力的超小型单轴力传感器）和六轴力觉传感器等。

1）电阻型力觉传感器

力敏电阻（force sensing resistor，FSR）是一种聚合物厚膜器件（图 4-18），其阻值随垂直施加在表面上的力的增加而降低。当作用力从 0.1N 到 100N 变化时，阻值大约从 500kΩ 变化到 1kΩ。

应变片的输出是与其形变成正比的阻值，而形变本身又与施加的力成正比。于是通过测量应变片的电阻，就可以确定施加的力的大小。应变片常用于测量末端执行器和机器人腕部的作用力，也可用于测量机器人关节和连杆上的载荷，但不常用。

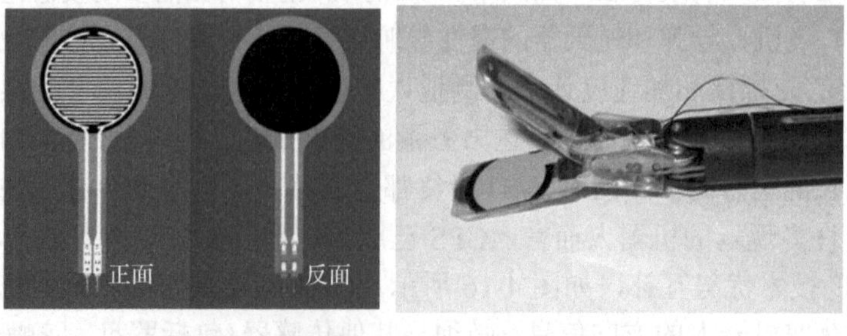

图 4-18　力敏电阻及使用力敏电阻的手术机器人

2) 筒式腕力传感器

图 4-19 为一种筒式六自由度腕力传感器，主体为铝圆筒，外侧有 8 根梁支撑，其中 4 根为水平梁，4 根为垂直梁。水平梁的应变片贴于上、下两侧，设各应变片所受到的应变量分别为 Q_x^+、Q_y^+、Q_x^-、Q_y^-；而垂直梁的应变片贴于左、右两侧，设各应变片所受到的应变量分别为 P_x^+、P_y^+、P_x^-、P_y^-。那么，施加于传感器上的 6 维力，即 x、y、z 方向的力 F_x、F_y、F_z 以及 x、y、z 方向的转矩 M_x、M_y、M_z 可以用下列关系式计算，即

$$\left.\begin{aligned} F_x &= K_1\left(P_y^+ + P_y^-\right) \\ F_y &= K_2\left(P_x^+ + P_x^-\right) \\ F_z &= K_3\left(Q_x^+ + Q_x^- + Q_y^+ + Q_y^-\right) \\ M_x &= K_4\left(Q_y^+ - Q_y^-\right) \\ M_y &= K_5\left(-Q_x^+ - Q_x^-\right) \\ M_z &= K_6\left(P_x^+ - P_x^- - P_y^+ + P_y^-\right) \end{aligned}\right\} \tag{4-10}$$

式中，K_1、K_2、K_3、K_4、K_5、K_6 为比例系数，与各根梁所贴应变片的应变灵敏度有关，应变量由贴在每根梁两侧的应变片构成的半桥电路测量。

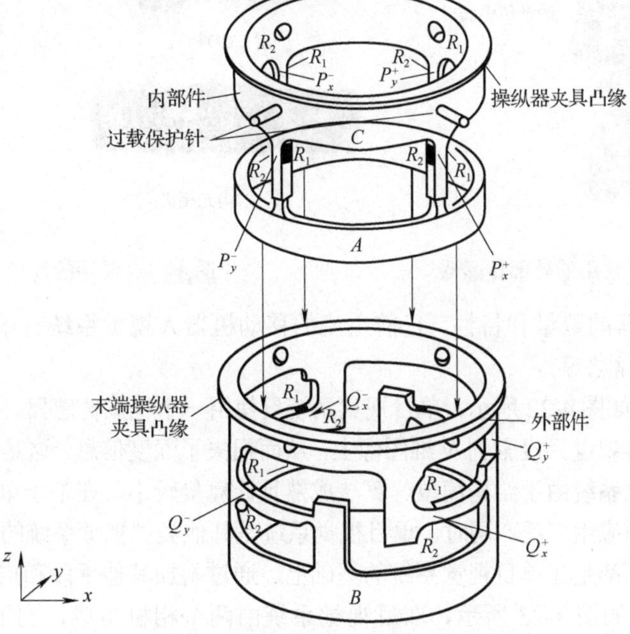

图 4-19　筒式六自由度腕力传感器

4.2.6　常用的外部传感器

人类可以通过视觉、听觉、嗅觉、味觉、触觉来获取外界的信息，从而进行一系列的活动，机器人也不例外。外部传感器是机器人的“感觉系统”，它能够采集机器人和外部环境以

及工作对象之间的相互作用信息，用于目标识别、导航定位、开展作业任务等。下面将以人形机器人与移动机器人为例介绍常用的外部传感器。

图 4-20 是科幻动画中的“阿童木”，它可以被看作一个典型的人形机器人，视觉传感器能够扫描周围环境，从而转换成机器人所需要的有效信息；听觉传感器是利用语音信号处理技术制成的，使得机器人能够听得懂，讲得出，从而实现“人-机”对话；嗅觉与味觉传感器利用味道信息(气体、固体、液体等的化学特性)，可以改善移动机器人的智能行为，从而在效率、自主性和实用性方面提升其性能；触觉传感器可以使得操作动作更加适宜，给予机器人“痛觉”感受，从而有效避免危险事故的发生。

1. 视觉传感器

视觉传感器是整个机器视觉系统信息的直接来源，主要由图像传感器组成，有时还要配以光投射器及其他辅助设备。如图 4-21 所示，常用的视觉传感器主要有 CCD 相机、CMOS 相机、结构光相机以及红外相机。

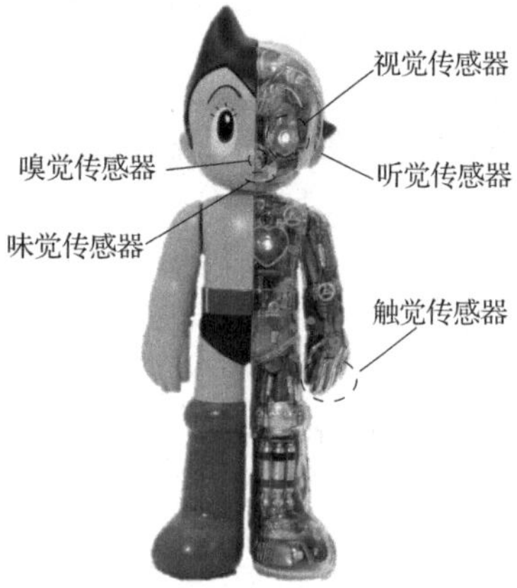

图 4-20　人形机器人常用的外部传感器

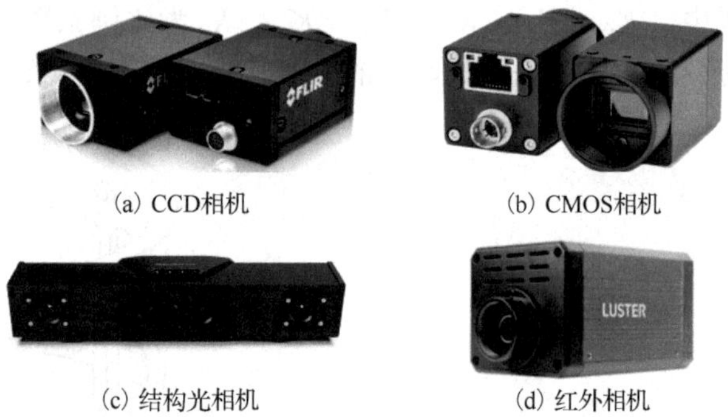
FLIR
FLIR
LUSTER
(a) CCD相机
(b) CMOS相机
(c) 结构光相机
(d) 红外相机

图 4-21　常用的视觉传感器

依据视觉传感器的数量和特性，目前主流的移动机器人视觉系统有单目视觉、双目视觉、多目视觉和结构光视觉等。

(1) 单目视觉：如图 4-22 所示，单目视觉系统只使用一个视觉传感器。单目视觉系统在成像过程中由于将三维客观世界投影到 N 维图像上，从而损失了深度信息，这是此类视觉系统的主要缺点。但是单目视觉系统由于结构简单、算法成熟且计算量较小，在基于单目特征的目标跟踪、室内导航定位等方面应用广泛。同时，单目视觉系统是其他类型视觉系统的基础，如双目视觉系统、多目视觉系统等都是在单目视觉系统的基础上，通过附加其他手段和措施而实现的。

(2) 双目视觉：如图 4-23 所示，双目视觉系统由两个相机组成，利用三角测量原理获得场景的深度信息，并且可以重建周围景物的三维形状和位置，类似人眼的体视功能，原理简单。双目视觉系统需要精确地知道两个相机之间的空间位置关系，而且需要两个相机从不同角度同时拍摄同一场景的两幅图像，并进行复杂的匹配，双目视觉系统才能够比较准确地恢复视觉场景的三维信息。双目视觉系统的难点是对应点匹配的问题，该问题在很大程度上制约着双目视觉系统在机器人领域的应用前景。

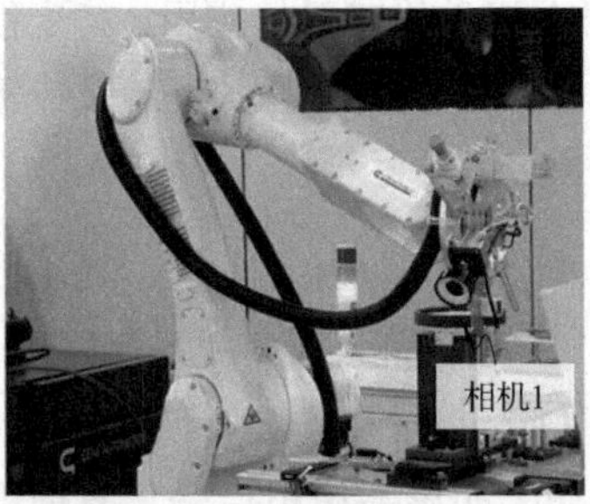

图 4-22　基于单目视觉的工件尺寸检测

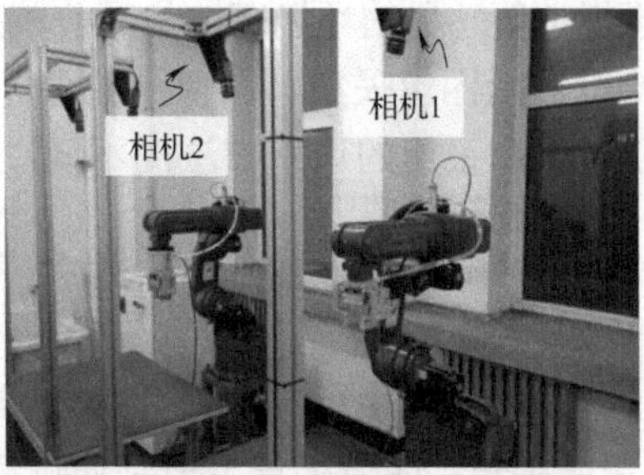

图 4-23　基于双目视觉的机器人工件抓取系统

(3)多目视觉：如图 4-24 所示，多目视觉系统采用三个或三个以上相机，三目视觉系统居多，主要用来解决双目视觉系统中匹配多义性的问题，提高匹配精度。三目视觉系统的优点是充分利用了第三个相机的信息，减少了错误匹配，解决了双目视觉系统匹配的多义性，提高了定位精度，但三目视觉系统要合理安置三个相机的相对位置，其结构配置比双目视觉系统更烦琐，而且匹配算法更复杂，需要消耗更多的时间，实时性更差。

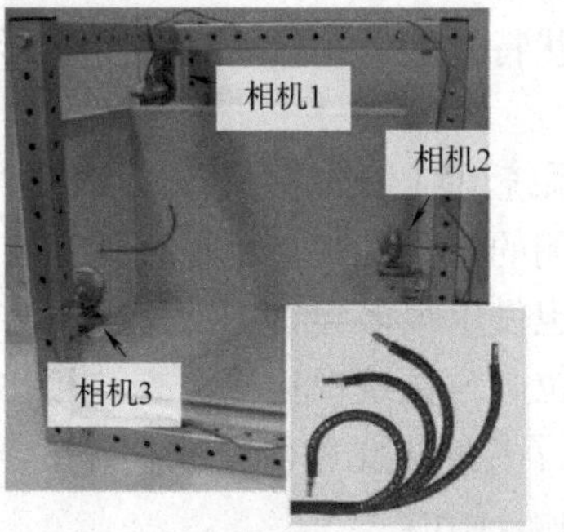

图 4-24　基于三目视觉的连续体机器人形状检测

(4)结构光视觉：图 4-25 是一组融合了投射器和相机的结构光视觉系统，用投射器投射特定的光信息到物体表面及背景后，由摄像头采集。根据物体造成的光信号的变化来计算物体的位置和深度等信息，进而复原整个三维空间，从而指导机器人在此空间进行工作。

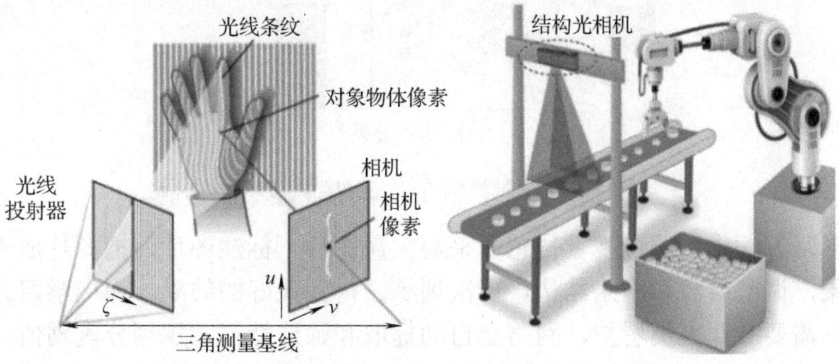

图 4-25　基于结构光视觉的机器人分拣系统

基于视觉传感器的环境感知是目前较为常见的机器人视觉传感器的应用，其流程如图 4-26 所示。一般包括图像采集、图像预处理、图像特征提取、图像模式识别、结果传输等，根据具体识别对象和采用的识别方法的不同，环境感知流程也会略有差异。

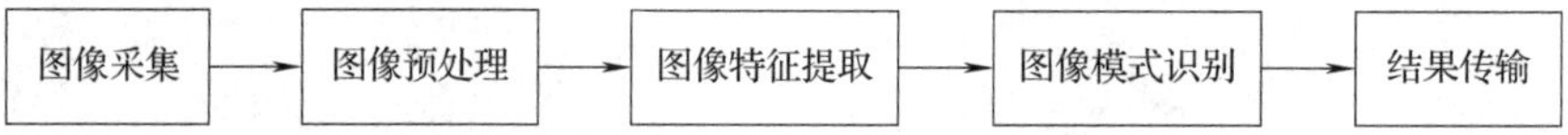

图 4-26　基于视觉传感器的环境感知流程

(1) 图像采集：图像采集主要是通过摄像头采集图像，如果是模拟信号，要把模拟信号转换为数字信号，并把数字图像以一定格式表现出来。根据具体研究对象和应用场合，选择性价比高的摄像头。

(2) 图像预处理：图像预处理包含的内容较多，有图像压缩、图像增强与复原、图像分割等，要根据具体实际情况进行选择。

(3) 图像特征提取：为了完成图像中目标的识别，要在图像分割的基础上，提取需要的特征，并将这些特征进行计算、测量、分类，以便于计算机根据特征值进行图像分类和识别。

(4) 图像模式识别：图像模式识别的方法很多，从图像模式识别提取的特征对象来看，图像模式识别方法可分为基于形状特征的识别技术、基于色彩特征的识别技术以及基于纹理特征的识别技术等。

(5) 结果传输：将环境感知系统识别出的信息传输到机器人控制系统，完成相应的控制功能。

图像处理部分作为视觉检测的核心，其重要性当然不言而喻。近年来，很多人用深度学习方法来进行视觉图像处理，也做了很多尝试。深度学习方法的典型应用领域是异常检测、图像分类、缺陷检测和物体定位。与传统视觉检测方法相比，深度学习神经网络的适应性更好，通用性更广。图 4-27 展示了传统视觉检测方法和深度学习方法的差异性。

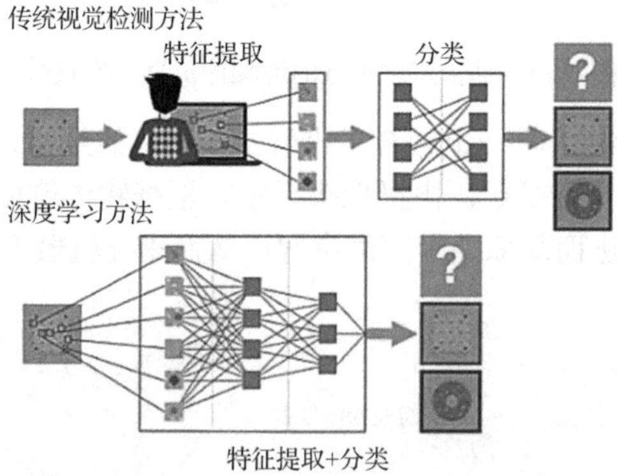

图 4-27　传统视觉检测方法与深度学习方法的对比

在深度学习方法中，通过视觉传感器采集大量图片，标注图片，把图片放进网络训练，查看训练结果，调节参数和网络结构，再次训练，得到最好的结果。深度学习方法在标注和训练的时候不需要专业人员看护，网络会自动提取和筛选特征，规划分割阈值。与传统视觉检测方法相比，大大减少了人力消耗。但目前深度学习方法的成本还是比较高的，对硬件要求也比较高，而且运行效率比较低，随着行业发展、硬件性能提升、成本有所下降，会更加普及。

2. 触觉传感器

人的触觉包括接近觉、压觉、冷热觉、滑觉、痛觉等，这些感知能力对于人类是非常重要的，是其他感知能力(如视觉)所不能完全替代的。而触觉传感器则模仿了人类的触觉感官，为机器人提供了“皮肤与指尖的触感”。从而使得机器人能够更加精准地控制操作力，并识别操作对象的属性(大小、质量、硬度等)，有效防止事故的发生。触觉传感器具有如下特点：

(1) 主要分布在机器人的皮肤、指尖等区域；

(2) 必须与皮肤表面相贴合，以便与表面局部一致；

(3) 具有足够的摩擦力，以便安全地识别、操纵物体；

(4) 足够坚固，能经受反复的撞击和磨损；

(5) 能够探索表面纹理、摩擦和硬度等特性，检测局部特征等。

触觉传感器是许多接触式传感器的组合，它除能够确定是否发生接触外，还能够提供更多有关物体的额外信息。这些额外信息可以是物体的形状、硬度、尺寸或材质等。下面将从触觉传感器的功能性上进行分类，介绍几种常用的触觉传感器。

1) 压觉传感器

如图 4-28 所示，压觉传感器主要安装于机器人手指上，用于感知被接触物体压力值的大小。压觉传感器又称为压力觉传感器，可分为单一输出值的压觉传感器和多输出值的分布式压觉传感器。压觉传感器大多处于实验室研究阶段，目前普遍关注的是利用材料物性原理去开发传感器，常见的压电晶体便是其中一种典型材料。采用压电晶体制成的压觉传感器不但可以测量物体受到的压力，也可以测量拉力。在测量拉力时，需要给压电晶体一定的预紧力。因为压电晶体不能承受过大的应变，所以它的测量范围较小。在机器人应用中，一般不会出现过大的力，因此，采用压电式传感器比较适合。另一种典型材料是导电硅橡胶，利用其受压后的阻抗随压力变化而变化达到测量目的。导电硅橡胶具有柔性好、有利于机械手抓握等优点，但灵敏度低、机械滞后性大。

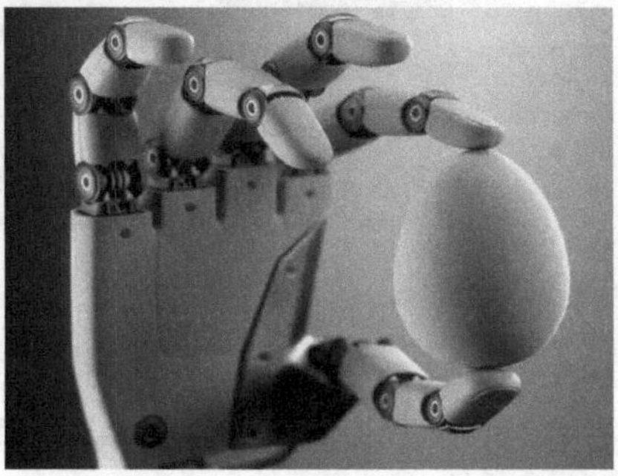

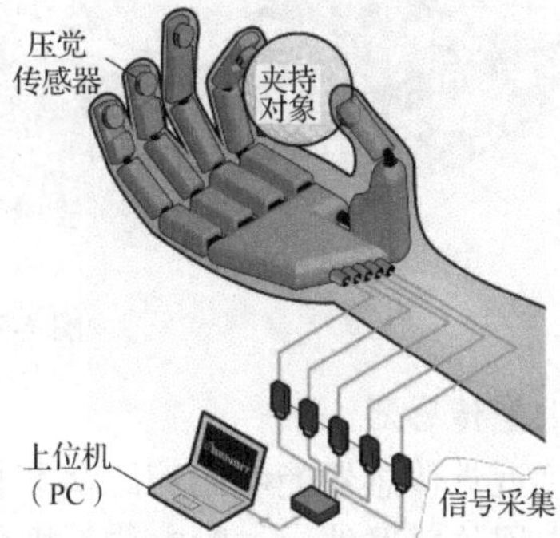

图 4-28　压觉传感器

2) 硬度传感器

硬度传感器可应用于工业机器人手指或手术机器人器械末端，用于接触对象的硬度识别，深入到人手不可达的区域探查组织中的肿瘤硬块，从而依据触诊判别肿瘤大小，制定相应的手术方案。图 4-29 为硬度传感器的传感原理，通常采用压电陶瓷作为敏感元件，对敏感元件施加交变电压后，其由于逆压电效应产生振动，将振动中的传感器与被测对象接触后，传感器与被测对象整体构成一个复合振动系统，系统整体的共振频率与传感器自身原本的共振频率相比会发生偏移，偏移量与被测对象硬度相关，因此可根据传感器共振频率偏移量来计算出硬度，而共振频率可以通过检测其电阻抗频谱的局部最小值获得。

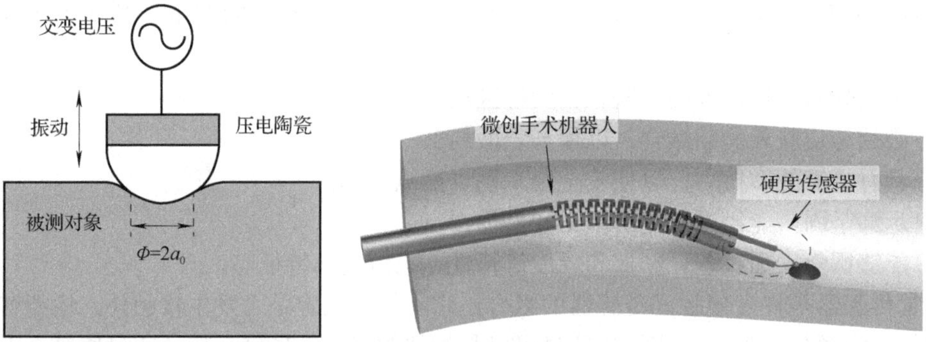

图 4-29　硬度传感器及其在手术机器人上的应用

3）滑觉传感器

滑觉传感器主要是用于检测机器人与抓握对象间滑移程度的传感器。为了在抓握物体时确定一个适当的握力值，需要实时检测接触表面的相对滑动，然后判断握力，在不损伤物体的情况下逐渐增加力量，滑觉检测功能是实现机器人柔性抓握的必备条件。

图 4-30 是一种利用厚膜压电材料进行振动检测的滑觉传感器。这样，当发生滑移时，抓握物体边缘会断开接触，从而引起局部振动。这些振动随后被指尖的压电层捕捉到，从而产生滑移信号，防止抓握物体掉落。

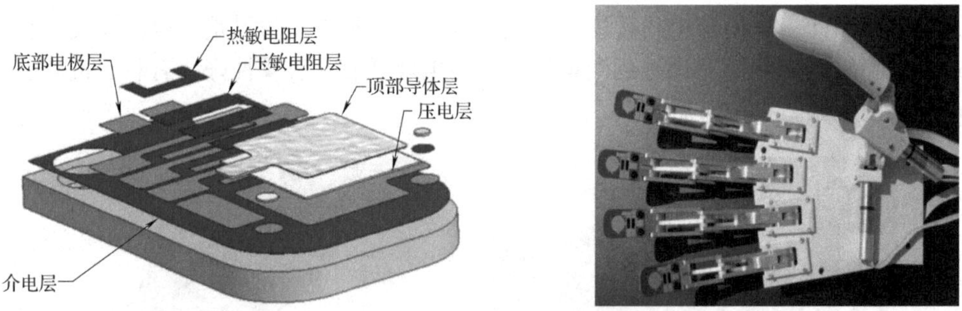

图 4-30　压电滑觉传感器

4）接近觉传感器

由于接近觉传感器能够感应距离和位置的变化，所以，其也是机器人手夹持器中测量开合情况的常用传感器件，一般安装于机械手的掌心以及指尖，如图 4-31 所示。接近觉传感器的工作原理有很多，但应用的领域和行业不尽相同。例如，在进行金属部件抓取时，机器人手夹持器中的接近觉传感器多利用磁场的变化与被测金属部件的相对位置关系来进行测量。通常传感器被安装在机器人手的其中一个手指上，在夹取物体时，接近觉传感器能够通过感应磁场的大小变化来判断两者（机械手的手指与物体）之间距离的远近。从而可与设定值进行比较，调节手夹持器开度的大小，避免抓空或损坏物件。

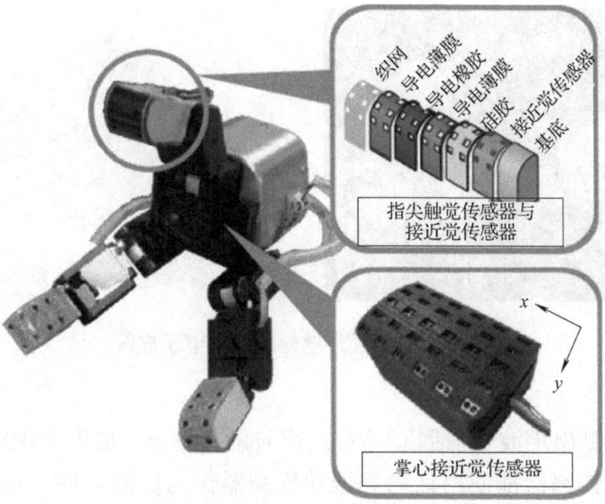

图 4-31　接近觉传感器

5）表面纹理传感器

表面纹理传感器是一种用于感测纹理和精细特征的动态传感器，它可以检测机器人手指在物体表面滑动时的摩擦和高频微振动，进一步提升对未知对象操作的精密性。如图 4-32 所示，纹理测量的基本工作原理是依据纹理不同的排布方式，采集得到不同的电信号，然后由电气系统对采集到的微小信号进行放大、相敏检波等处理后，再将得到的模拟信号转变为数字信号，送入计算机，从而建立一个“特征库”，依据特征对表面纹理进行识别分类。

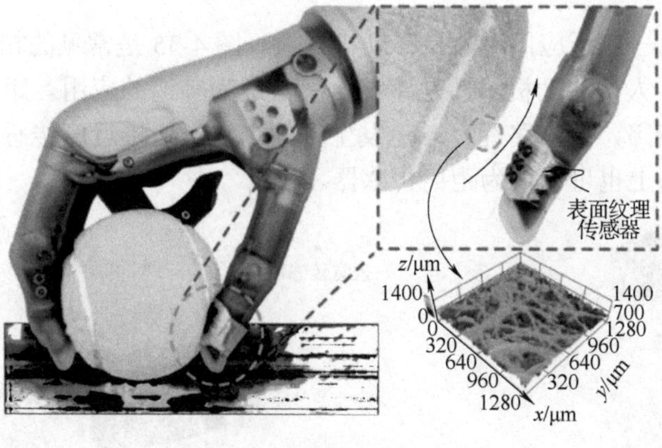

图 4-32　表面纹理传感器

此外，触觉传感器还有温度传感器、湿度传感器等功能型传感器，在此不做进一步的赘述。若将触觉传感器进行阵列排布，以柔性物质为基底，便可得到电子皮肤，它可以被加工成各种形状，能像衣服一样附着在设备表面，能够让机器人感知到物体的地点、方位以及硬度等信息，如图 4-33 所示。

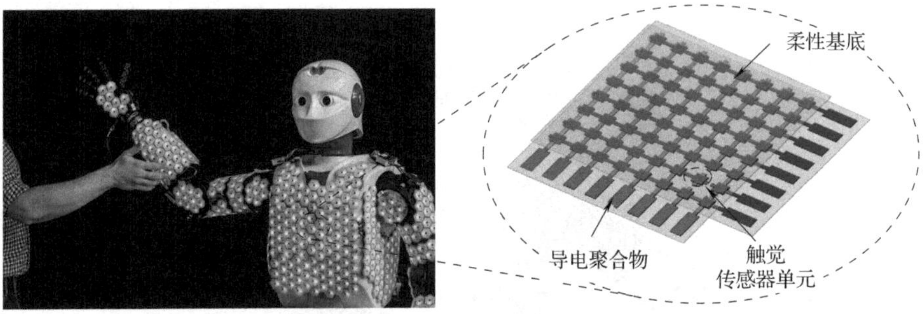

图 4-33 触觉传感器阵列与电子皮肤

3. 听觉传感器

听觉传感器是检测出声波(包括超声波)或声音的传感器，是用于识别声音的信息传感器。在所有情况下，听觉传感器都使用话筒等振动检测器作为检测元件。这里主要介绍具有识别声音功能的、相当于人的听觉的传感器。听觉传感器的识别可分为如下两种方式：声音的识别与说话人的识别。听觉传感器目前已广泛运用于各类服务型机器人中，如天猫精灵、小度智能机器人、银行指引机器人等，如图 4-34 所示。

4. 嗅觉与味觉传感器

机器人的嗅觉与味觉构成了机器人的“电子鼻”与“电子舌”。目前，仿生嗅觉与味觉的广泛应用仍有一系列问题需要解决，要想进一步提高仿生嗅觉与味觉系统的功能、扩宽其应用范围，就需要研究新型传感器敏感材料，灵活运用微机械加工技术、微电子集成技术等现代制造技术提高阵列传感器的性能参数，并充分减小体积。

5. 距离传感器

外部传感器的另一广泛应用对象是移动机器人。图 4-35 是常见的扫地机器人，它也是目前最常见的移动机器人，移动机器人是距离传感器最为普遍的应用。距离传感器能够帮助移动机器人进行实时避障，改变路径，以免发生碰撞。它包括接近度传感器与激光传感器，视觉传感器在某些应用上也可以作为距离传感器。

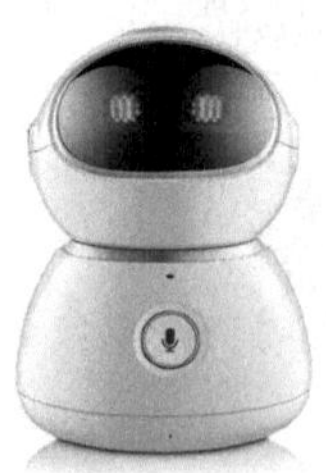

图 4-34 应用听觉传感器的服务型机器人

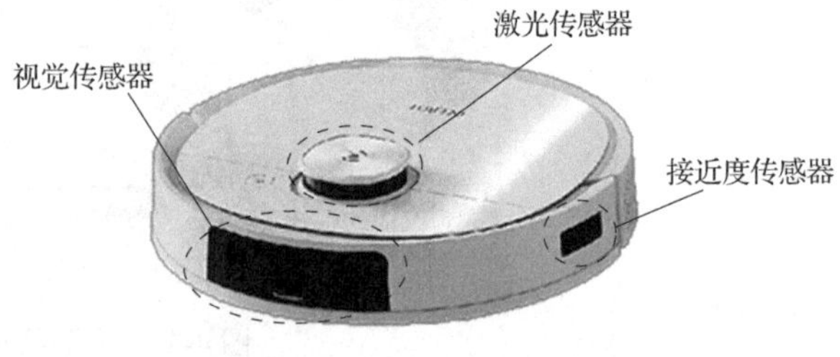

图 4-35 移动机器人常用的外部传感器

根据感知范围(或距离)，距离传感器大致可分为 3 类：第一类是感知近距离(毫米级)物体的接近度传感器，主要有磁力式、气压式等，他们多用于工业焊缝的检测中，在移动机器人中的应用不多；第二类是感知中距离(30cm 以内)物体的红外接近度传感器；第三类是感知远距离(30cm 以外)物体的超声波测距传感器和激光距离传感器，后两类是我们着重介绍和应用的。

1) 红外接近度传感器

红外接近度传感器是一种比较有效的距离传感器，传感器发出的光的波长在几百纳米范围内，是短波长的电磁波。它是一种辐射能转换器，主要用于将接收到的红外辐射能转换为便于测量或观察的电能、热能等其他形式的能量。根据能量转换方式，红外探测器可分为热探测器和光子探测器两大类。红外接近度传感器具有不受电磁波干扰、非噪声源、可实现非接触性测量等特点。另外，红外线(指中、远红外线)不受周围可见光的影响，故在昼、夜都可进行测量。

2) 超声波测距传感器

图 4-36 是安装有超声波测距传感器的移动机器人，该传感器可用于机器人对周围物体的存在与距离的探测。安装这种传感器的机器人可随时探测前进道路上是否出现障碍物，以免发生碰撞。

超声波测距的原理是：利用超声波在空气中的传播速度为已知的，测量超声波在发射后遇到障碍物反射回来的时间，根据发射和接收的时间差计算出发射点到障碍物的实际距离。图 4-37 是超声波测距的原理图，超声波发射器向某一方向发射超声波，在发射的同时开始计时，超声波在空气中传播，途中碰到障碍物就立即返回来，超声波接收器收到反射波就立即停止计时，这就是时间差测距法。

图 4-36　移动机器人上的超声波测距传感器

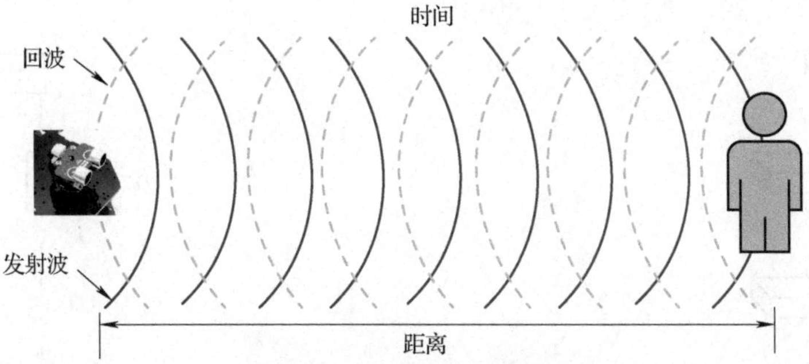

图 4-37　超声波测距原理

3) 激光距离传感器

激光距离传感器是利用激光技术进行测量的传感器，它由激光器、激光检测器和测量电路组成。激光距离传感器的种类很多，目前在移动机器人以及自动驾驶领域中最常用的是激光雷达，如图 4-38 所示。它是一种可以精确、快速获取地面或大气三维空间信息的主动探测技术，应用范围和发展前景十分广阔。以往的传感器只能获取目标的空间平面信息，需要通过同轨、异轨重叠成像等技术来获取三维高程信息，这些方法与激光探测及测距系统技术相比，不但测距精度低，数据处理也比较复杂。正因为如此，激光探测及测距系统技术与成像光谱、合成孔径雷达一起被列为对地观测系统计划中最核心的信息获取与处理技术。激光雷达是将激光技术、高速信息处理技术、计算机技术等高新技术相结合的产物。

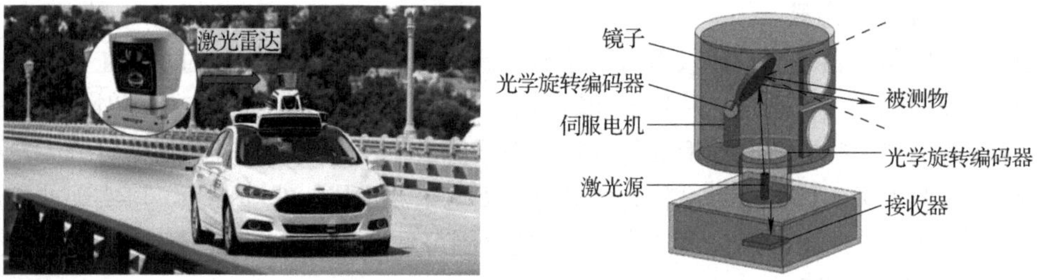

图 4-38　激光雷达的应用与激光雷达结构示意图

下面将以激光雷达为例，介绍两种常用的激光雷达测距原理：三角测距原理与飞行时间(TOF)测距原理。

(1)三角测距原理。

与红外接近度传感器的三角测距原理类似。如图 4-39 所示，激光器发射激光，在照射到物体后，反射光由线性 CCD 接收，由于激光器和探测器间隔了一段距离，所以依照光学路径，不同距离的物体将会成像在线性 CCD 不同的位置上。按照三角公式进行计算，就能推导出被测物体的距离。

(2)TOF 测距原理。

TOF 测距原理相比三角测距原理更加简单。如图 4-40 所示，激光器发射一个激光脉冲，并由计时器记录下出射的时间，返回光经接收器接收，并由计时器记录下回返的时间。两个时间相减即得到了光的“飞行时间”，而光速是一定的，因此在已知速度和时间后很容易就可以计算出距离。

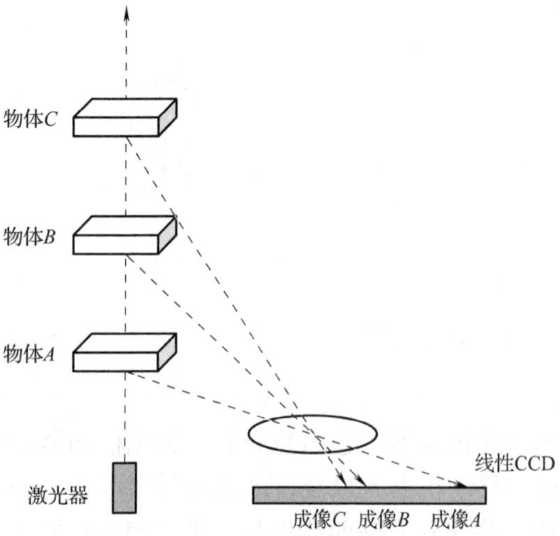

图 4-39　三角测距原理

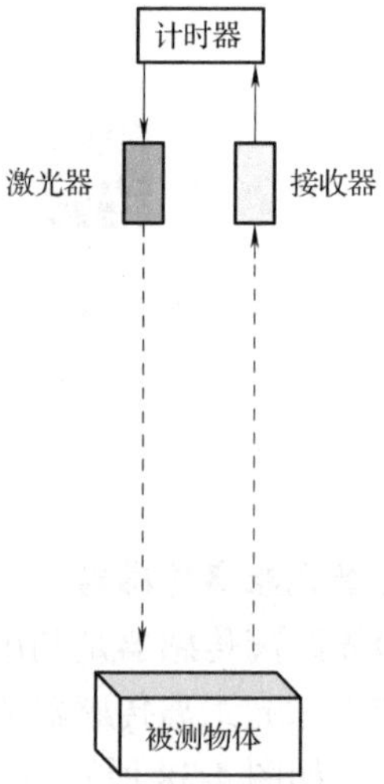

图 4-40　TOF 测距原理

随着激光雷达技术的不断进步，激光雷达不仅仅在移动机器人以及自动驾驶中大显身手，其在民用领域的应用范围也在不断扩展。如今激光雷达技术已广泛应用于社会发展及科学研究的各个领域，如大气环境监测、险情预报、气象侦测、交通管制等领域，成为社会发展服务中不可或缺的高技术手段。

4.3 机器人驱动系统

4.3.1 机器人驱动系统的分类

驱动系统是向机械结构系统提供动力的装置。机器人的驱动方式主要有液压驱动、气压驱动、电机驱动及智能材料驱动。工业机器人出现初期，由于其大多采用曲柄机构和连杆机构等，因此大多采用液压与气压驱动方式。但随着对作业高速度的要求，以及作业日益复杂化，目前电机驱动的机器人所占的比例越来越大。但在需要出力很大的应用场合，或运动精度不高、有防暴要求的场合，液压、气压驱动仍获得了满意的应用。

液压驱动是一种比较成熟的技术，具有动力大、力(或力矩)与惯量比大、响应速度快、易于实现直接驱动等特点。适于在承载能力大、惯量大以及在防爆环境中工作的机器人中应用。但液压系统需进行能量转换(电能转换成液压能)，速度控制多数情况下采用节流调速，效率比电机驱动系统低。液压系统的液体泄漏会对环境产生污染，工作噪声也较高。因为这些弱点，近年来，在负荷为 100kg 以下的机器人中往往被电动系统所取代。

气压驱动具有速度快、系统结构简单、维修方便、价格低等优点。但是由于气压装置的工作压强低，不易精确定位，一般仅用于工业机器人末端执行器的驱动。气动手爪、旋转汽缸和气动吸盘作为末端执行器可用于中、小负荷的工件抓取和装配。

电机驱动是现代工业机器人的一种主流驱动方式，有 4 大类电机：直流伺服电机、交流伺服电机、步进电机和直线电机。直流伺服电机和交流伺服电机采用闭环控制，一般用于高精度、高速度的机器人驱动；步进电机用于精度和速度要求不高的场合，采用开环控制；直线电机及其驱动控制系统在技术上已日趋成熟，已具有传统传动装置无法比拟的优越性能，如适应非常高速和非常低速、高加速度、高精度、无空回、磨损小、结构简单、无需减速机和齿轮丝杠联轴器的场合。

随着应用材料科学的发展，一些智能材料开始应用于机器人的驱动，如形状记忆合金驱动、压电效应驱动、气动人工肌肉及光驱动等。

表 4-3 给出了三种驱动系统的驱动性能对比。

表 4-3 三种驱动系统的驱动性能对比

类别	液压	电机	气压
优点	适用于大型机器人和大负载	适用于所有尺寸的机器人	元器件可靠性高
	系统刚性好，精度高，响应速度快	控制性能好，适用于高精度机器人	无泄漏，无火花
	不需要减速齿轮	与液压系统相比，有较高的柔性	价格低，系统结构简单
	易于在大的速度范围内工作	使用减速齿轮降低了电机轴上的惯量	和液压系统相比，压强低
	可以无损停在一个位置	不会泄漏，可靠，维护简单	柔性系统
缺点	会泄漏，不适合在要求洁净的场合工作	刚度低	系统噪声大，需要气压机、过滤器等
	需要泵、储液箱、电机等	需要减速齿轮，增加了成本、质量等	很难控制线性位置
	价格昂贵，有噪声，需要维护	在不供电时，电机需要制动装置	在负载作用下易变形，刚度低

4.3.2 液压驱动

液压驱动以高压油作为工作介质。驱动可以是闭环的或是开环的，可以是直线的或是旋转的。液压驱动有液压缸、液压马达、液压阀和液压泵站等。本节以 BigDog 四足机器人为例具体介绍液压驱动。

BigDog 四足机器人自问世之后，受到了广泛的关注，其凭借卓越的性能，成为国际四足机器人领域的翘楚。BigDog 俗称“大狗”，是一款四足仿生机器人，爬行速度最高达 10km/h，最大可攀爬 35°的斜坡，能够适应各种不同地质环境，最大承载达 50kg，如图 4-41 所示。BigDog 的四肢均由液压驱动，每条腿有 4 个自由度：小腿和大腿各有一个纵向自由度，分别由一个液压缸驱动；胯部有纵向和横向两个自由度，由两个液压缸驱动。因此，全身共 16 个自由度。

图 4-41　BigDog 四足机器人

BigDog 液压驱动系统的主要组成部分包括汽油发动机、变量活塞泵、液压油箱、油压总路、蓄电池、16 个电液伺服阀和 16 个子液压执行器等，如图 4-42 所示。汽油发动机在汽油燃烧产生的热能驱动下旋转；同时带动变量活塞泵旋转，把液压油箱的常态液压油抽到泵里实施加压，形成封闭的油压总路。每段肢体对应的子液压执行器将根据当前运动控制系统所发出的指令参数，借助各自电液伺服阀的调压功能，获取恰好满足各自肢体需要的动力输出。根据液压系统的基本特性可知，总路油压值的大小由 16 段肢体中某一段的终端负载来决定。电液伺服阀的调压包括三种情况：等压、减压、增压。运动控制系统最终发送给每个电液伺服阀的指令参数包括油压值和流量。

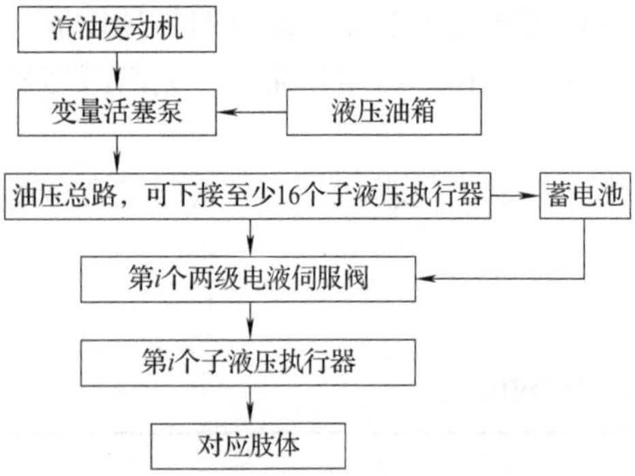

图 4-42　液压驱动系统示意图

4.3.3 气压驱动

气压驱动器使用空气作为工作介质，并使用气源发生器将压缩空气的压力能转换为机械能，以驱动执行器完成预定的运动定律。气压驱动器在工作原理上与液压驱动器相同，但由于气动装置的工作压强低，和液压系统相比，功率-质量比高得多。由于空气的可压缩性，在负载作用下会产生压缩和变形，进行精确位置控制往往会很难。

一般在工业领域里，大多选用气压驱动作为机械手的驱动系统，如图 4-43 所示。气动机械手采用压缩空气作为动力源，一般将压缩空气从工厂的压缩空气站引到机器作业位置，也可单独建立小型气源系统。由于气动机器人具有气源使用方便、不污染环境、动作灵活迅速、工作安全可靠、操作维修简便以及适于在恶劣环境下工作等特点，因此它在冲压加工、注塑及压铸等有毒或高温条件下的作业，机床上、下料，仪表及轻工行业中、小型零件的输送和自动装配等作业，食品包装及输送，电子产品输送、自动插接，弹药生产自动化等方面获得广泛应用。

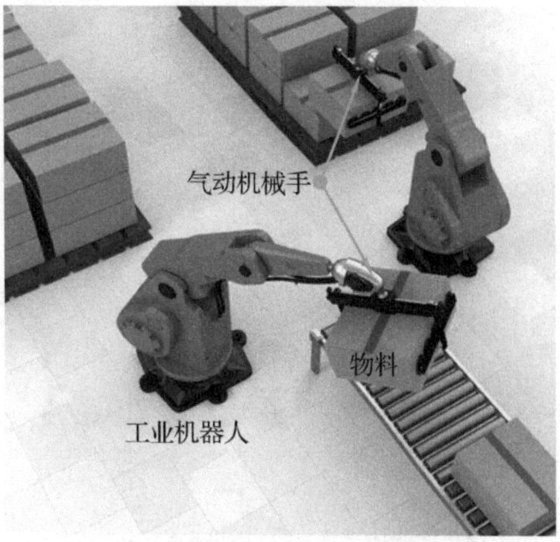

图 4-43　气压驱动的机械手

根据气动元件和装置的不同功能，可将其分为执行元件、气源装置、控制元件、辅助元件四大部分，如图 4-44 所示。气压驱动系统在多数情况下用于实现两位式的或有限点位控制的中、小机器人中。这类机器人多是圆柱坐标型和直角坐标型或二者的组合型结构；有 3～5 个自由度，负荷在 200N 以内，速度为 300～1000mm/s，重复定位精度为±0.1～±0.5mm。控制装置目前多数选用可编程控制器，在易燃、易爆的场合下可采用气动逻辑元件组成控制装置。

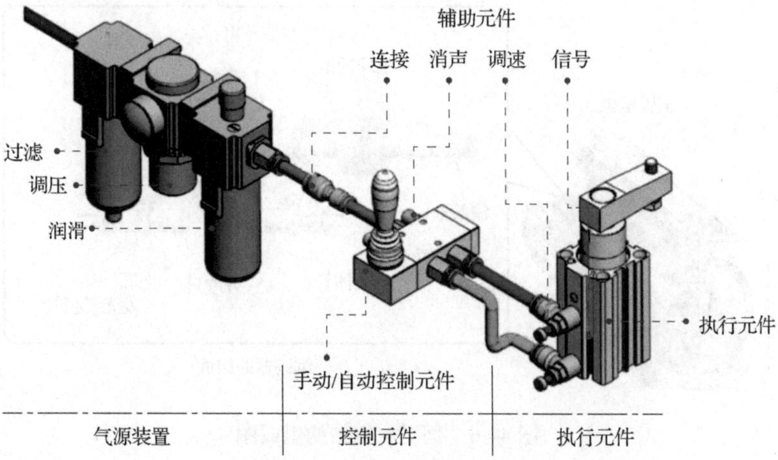

图 4-44　气压驱动系统组成图

4.3.4　电机驱动

由于低惯量、大转矩交/直流伺服电机及其配套的伺服驱动器的广泛采用，电机驱动系统在机器人中被大量选用。这类驱动系统不需能量转换，使用方便，控制灵活，但大多数电机后面需安装精密的传动机构。本节以某协作机器人为例具体介绍电机驱动，如图 4-45 所示。

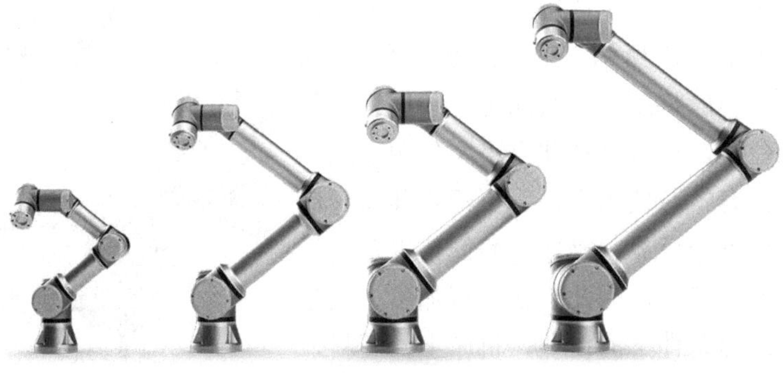

图 4-45　某协作机器人

工业机器人的四大核心零部件包括减速器、伺服电机、伺服驱动器、控制器。其中，伺服电机又称执行电机，在自动控制系统中，用作执行元件，把收到的电信号转换成电机轴上的角位移或角速度输出，分为直流和交流伺服电机两大类，交流伺服电机又分为异步伺服电机和同步伺服电机。

无论在伺服还是调速领域，目前交流系统正在逐渐代替直流系统。与直流伺服电机相比，交流伺服电机具有可靠性高、散热好、转动惯量小、能工作于高压状态下等优点。因为交流伺服系统无电刷和转向器，故交流伺服系统也称为无刷伺服系统，所用的电机是无刷结构的笼型异步电机和永磁同步型电机。其基本结构组成如图 4-46 所示。

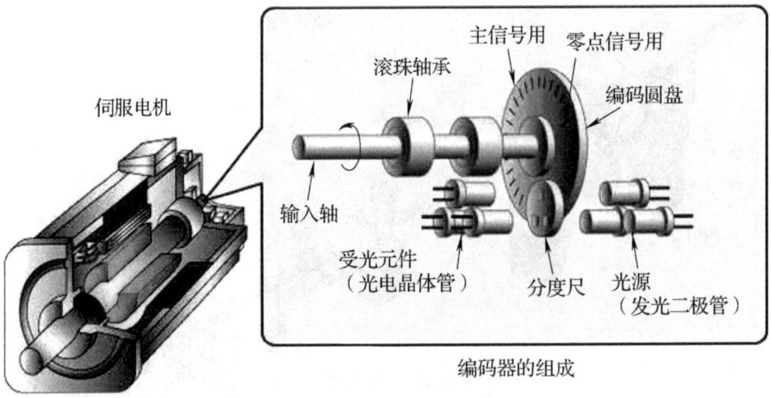

图 4-46　伺服电机结构组成图

4.3.5　智能材料驱动

机器人往往采用电机驱动或者液压驱动加上各种杆、铰链、活塞等机构实现运动，这些机器人具有推进效率高、机动性好等优点，在实际的应用中也表现出了良好的性能。但是在一些特殊的机器人应用领域，由于受到体积、精度以及柔性等方面的限制，采用传统的机器人驱动方式不能达到要求。随着机器人技术的发展，采用新工作原理、新材料制作的新型驱动器登上了舞台，如气动人工肌肉、形状记忆合金等。利用智能材料驱动的机器人能够很容易地表现出柔性化和完成复杂的运动，尤其是在仿生机器人以及高精度操作领域具有不可忽略的优势。下面将介绍几种常见的智能驱动材料。

1. 气动人工肌肉

气动人工肌肉(PAM)是一种新型高度非线性的气动执行器，其伸长率与间隔压力成正比。近十年来，PAM 以强度高、重量小等优点，在工业和科学领域有了广泛的应用，而在相关科学文献中出现了各种类型、具有不同技术特性的 PAM，主要集中在以下领域：生物机器人、医疗、工业和航空航天等。

如图 4-47 所示，Festo 机械手臂由骨骼与肌腱组成。其中，30 个气动肌腱控制人工骨骼结构。这一骨骼结构与人体一样由尺骨、桡骨、掌骨和指骨，以及肩膀球窝接头和肩胛骨组成，同时使用压电比例阀精准控制气动肌腱。气动人工肌肉主要由中空的人造橡胶缸筒构成，内部嵌有尼龙纤维。当气动肌腱内充满空气的时候，其直径增加，长度缩短，形成一种流畅的弹性运动，其具体形状通过计算机设计得到。机电一体化和仿生学的结合为塑造自动化运动的未来开辟了新的机会。

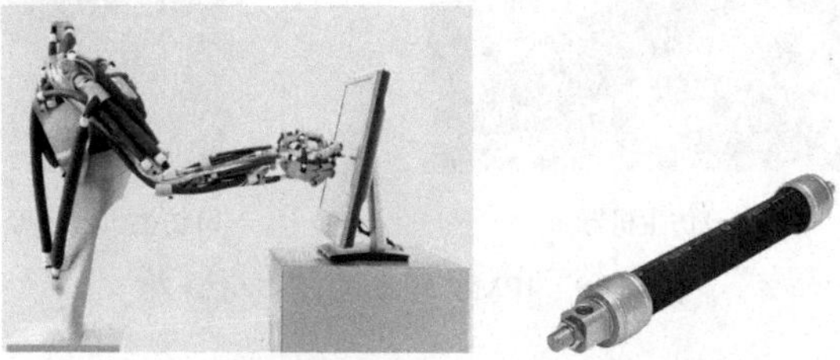

图 4-47　德国 Festo 气动人工肌肉机械臂

2. 形状记忆合金

形状记忆合金(SMA)是一种智能合金材料，在加热时能够恢复原始形状，消除低温状态下所发生的变形。形状记忆合金的热力耦合行为源于材料本身的相变，如热弹性马氏体相变。在形状记忆合金中存在两种相：高温相奥氏体相和低温相马氏体相。马氏体一旦形成，就会随着温度下降而继续生长；如果温度上升它则又会减少，以完全相反的过程消失。两相(高温相奥氏体相和低温相马氏体相)自由能之差作为相变驱动力，两相自由能相等的温度 T_0 称为平衡温度。只有当温度低于平衡温度 T_0 时才会产生马氏体相变，反之，只有当温度高于平衡温度 T_0 时才会发生逆相变。在 SMA 中，马氏体相变不仅可以由温度引起，也可以由应力引起，这种由应力引起的马氏体相变叫做应力诱发马氏体相变，且相变温度同应力正相关。形状记忆合金可以用于智能材料驱动器中。形状记忆合金驱动的机器人(图 4-48)具有驱动力大、驱动位移大等优点，但是也存在温度难以控制、驱动频率低等问题。

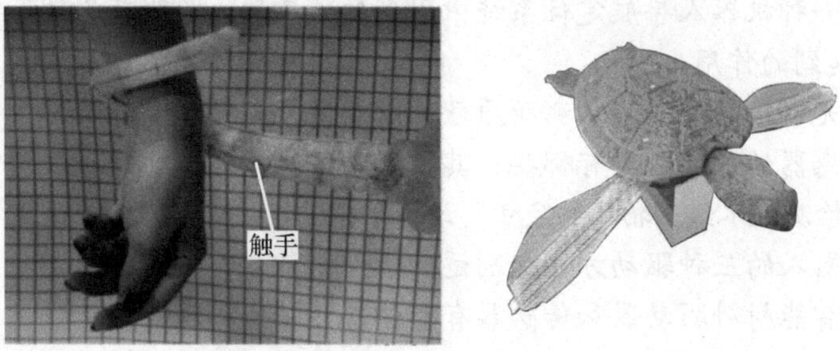

(a) 仿生章鱼触手　(b) 仿生龟

图 4-48　SMA 驱动的仿生机器人

3. 离子交换聚合物金属复合材料

IPMC 的全称是离子交换聚合物金属复合材料，是一种电致变形的智能材料(离子型)。IPMC 材料由 Nafion 锂离子交换薄膜和电极组成。在含水状态下，聚合物薄膜中的阳离子(如钠离子和钙离子)可以自由移动，阴离子固定在碳链中不能移动。当在 IPMC 电极的两端施加上电压时，在电极之间会产生电场。在电场的作用下，水合的阳离子向负极移动，而阴离子的位置固定不变，从而由于 IPMC 的负极溶胀、正极收缩而导致 IPMC 弯曲发生变形。IPMC 具有变形灵活、可重复、位移大、低电压驱动、响应速度快等特点。基于 IPMC 的这些特点，其可以广泛地用于智能材料机器人的驱动器中，尤其适用于水环境机器人，如仿生机器鱼、仿生机器水母等，如图 4-49 所示。

(a) 仿生机器鱼

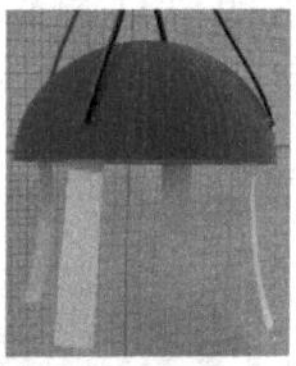

(b) 仿生机器水母

图 4-49　IPMC 驱动的仿生机器人

4.4 小　　结

本章主要介绍了机器人的感知系统以及驱动系统。首先，本章论述了传感器的基础知识、性能指标以及机器人对传感器的要求。其次，根据机器人传感器的分类，本章介绍了常用的内部传感器和外部传感器。最后，根据机器人驱动系统的分类，本章介绍了液压驱动、气压驱动、电机驱动和智能材料驱动。

习　　题

4-1　简述传感器的静态特性和动态特性。

4-2　简述机器人内部传感器和外部传感器的区别。

4-3　简述格雷码的特点及其相较于标准二进制码的优势。

4-4　试介绍一种机器人导航定位系统中用到的传感器，阐明其原理、结构和功能以及在导航定位系统中起到的作用。

4-5　简述激光雷达的两种基本测距原理，以及激光雷达的优点和应用场景。

4-6　视觉传感器的基本分类有哪些？其常用的检测方法有哪几类？并简述其原理。

4-7　假设要检测流水线上物体的尺寸，请基于视觉检测方法进行系统的搭建与方法阐述。

4-8　工业机器人的三种驱动方法分别适用于什么场合？各有什么特点？

4-9　常见的智能材料驱动器和传感器有哪些？

4-10　仿生机器人的关键技术有哪些？

4-11　简述机器人传感检测与伺服驱动技术在航空航天领域的发展趋势。

第 5 章　机器人控制技术

5.1　概　　述

机器人控制系统是机器人的核心部分。只有深入学习机器人控制技术，掌握机器人控制方法，熟悉机器人控制装置，才能更好地使用机器人来服务人类。机器人控制系统的任务是根据机器人的作业指令程序以及从传感器反馈回来的信号，支配机器人的执行机构去完成运动和功能。机器人控制技术是在传统机械系统控制技术的基础上发展起来的，因此两者之间并无根本的不同。

5.2　机器人控制方法

5.2.1　机器人控制问题

研究机器人的控制问题需要紧密联系其运动学和动力学问题。从控制观点看，机器人系统代表冗余的、多变量的和本质上非线性的控制系统，同时又是复杂的耦合动态系统。每个控制任务本身就是一个动力学任务。在实际研究中，往往把机器人控制系统简化为若干个低阶子系统来描述。随着实际工作情况的不同，可以采用各种不同的控制方式。

1. 机器人控制的特点

机器人从结构上讲属于一个空间开链机构，其中各个关节的运动是独立的。为了实现末端点的运动轨迹，需要多关节的运动协调，其控制系统较普通的控制系统要复杂得多。机器人控制系统具有以下特点。

(1) 机器人的控制是与机构运动学和动力学密切相关的。在各种坐标下都可以对机器人手足的状态进行描述，应根据具体的需要对参考坐标系进行选择，并要做适当的坐标变换。经常需要正运动学和逆运动学的解，除此之外还需要考虑惯性力、外力(包括重力)和向心力的影响。

(2) 即使是一个较简单的机器人，也至少需要 3 个自由度，比较复杂的机器人则需要十几个甚至几十个自由度。每一个自由度一般都包含一个伺服机构，它们必须协调起来，组成一个多变量控制系统。

(3) 由计算机来实现多个独立的伺服系统的协调控制且使机器人按照人的意志行动，甚至赋予机器人一定“智能”的任务。所以，机器人控制系统一定是一个计算机控制系统。同时，计算机软件担负着艰巨的任务。

(4) 由于描述机器人状态和运动的是一个非线性数学模型，随着状态的改变和外力的变化，其参数也变化，并且各变量之间还存在耦合；所以，只使用位置闭环是不够的，还必须要采用速度闭环甚至加速度闭环。系统中经常使用重力补偿、前馈、解耦或自适应控制等方法。

(5) 由于机器人的动作往往可以通过不同的方式和路径来完成，所以存在一个“最优”的问题。对于较高级的机器人，可采用人工智能的方法，利用计算机建立庞大的信息库，借助信息库进行控制、决策、管理和操作。

根据传感器和模式识别的方法获得对象及环境的工况，按照给定的指标要求，自动地选择最优的控制规律。综上所述，机器人的控制系统是一个与运动学和动力学原理密切相关的、有耦合的、非线性的多变量控制系统。

2. 机器人控制的分类

按照控制量所处空间的不同，机器人控制可以分为关节空间的控制和笛卡儿空间的控制。对于串联式多关节机器人，关节空间的控制是针对机器人各个关节的变量进行的控制，笛卡儿空间的控制是针对机器人末端的变量进行的控制。按照控制量的不同，机器人控制可以分为位置控制、速度控制、加速度控制、力控制、力/位混合控制等。这些控制可以是关节空间的控制，也可以是笛卡儿空间的控制。

5.2.2 机器人位置控制

位置控制的目标是使被控机器人的关节或末端达到期望的位置。下面以关节空间位置控制为例说明机器人的位置控制。如图 5-1 所示，将关节位置给定值与当前值比较得到的误差作为位置控制器的输入量，经过位置控制器的运算后，将其输出作为关节速度控制的给定值。关节位置控制器常采用 PID 算法，也可以采用智能控制算法。

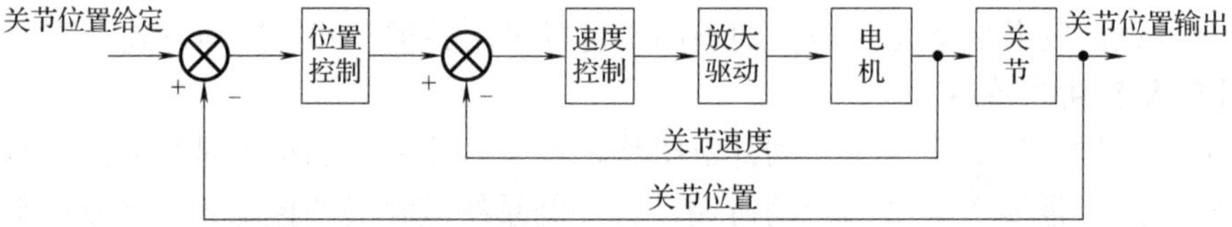

图 5-1 关节位置控制示意图

工业机器人的结构多采用串接的连杆形式，其动态特性具有高度的非线性。但在其控制系统设计中，通常把机器人的每个关节当作一个独立的伺服机构来考虑，因此工业机器人系统就变成了一个由多关节组成的各自独立的线性系统。由于机械零部件比较复杂，例如，机械部件可能因承受负载而弯曲，关节可能具有弹性以及机械摩擦等，所以实际上不可能建立准确的模型，一般都采用近似模型。尽管这些模型较为简单，但却十分有用。

在设计近似模型的时候，提出以下两个假设：

(1) 机器人的各关节是理想刚体，因而所有关节都是理想的，不存在摩擦和间隙；

(2) 相邻两关节之间只有一个自由度，要么为完全旋转的，要么是完全平移的。

1. 单自由度系统的位置控制方法

考虑单自由度系统的位置控制，如图 5-2 所示，物体只能沿 x 轴方向运动。

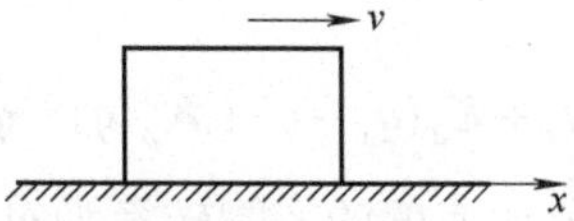

图 5-2　单自由度运动物体

设物体的期望位置、速度、加速度分别为 $x_d, \dot{x}_d, \ddot{x}_d$，引入控制律：

$$\ddot{x} = \ddot{x}_d + k_d(\dot{x}_d - \dot{x}) + k_p(x_d - x) \tag{5-1}$$

式中，$x, \dot{x}$ 分别为物体当前实际的位置和速度；k_p, k_d 分别为位置控制增益和速度控制增益；物体的加速度 $\ddot{x}$ 为系统的控制变量。

由式(5-1)可得物体的闭环方程：

$$\ddot{e}_x + k_d\dot{e}_x + k_p e_x = 0 \tag{5-2}$$

式中，$e_x, \dot{e}_x, \ddot{e}_x$ 分别代表物体运动的位置偏差、速度偏差和加速度偏差，可依次表示为 $e_x = x_d - x, \dot{e}_x = \dot{x}_d - \dot{x}, \ddot{e}_x = \ddot{x}_d - \ddot{x}$。控制目标为 $t \to \infty$ 时，$e_x \to 0$ 且 $\dot{e}_x \to 0$。

式(5-2)是一个二阶齐次线性微分方程，根据 $k_d^2 - 4k_p$ 的符号情况，其解分为下面 3 种情况：

$$e_x = \begin{cases} c_1 \mathrm{e}^{r_1 t} + c_2 \mathrm{e}^{r_2 t}, r_{1,2} = \left(-k_d \pm \sqrt{k_d^2 - 4k_p}\right)\Big/2 \quad , & k_d^2 - 4k_p > 0 \\ (c_1 + c_2 t)\mathrm{e}^{r_1 t}, r_1 = -k_d\big/2 \quad , & k_d^2 - 4k_p = 0 \\ \mathrm{e}^{\alpha t}(c_1 \cos\beta t + c_2 \sin\beta t), \alpha = -k_d/2, \beta = \sqrt{4k_p - k_d^2}\Big/2 \quad , & k_d^2 - 4k_p < 0 \end{cases} \tag{5-3}$$

式中，c_1, c_2 为常数。

由初始条件 $e_x\big|_{t=0} = e_0, \dot{e}_x\big|_{t=0} = \dot{e}_0$，可得

$$\begin{cases} c_1 = (r_2 e_0 - \dot{e}_0)/(r_2 - r_1), c_2 = (\dot{e}_0 - r_1 e_0)/(r_2 - r_1) \quad , & k_d^2 - 4k_p > 0 \\ c_1 = e_0, c_2 = \dot{e}_0 + e_0 k_d/2 \quad , & k_d^2 - 4k_p = 0 \\ c_1 = e_0, c_2 = (\dot{e}_0 - \alpha e_0)/\beta \quad , & k_d^2 - 4k_p < 0 \end{cases} \tag{5-4}$$

分析式(5-3)和式(5-4)可知，$k_p > 0$ 且 $k_d > 0$ 时，$(e_x, \dot{e}_x) = (0,0)$ 是全局渐近稳定的平衡点，即从任何初始条件出发，总有 $(x, \dot{x}) \to (x_d, \dot{x}_d)$，从而实现了全局稳定的位置跟踪控制。

2. 机械臂关节空间的位置控制方法

由以上分析，对机械臂关节空间的位置控制引入控制律：

$$\ddot{\boldsymbol{q}} = \ddot{\boldsymbol{q}}_d + \boldsymbol{K}_d(\dot{\boldsymbol{q}}_d - \dot{\boldsymbol{q}}) + \boldsymbol{K}_p(\boldsymbol{q}_d - \boldsymbol{q}) \tag{5-5}$$

式中，$\boldsymbol{q}_d, \dot{\boldsymbol{q}}_d, \ddot{\boldsymbol{q}}_d$ 分别为机械臂的期望关节位置、关节速度和关节加速度；$\boldsymbol{q}, \dot{\boldsymbol{q}}$ 分别为机械臂的实际关节位置和关节速度；关节加速度 $\ddot{\boldsymbol{q}}$ 为机械臂的控制变量；$\boldsymbol{K}_p, \boldsymbol{K}_d$ 分别为位置控制增益和速度控制增益。令 $\boldsymbol{K}_p, \boldsymbol{K}_d$ 为对角线元素为正数的 n 阶对角矩阵，n 为机械臂关节空间的自由度。由前面的分析可知，机械臂从任何初始条件出发，总有 $(\boldsymbol{q}, \dot{\boldsymbol{q}}) \to (\boldsymbol{q}_d, \dot{\boldsymbol{q}}_d)$，即 $\boldsymbol{K}_p, \boldsymbol{K}_d$ 为对角线元素为正数的 n 阶对角矩阵时，机械臂可实现全局稳定的关节空间位置控制。考虑到目前机械臂的关节控制器主要有位置控制模式、速度控制模式和力矩控制模式，因此，可将上述关节加速度转换成其中一种控制量实现间接控制。考虑利用拉格朗日法建立的机械臂关节空间动力学模型(不含末端输出力项 $\boldsymbol{F}_e$)：

$$\boldsymbol{H}(\boldsymbol{q})\ddot{\boldsymbol{q}} + \boldsymbol{C}(\boldsymbol{q}, \dot{\boldsymbol{q}}) = \boldsymbol{\tau} \tag{5-6}$$

将式(5-5)代入式(5-6)可得

$$\boldsymbol{\tau}=\boldsymbol{H}(\boldsymbol{q})\left[\ddot{\boldsymbol{q}}_d+\boldsymbol{K}_d(\dot{\boldsymbol{q}}_d-\dot{\boldsymbol{q}})+\boldsymbol{K}_p(\boldsymbol{q}_d-\boldsymbol{q})\right]+\boldsymbol{C}(\boldsymbol{q},\dot{\boldsymbol{q}}) \tag{5-7}$$

通过式(5-7)可将对机械臂关节加速度的控制转换为对关节力矩的控制，从而实现对机械臂关节空间的位置控制。

3. 机械臂操作空间的位置控制方法

在机械臂操作空间的位置控制中，引入控制律：

$$\ddot{\boldsymbol{X}}=\ddot{\boldsymbol{X}}_d+\boldsymbol{K}_d(\dot{\boldsymbol{X}}_d-\dot{\boldsymbol{X}})+\boldsymbol{K}_p(\boldsymbol{X}_d-\boldsymbol{X}) \tag{5-8}$$

式中，$\boldsymbol{X}_d,\dot{\boldsymbol{X}}_d,\ddot{\boldsymbol{X}}_d$ 分别为机械臂末端的期望位置、速度和加速度；$\boldsymbol{X},\dot{\boldsymbol{X}}$ 为机械臂末端的实际位置和速度；令 $\boldsymbol{K}_p,\boldsymbol{K}_d$ 为对角线元素为正数的 m 阶对角矩阵，m 为机械臂操作空间的自由度。由前面的分析可知，机械臂从任何初始条件出发，总有 $(\boldsymbol{X},\dot{\boldsymbol{X}})\to(\boldsymbol{X}_d,\dot{\boldsymbol{X}}_d)$，即 $\boldsymbol{K}_p,\boldsymbol{K}_d$ 为对角线元素为正数的 m 阶对角矩阵时，机械臂可实现全局稳定的操作空间位置控制。

同关节加速度类似，机械臂末端的加速度也可转化成关节力矩来间接进行控制。考虑利用拉格朗日法建立的机械臂操作空间动力学模型(不含末端输出力项 $\boldsymbol{F}_e$)：

$$\boldsymbol{M}\ddot{\boldsymbol{X}}+\boldsymbol{C}=\boldsymbol{F} \tag{5-9}$$

将式(5-8)代入式(5-9)得

$$\boldsymbol{F}=\boldsymbol{M}\left[\ddot{\boldsymbol{X}}_d+\boldsymbol{K}_d(\dot{\boldsymbol{X}}_d-\dot{\boldsymbol{X}})+\boldsymbol{K}_p(\boldsymbol{X}_d-\boldsymbol{X})\right]+\boldsymbol{C} \tag{5-10}$$

式(5-10)两边同时乘以雅可比矩阵的转置 $\boldsymbol{J}^{\mathrm{T}}$ 可得

$$\boldsymbol{\tau}=\boldsymbol{J}^{\mathrm{T}}\left\{\boldsymbol{M}\left[\ddot{\boldsymbol{X}}_d+\boldsymbol{K}_d(\dot{\boldsymbol{X}}_d-\dot{\boldsymbol{X}})+\boldsymbol{K}_p(\boldsymbol{X}_d-\boldsymbol{X})\right]+\boldsymbol{C}\right\} \tag{5-11}$$

通过式(5-11)可将对机械臂末端在操作空间加速度的控制转换为对关节力矩的控制，从而实现对机械臂操作空间的位置控制。

阻抗控制属于一种间接力控制方法，通过将机械臂末端与环境的相互作用现象等效为“弹簧-质量-阻尼”模型，建立末端位置与接触力的关系，并通过调节控制器中的阻尼、刚度参数实现对机械臂末端位置与接触力关系的控制，达到机械臂与操作物柔顺接触的效果。机械臂末端接触力与操作物位置的等效模型如图 5-3 所示。机械臂末端受到的接触力与偏离目标轨迹的位置误差之间建立的二阶阻抗关系式称为期望阻抗方程。依据物理模型可得机械臂的期望阻抗方程为

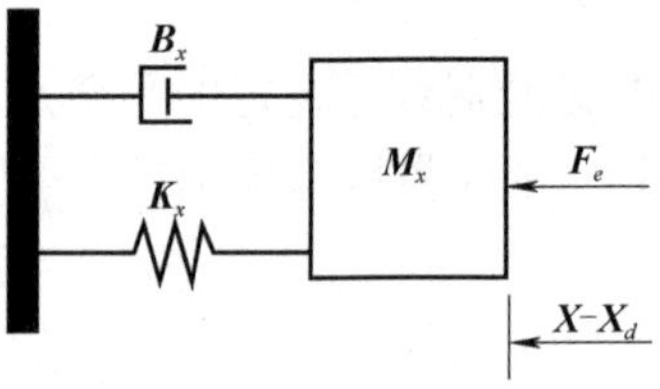

图 5-3　阻抗控制模型

$$\boldsymbol{M}_x(\ddot{\boldsymbol{X}}-\ddot{\boldsymbol{X}}_d)+\boldsymbol{B}_x(\dot{\boldsymbol{X}}-\dot{\boldsymbol{X}}_d)+\boldsymbol{K}_x(\boldsymbol{X}-\boldsymbol{X}_d)=-\boldsymbol{F}_e \tag{5-12}$$

式中，$\boldsymbol{M}_x,\boldsymbol{B}_x,\boldsymbol{K}_x$ 分别代表期望阻抗模型的惯性、阻尼和刚度参数；$\boldsymbol{X},\dot{\boldsymbol{X}},\ddot{\boldsymbol{X}}$ 分别为机械臂末端的位置、速度和加速度；$\boldsymbol{X}_d,\dot{\boldsymbol{X}}_d,\ddot{\boldsymbol{X}}_d$ 分别为机械臂末端期望的位置、速度和加速度；$\boldsymbol{F}_e$ 为机械臂末端与环境接触时受到的接触力。

为实现对接触力的跟踪控制，对式(5-12)所示的期望阻抗方程进行修改，引入实际接触力与期望接触力之差 $\boldsymbol{F}_e-\boldsymbol{F}_d$ 以及力控制增益 $\boldsymbol{K}_{\mathrm{of}}$ 代替 $\boldsymbol{F}_e$，得到理想阻抗方程的表达式为

$$\boldsymbol{M}_x(\ddot{\boldsymbol{X}}-\ddot{\boldsymbol{X}}_d)+\boldsymbol{B}_x(\dot{\boldsymbol{X}}-\dot{\boldsymbol{X}}_d)+\boldsymbol{K}_x(\boldsymbol{X}-\boldsymbol{X}_d)=-\boldsymbol{K}_{\mathrm{of}}(\boldsymbol{F}_e-\boldsymbol{F}_d) \tag{5-13}$$

根据式(5-13)可得控制变量为

$$\ddot{X}_c = \ddot{X}_d + M_x^{-1}\left[B_x \dot{\widetilde{X}} + K_x \widetilde{X} - K_{\text{of}}(F_e - F_d) \right] \tag{5-14}$$

式中，$\widetilde{X} = X_d - X$，$\dot{\widetilde{X}} = \dot{X}_d - \dot{X}$ 分别为机械臂的位置偏差和速度偏差；$F_e - F_d$ 为机械臂末端的接触力偏差。

5.2.3　机器人力控制

机器人在完成一些与环境存在力相互作用的任务时，单纯的位置控制可能会由于位置误差而引起过大的作用力，从而会伤害零件或机器人。机器人在这类运动受限环境中运动时，往往需要配合力控制来使用。

机器人在位置控制下会严格按照预先设定的位置轨迹进行运动。当其在运动过程中遭遇障碍物的阻拦时，会导致机器人的位置追踪误差变大，此时机器人会追踪预设轨迹，这导致了机器人与障碍物产生巨大的内力。而在力控制下，控制目标是机器人与障碍物间的作用力。当机器人遭遇障碍物时，会智能地调整预设轨迹，从而消除内力。

由于力是在两物体相互作业后才产生的，因此力控制是将环境考虑在内的控制问题。为了对机器人实施力控制，需要分析机器人末端执行器与环境的约束状态，并根据约束条件制定控制策略。此外，还需要在机器人末端安装力传感器，用来检测机器人与环境间的接触力。控制系统根据预先指定的控制策略对这些力信息做出处理后，控制机器人在不确定环境下进行与该环境相适应的操作，从而使机器人完成复杂的作业任务。

机器人力控制已广泛地应用于康复训练、人机协作和柔顺生产领域。机器人力控制的发展历史中存在两条交叉的主线：一条是力控制策略；另一条是力反馈途径。本节重点回顾力控制策略的发展脉络。

1. 质量-弹簧系统的力控制

如图 5-4 所示，当机器人手爪与环境相接触时，会产生相互作用的力。一般情况下，在考虑接触力时，必须设计某种环境模型。为使概念明确，用类似于位置控制的简化方法，假设系统是刚性的，质量为 m，而环境刚度为 k_e，采用简单的质量-弹簧模型来表示受控物体与环境之间的接触作用，如图 5-5 所示。

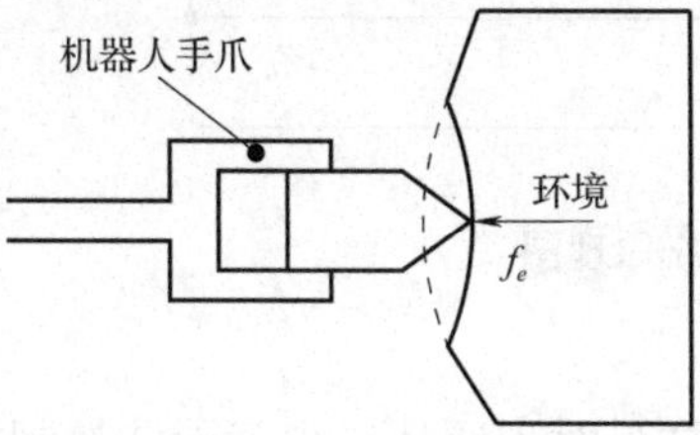

图 5-4　机器人与环境的相互作用

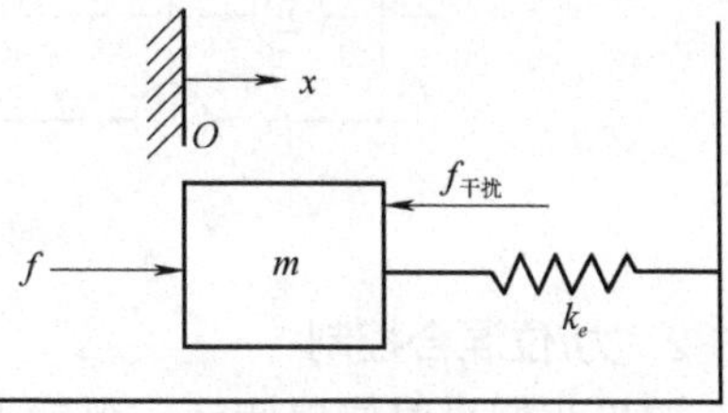

图 5-5　质量-弹簧系统

下面讨论这个质量-弹簧系统的力控制问题。

$f_{干扰}$ 表示未知的干扰力，为摩擦力或机械传动的阻力；f_e 表示作用在弹簧上的力，即希望作用在环境上的力，且

$$f_e = k_e x \tag{5-15}$$

描述这一物理系统的方程为

$$f = m\ddot{x} + k_e x + f_{干扰} \tag{5-16}$$

如果用作用在环境上的控制变量f_e表示，则有

$$f = mk_e^{-1}\ddot{f}_e + f_e + f_{干扰} \tag{5-17}$$

利用控制规律分解的方法，令

$$\begin{cases} \alpha = mk_e^{-1} \\ \beta = f_e + f_{干扰} \end{cases} \tag{5-18}$$

从而得到伺服规则，即

$$f = mk_e^{-1}\left(\ddot{f}_d + k_{vf}\dot{e}_f + k_{pf}e_f\right) + f_e + f_{干扰} = \alpha\left(\ddot{f}_d + k_{vf}\dot{e}_f + k_{pf}e_f\right) + \beta \tag{5-19}$$

式中，$e_f = f_d - f_e$，f_d是期望力，f_e是用力传感器检测到的环境作用力；k_{vf}及k_{pf}是力控制系统增益系数。

联合式(5-17)和式(5-19)，则有闭环系统误差方程：

$$\ddot{e}_f + k_{vf}\dot{e}_f + k_{pf}e_f = 0 \tag{5-20}$$

但是，影响$f_{干扰}$的因素有很多，难以预测，因而由式(5-19)表示的伺服规则并不可行。当然，在制定伺服规则时，可以考虑去掉$f_{干扰}$这一项，得到简化的伺服规则：

$$f = mk_e^{-1}\left(\ddot{f}_d + k_{vf}\dot{e}_f + k_{pf}e_f\right) + f_e \tag{5-21}$$

当环境刚度k_e很大时，可用期望力f_d取代式(5-19)中的f_e+$f_{干扰}$这一项。此时，伺服规则变为

$$f = mk_e^{-1}\left(\ddot{f}_d + k_{vf}\dot{e}_f + k_{pf}e_f\right) + f_d \tag{5-22}$$

图5-6是采用该伺服规则绘制的力控制系统原理图。

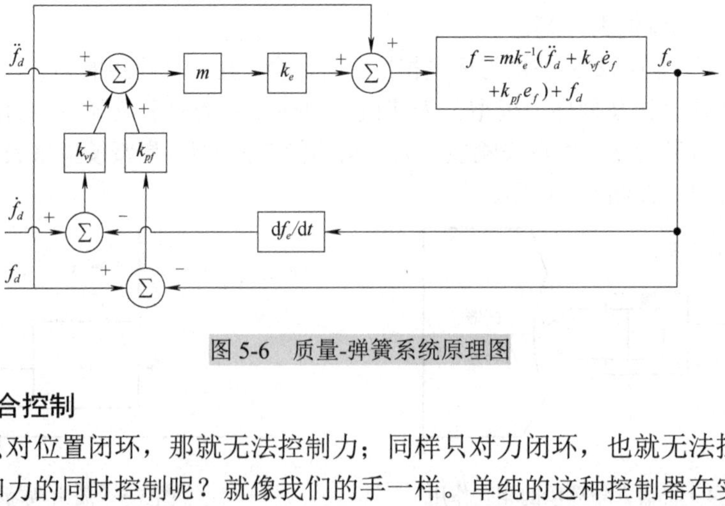

图5-6　质量-弹簧系统原理图

2. 力/位混合控制

如果我们只对位置闭环，那就无法控制力；同样只对力闭环，也就无法控制位置。那么如何实现位置和力的同时控制呢？就像我们的手一样。单纯的这种控制器在实际中的效果较为一般，往往要往其中加入一些滤波环节及前馈环节；在与刚性较大的环境作用时，稳定性很低。多数情况下需要在部分约束任务环境中进行位置控制，即对系统的某些自由度需要进行位置控制，而对另一些自由度需要进行力控制。例如，在如图5-7所示的打磨应用中，并

不是所有方向都需要控制接触力；需要控制的是 z 方向的压力为恒定，而对于 x 和 y 方向以位置控制为主。

对于力/位混合控制器必须解决以下 3 个问题：

(1)沿有自然力约束的方向进行机械臂的位置控制；

(2)沿有自然位置约束的方向进行机械臂的力控制；

(3)沿任意约束坐标系$\{C\}$的正交自由度方向进行任意位置和力的混合控制。

考虑具有 3 个自由度的直角坐标型机械臂的简单情况。在图 5-8 所示的控制器中，用一个位置控制器和一个力控制器控制上述简单直角坐标型机械臂的 3 个关节。引入矩阵 $\boldsymbol{S}$ 和 $\boldsymbol{S}'$ 来确定应采用哪种控制模式——位置或力，去控制直角坐标型机械臂的每一个关节。$\boldsymbol{S}$ 矩阵为对角矩阵，对角线上的元素为 1 和 0。对于位置控制，$\boldsymbol{S}$ 中元素为 1 的位置在 $\boldsymbol{S}'$ 中对应的元素为 0；对于力控制，$\boldsymbol{S}$ 中元素为 0 的位置在 $\boldsymbol{S}'$ 中对应的元素为 1。因此，矩阵 $\boldsymbol{S}$ 和 $\boldsymbol{S}'$ 相当于一个互锁开关，用于设定约束坐标系$\{C\}$中每一个自由度的控制模式。按照 $\boldsymbol{S}$ 的规定，系统中有 3 个轨迹分量受到控制，而位置控制和力控制之间的组合是任意的。另外 3 个轨迹分量和相应的伺服误差应被忽略。当一个给定的自由度受到力控制时，那么这个自由度上的位置误差就应该被忽略。

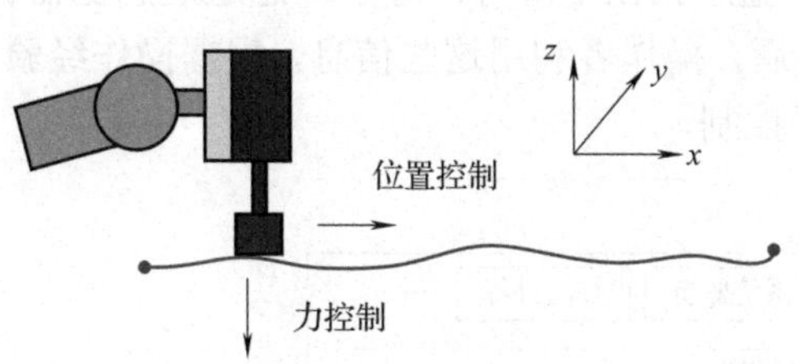

图 5-7　力/位混合控制

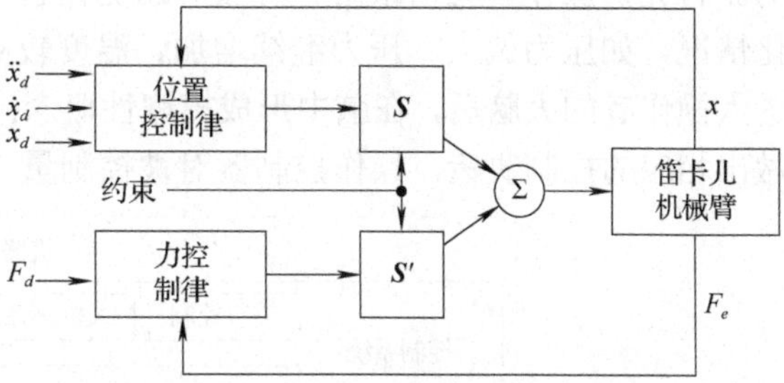

图 5-8　具有 3 个自由度的直角坐标型机械臂的力/位混合控制原理

图 5-8 所示的力/位混合控制器是关节轴线与约束坐标系$\{C\}$完全一致的特殊情况。将此研究方法推广到一般机械臂，可以直接应用基于直角坐标的控制方法。基本思想是通过使用直角坐标空间的动力学模型，把实际机械臂的组合系统和计算模型变换为一系列独立的、解耦的单位质量系统。一旦完成解耦和线性化，就可以应用前面所介绍的简单伺服方法来综合分析。

在直角坐标空间中基于机械臂动力学公式的解耦形式，使机械臂呈现为一系列解耦的单位质量系统。为了用于力/位混合控制策略，直角坐标空间动力学方程和雅可比矩阵都应在约束坐标系$\{C\}$中描述。由于已经设计了一个与约束坐标系一致的直角坐标型机械臂的混合控制器，并且由于用直角坐标解耦方法建立的系统具有相同的输入-输出特性，因此只需要将这两个条件结合，就可以生成一般的力/位混合控制器。

图 5-9 为一般机械臂的力/位混合控制器原理图。要注意的是，动力学方程以及雅可比矩阵均在约束坐标系$\{C\}$中描述，伺服误差也要在$\{C\}$中计算，当然还要适当选择 $\boldsymbol{S}$ 和 $\boldsymbol{S}'$ 的值以确定控制模式。

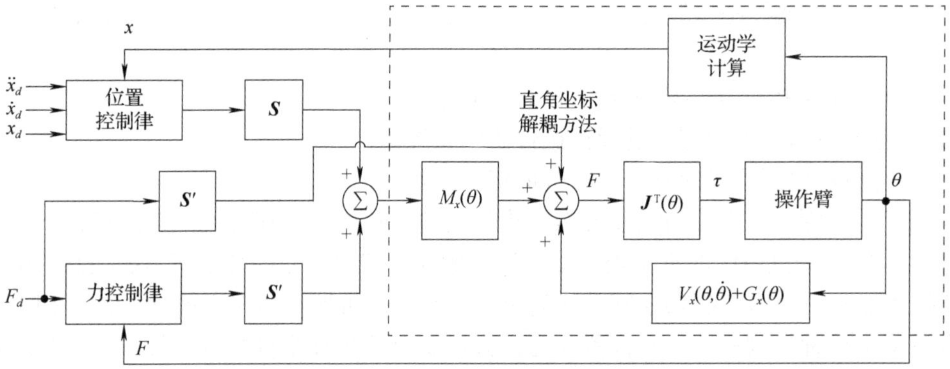

图 5-9　一般机械臂力/位混合控制器原理图

5.2.4　机器人智能控制

1. 模糊控制

图 5-10 为典型的人机控制系统，该系统的控制方法是建立在操作者的直觉和经验基础上的。首先，操作者凭借眼睛、耳朵等感觉器官，从声、光、显示屏上获得参数的大小及其变化情况，如压力偏大、压力继续增加、温度较高、温度正在下降等，这些信息通过感觉器官进入操作者的大脑后，在脑中形成模糊性概念；然后，操作者利用这些信息，根据操作经验，做出相应的控制决策，操作控制器对被控制量进行控制。

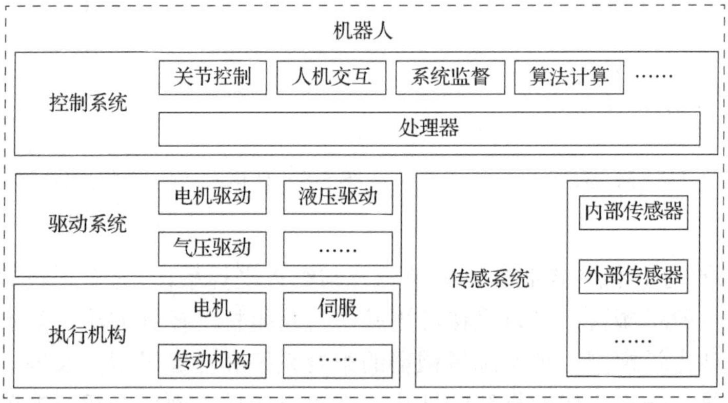

图 5-10　人机控制系统

太空中存在的真空、微重力、强辐射、高温差等特殊要求，会给空间机器人控制系统带来极大的考验。尤其在微重力的环境下，关节执行器的摩擦力的影响比地面机器人大得多，同时空间机器人关节控制系统存在的非线性以及环境干扰力、力矩特殊性的未知和时变因素，更是给关节控制系统的操控造成较大的困难。因此空间机器人的关节控制系统需要区别于一般的工业机器人，进行特定设计。

目前空间机器人的关节控制系统中，主要采用 PID 控制、模糊控制、神经网络控制以及自适应控制等，且取得了较显著的效果，基本达到了预期的目的。但根据太空特殊的工作环境，以及关节控制系统在实际应用中存在的制约因素，想要凭借单一的控制算法获取期望的结果难度非常大，所以有些研究者选用模糊 PID 控制算法来实现对其的控制。

在控制系统中，把预设角度与电极实际输出值作对比，并把两者之间的误差以及误差的变化情况输入模糊 PID 控制器中，接着对 3 个控制参数 k_p、k_i、k_d 进行模糊推理；同时模糊 PID 控制器中的 3 个控制参数会随着前者的输入量进行自适应调整，并把调整后的输出值重新送回模糊 PID 控制器的输入端，以此构成模糊 PID 控制器，其系统框图如图 5-11 所示。

离散 PID 控制算法为

$$u(k)=k_pe(k)+k_iT\sum_{j=0}^{k}e(j)+k_d\frac{e(k)-e(k-1)}{T} \tag{5-23}$$

式中，$u(k)$ 是模糊 PID 控制器的输出；k 为采样序号；T 为采样时间；e 为控制误差。

PID 参数模糊自整定是找出 PID 的 3 个参数 k_p,k_i,k_d 与 e 之间的模糊关系，在运行中通过不断检测误差，根据模糊控制原理来对 PID 的 3 个参数进行在线修改，以满足不同时刻对控制参数的要求，从而使被控对象具有良好的动、静态性能。

以 PID 参数模糊自整定为例，假设被控对象为

$$G_p(s)=\frac{523500}{s^3+87.35s^2+10470s} \tag{5-24}$$

采样时间为 1ms，将连续形式的 s 域采用 z 变换进行离散化，离散化后的被控对象为

$$y(k)=-\text{den}(2)y(k-1)-\text{den}(3)y(k-2)+\text{num}(2)u(k-1)+\text{num}(3)u(k-2) \tag{5-25}$$

式中，num 和 den 分别为传递函数中的分子和分母多项式系数。位置指令为幅值为 1.0 的方波信号，$r(k)=1.0$。仿真时，控制系统通过对模糊逻辑规则的结果进行处理、查表和运算，完成对 PID 参数的在线自校正。其工作流程图如图 5-12 所示。

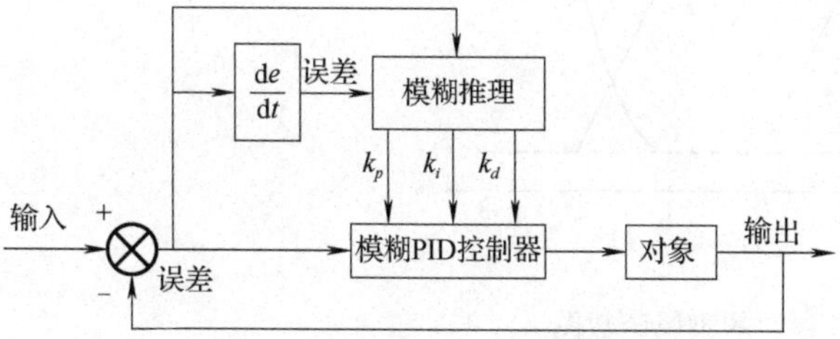

图 5-11　模糊 PID 控制系统框图

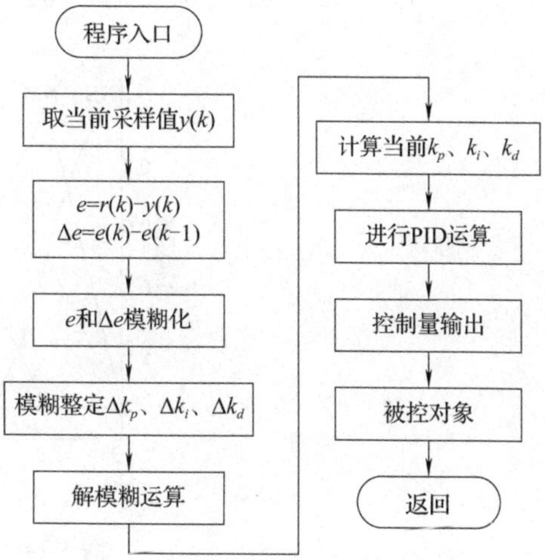

图 5-12　模糊 PID 工作流程图

在 Matlab 环境下，对生成的模糊系统运行 plotmf 命令，可得到模糊系统 e、e_c、k_p、k_i 和 k_d 的 7 个隶属函数(NB、NM、NS、Z、PS、PM 和 PB)，如图 5-13 和图 5-14 所示。

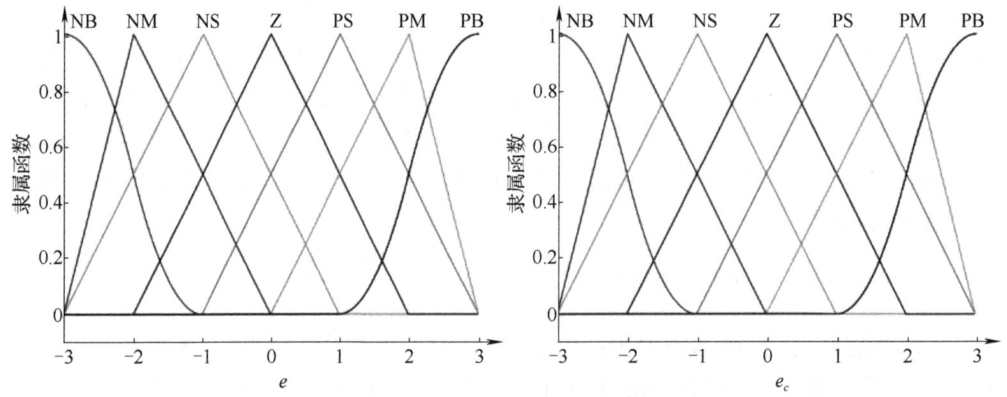

图 5-13　误差和误差变化率的隶属函数图

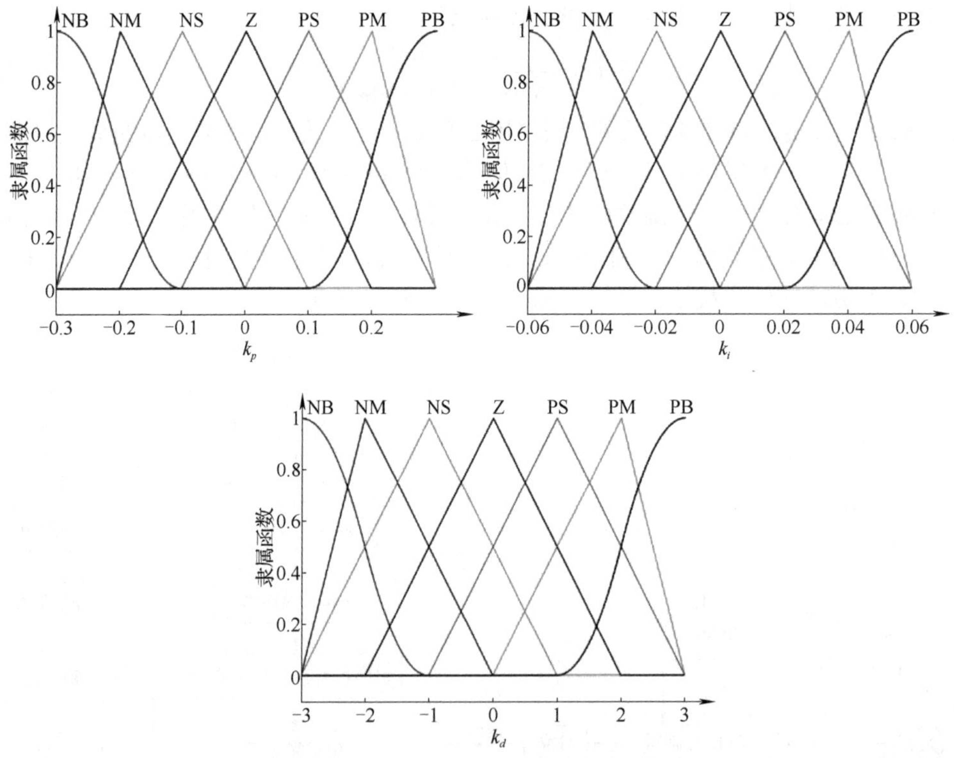

图 5-14　PID 参数的隶属函数图

另外，针对模糊推理系统，运行 fuzzy 命令可进行规则库和隶属函数的编辑，运行命令 ruleview 可实现模糊系统的动态仿真。为了显示模糊规则的调整效果，取 PID 的 3 个参数的初始值为 0，响应结构及 PID 参数的自适应变化如图 5-15 和图 5-16 所示。

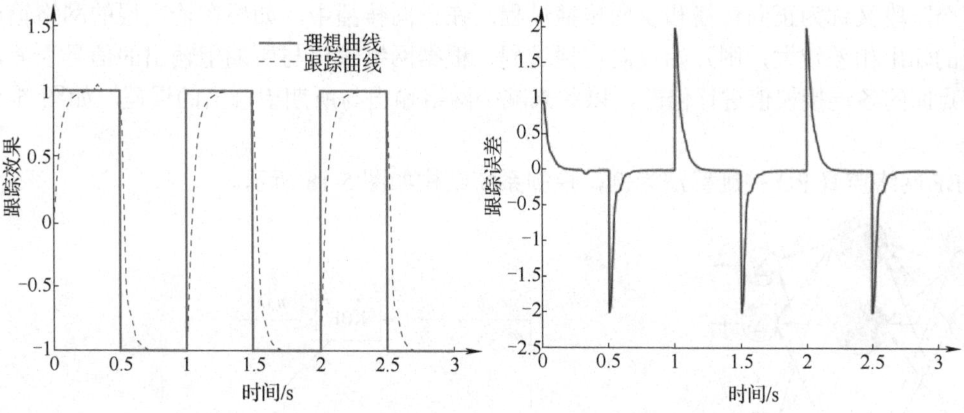

图 5-15　模糊 PID 控制跟踪及误差曲线图

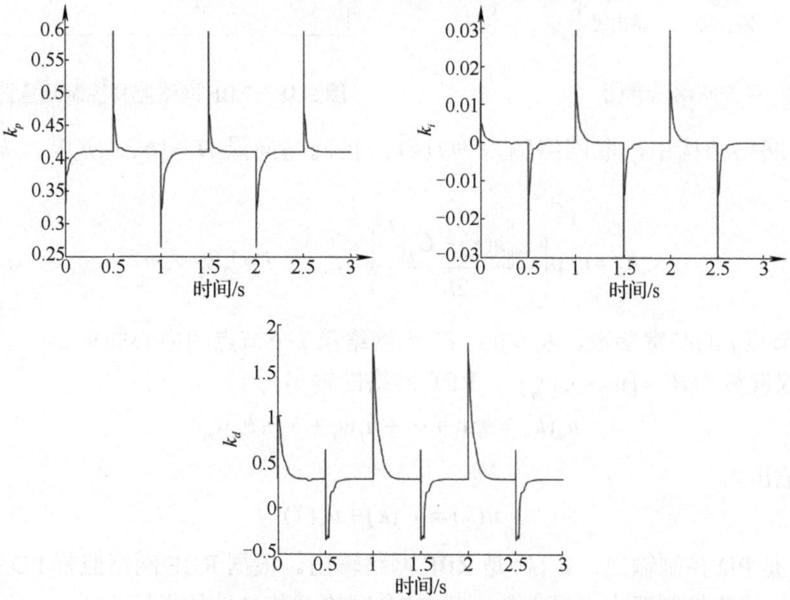

图 5-16　PID 参数模糊自整定曲线

2. 神经网络控制

人工神经网络是由许多处理单元，又称为神经元，按照一定的拓扑结构相互连接而成的一种具有并行计算能力的网络系统。这种网络系统具有非线性大规模自适应的动力学特性，它是在现代神经科学研究成功的基础上提出来的，试图通过模拟人脑神经网络处理信息的方式，从另一个角度来获得人脑那样的信息处理能力。

径向基函数(RBF)神经网络的工作过程通常包括两个阶段：一个是工作阶段，在这一阶段，网络各个节点的连接权值固定不变，网络的计算从输入层开始，逐层逐个节点地计算每个节点的输出，直到输出层中的各节点计算结束；另一个是学习阶段，各个节点的输出保持不变，网络学习则是从输出层开始，反向逐层逐个节点地计算各连接权值的修改量，以修改各连接的权值，指导输入层位置。

这两个阶段又称为正向传播和反向传播过程。在正向传播中，如果在输出层的网络输出与所期望的输出相差较大，则开始反向传播过程，根据网络输出与所期望输出的信号误差，对网络节点间的各连接权值进行修改，以此来减少网络输出与所期望输出的误差，如图 5-17 所示。

以 RBF 网络监督 PD 控制算法为例，控制系统结构如图 5-18 所示。

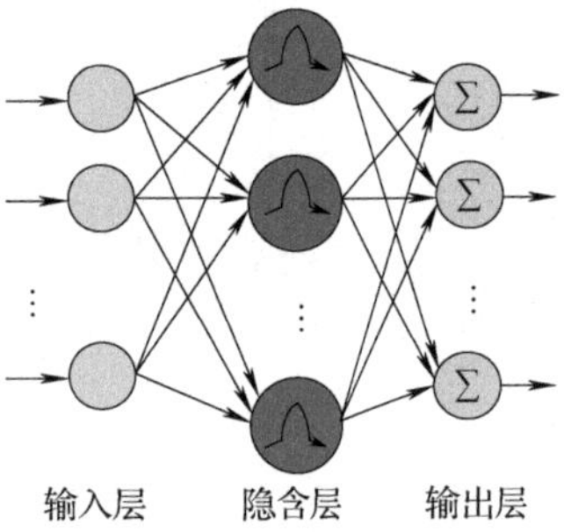

图 5-17　神经网络示意图

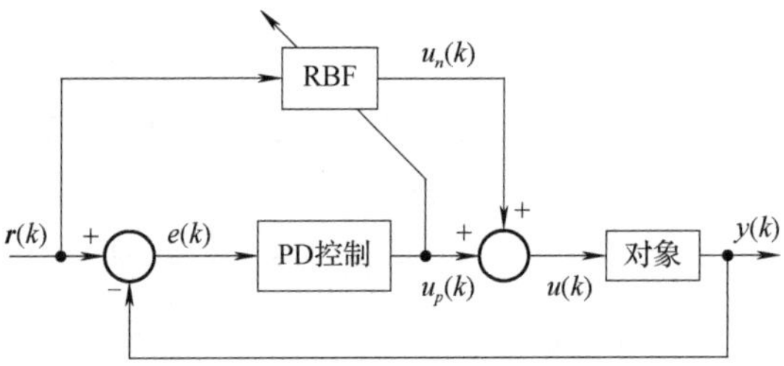

图 5-18　RBF 网络监督控制示意图

在 RBF 网络结构中，取网络输入为 $\boldsymbol{r}(k)$，径向基向量 $\boldsymbol{H}=[h_1,\cdots,h_m]^{\mathrm{T}}$，$h_j$ 为高斯基函数，即

$$h_j=\exp\left(-\frac{\left\|\boldsymbol{r}(k)-\boldsymbol{C}_j\right\|^2}{2b_j^2}\right),\qquad j=1,2,\cdots,m \tag{5-26}$$

式中，b_j 为节点 j 的基宽参数，$b_j>0$；$\boldsymbol{C}_j$ 为网络第 j 个节点的中心向量。

网络的权向量为 $\boldsymbol{W}=[w_1,\cdots,w_m]^{\mathrm{T}}$，RBF 网络的输出为

$$u_n(k)=h_1w_1+\cdots+h_jw_j+\cdots+h_mw_m \tag{5-27}$$

控制律输出为

$$u(k)=u_p(k)+u_n(k) \tag{5-28}$$

式中，$u_p(k)$ 是 PD 控制输出；$u_n(k)$ 是 RBF 网络输出。根据 RBF 网络监督 PD 控制的原理，要想使得 RBF 网络控制器占主导地位，设 RBF 网络调整的性能指标为

$$e(k)=\frac{1}{2}(u_n(k)-u(k))^2 \tag{5-29}$$

近似取 $\dfrac{\partial u_p(k)}{\partial w_j(k)}\approx\dfrac{\partial u_n(k)}{\partial w_j(k)}$，由此所产生的不精确通过权值调节来补偿。

采用梯度下降法调整网络的权值为

$$\Delta w_j(k)=-\eta\frac{\partial e(k)}{\partial w_j(k)}=\eta(u_n(k)-u(k))h_j(k) \tag{5-30}$$

神经网络权值的调整过程为

$$\boldsymbol{W}(k)=\boldsymbol{W}(k-1)+\Delta\boldsymbol{W}(k)+\alpha(\boldsymbol{W}(k-1)-\boldsymbol{W}(k-2)) \tag{5-31}$$

式中，η 为学习速率；α 为动量因子。

假设被控对象为

$$G(s)=\frac{100}{s^2+5s+200} \tag{5-32}$$

采样时间为 1ms，将连续形式的 s 域采用 z 变换进行离散化，离散化后的被控对象为

$$y(k)=-\text{den}(2)y(k-1)-\text{den}(3)y(k-2)+\text{num}(2)u(k-1)+\text{num}(3)u(k-2) \tag{5-33}$$

指令信号为幅值为 0.5、频率为 2Hz 的方波信号。取指令信号 $\boldsymbol{r}(k)$ 作为网络的输入，网络隐含层的神经元个数取 $m=4$，网络结构为 1-4-1，网络的初始权值 $\boldsymbol{W}$ 取 0～1 的随机数，高斯函数的参数值取 $\boldsymbol{C}_j=[-2\ \ -1\ 1\ 2]^{\mathrm{T}}$，基宽 b 的向量 $\boldsymbol{B}=[0.5\ 0.5\ 0.5\ 0.5]^{\mathrm{T}}$。

根据控制律和权值调整算法，网络权值的学习参数为 $\eta=0.30$，$\alpha=0.05$。PD 控制参数为 $k_p=25$，$k_d=0.3$。RBF 网络监督 PD 控制算法的仿真结果如图 5-19 和图 5-20 所示。

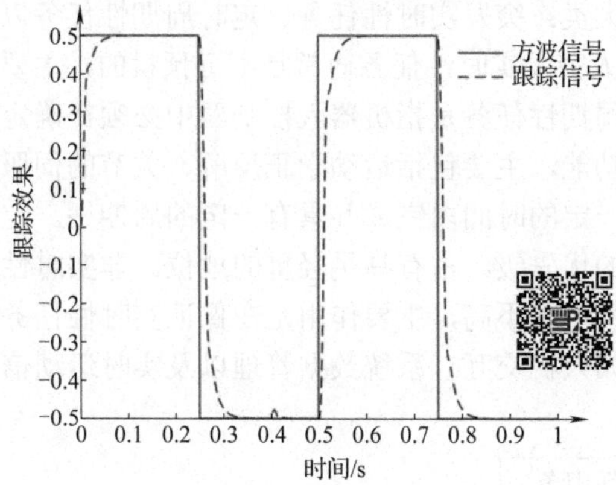

图 5-19　方波位置跟踪

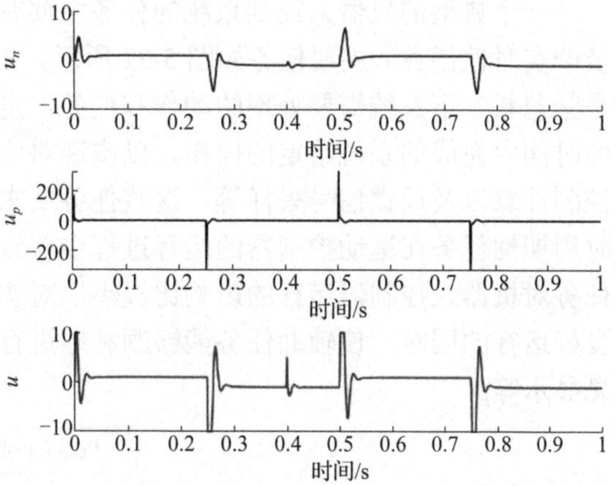

图 5-20　RBF 网络输出、PD 控制输出及总输出的比较

5.3　机器人控制装置

5.3.1　机器人控制系统基础

作为机器人的核心，机器人控制系统接收用户指令后经过运动控制器运算对执行机构发出指令信息，从而驱动机械本体运动。图 5-21 为机器人控制系统基本结构框图，主要包括控制单元、执行机构和检测机构。控制单元是整个控制系统的核心，由运动控制器和人机界面构成。运动控制器从人机界面得到用户给定信息，完成伺服周期控制、轨迹规划、机器人正逆运动学计算等。运动控制器根据用户的给定信息和检测机构反馈的信息，综合计算后得到控制量发送给执行机构。伺服单元和机器人本体构成执行机构。从控制单元得到的给定量经伺服驱动器后，控制伺服电机运动到指定位置，带动机械本体运动到某姿态。检测机构对执行机构的运动进行检测，并将检测结果反馈到运动控制器，供其决策控制，形成闭环反馈控制系统。

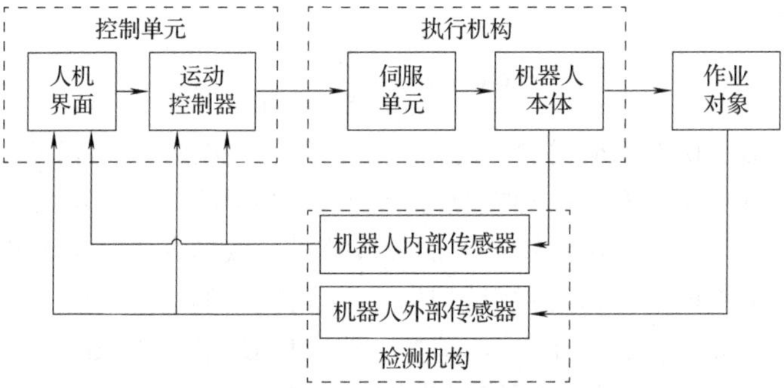

图 5-21　机器人控制系统基本结构框图

一个典型的机器人控制系统的任务主要有三大类：突发实时性任务、定时周期性任务以及非实时性任务。主要任务如图 5-22 所示。机器人突发实时性任务通常是不可预料的，主要是紧急状态下系统需要处理的动作和任务。定时周期性任务是指机器人控制器中必须在确定的时间内完成的系统给定的操作，以实现对应的功能，主要包括运动学正反解、关节的伺服控制计算以及反馈信号采样等，这些任务要求在一定的时间内完成并具有一定的周期性。定时周期性任务在运动控制器的运行过程中有较高的优先级，占有举足轻重的地位。非实时性任务对机器人控制器运行的影响比较小，对实时性要求不高，主要作用是在保证实时性任务良好运行的同时，使辅助任务能够顺利地进行，如人机交互、系统数据管理以及实时运动信息显示等。

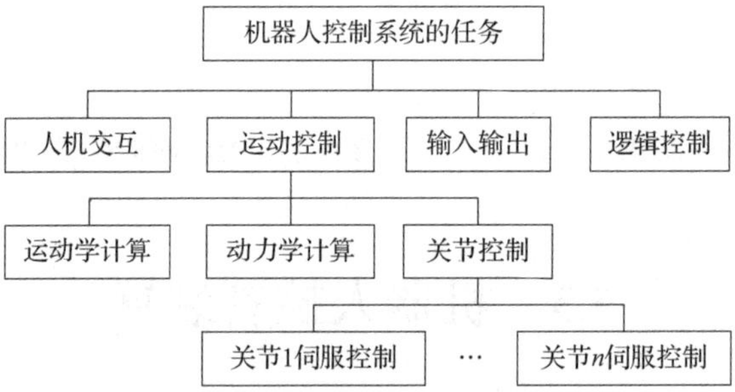

图 5-22　机器人控制系统的主要任务

机器人控制系统的基本功能如下。

1）数据存储功能

机器人控制系统可以存储机器人的控制程序及相关数据、示教数据文件、维护项目文件等。在程序运行过程中需要对机器人进行相关的参数设置以及对控制器进行配置，这些参数、配置文件以及报警信息和日志信息如果没有保存下来，会在关闭系统后清空，导致下次启动系统后需要重新配置，因此需要对重要数据进行存储。

2）示教功能

示教器是进行机器人的手动操纵、程序编写、参数配置以及监控用的手持装置。示教功能可分为使用实际机器人的直接示教和遥控示教，以及脱离实际机器人及作业环境的间接示教和离线示教。直接示教包括基于零力控制的功率级脱离示教和基于多轴传感器的伺服级接通示教，都属于拖动示教，即人工拖动机器人末端按设定轨迹运动，通过记录数据来复原运动过程。遥控示教即使用示教盒、操纵杆示教及使用主从方式导引示教。间接示教是使用模型机器人或专用工具进行示数。离线示教是通过数值输入、图形和软件语言来示教。

3) 与外围设备通信功能

机器人控制需要很多外围设备配合执行，为了实现通信功能，就需要输入/输出接口、通信接口、网络接口，还包括与显示屏、示教盒、操作面板的人机接口，以及传感器接口等。通信接口包括串行接口和并行接口，利用网络通信的功能可以实现资源共享以及多台机器人的协同工作。

4) 坐标设置功能

机器人控制系统的坐标系包括关节坐标系、绝对坐标系、工具坐标系、用户自定义坐标系四种，用户可根据作业要求选择不同的坐标系并进行坐标系之间的转换。

5) 人机接口功能

人机接口能够方便用户在示教盒、操作面板和显示屏这些输入设备中设置机器人的动作参数，通过显示屏有效监控主要功能部件的状态信息，进行紧急情况下的处理。

6) 传感器模块功能

传感器模块分为内部传感器和外部传感器。内部传感器用来对工业机器人各关节的位置、速度和加速度等进行检测，外部传感器用来感知工作环境和工作对象状态，将视觉、力觉、触觉、听觉等信息输入系统中，以备使用。

7) 运动控制功能

运动控制主要包含以下指令：回零指令、点对点运动指令、直线插补运动指令、圆弧插补运动指令、多轴联动指令。多轴联动需要系统支持机器人关节空间的联动插补，该过程中需要对各关节之间进行插补运算。

8) 故障诊断安全保护功能

机器人在工作过程中会由于用户操作不当、部件出现问题、关节运动超出限定范围等而工作异常，需要有相应的监测管理模块在一旦出现异常后就中断相关作业，对故障做出判断，记录、输出判断结果，方便用户进行相应维护。

9) 总线传输功能

随着现代网络信息的发展，总线传输替代点对点传输成为热点，工作于总线模式的机器人控制系统可充分发挥总线的通信优势，总线功能包括数据传输、支持多种设备、在紧急状态下进行中断、错误处理等。

10) 多种编程方式

(1) 自主编程，应用各种外部传感器使得机器人能够全方位感知真实工作环境并识别信息、确定参数，无需繁重的示教，可提高机器人的自主性和适应性。

(2) 示教编程，通过人工手动的方式，使用示教移动机器人的末端跟踪轨迹，记录操作信息，在线记忆操作过程，当环境参数发生变化时，需要重新示教记录过程。

(3) 离线编程，建立机器人工作模型，主要依靠计算机图形学技术等软件进行离线编程，对编程结果进行三维图形学动画仿真以检测编程可靠性，最后将生成的代码传递给机器人控制器控制机器人运行，需要根据实际工作环境进行偏差调节。

5.3.2 嵌入式机器人控制系统

机器人的发展与嵌入式系统的发展是密不可分的。在最初的技术设计中，机器人控制系统主要采用数控技术，但是发展速度较为缓慢。直到 20 世纪 70 年代，由于智能控制理论的发展和微处理器的出现，机器人控制技术才得到了长足的进步。进入 21 世纪以来，随着嵌入式产业的不断发展壮大，性能强、稳定性好的处理器芯片不断涌现，开源和高效率的嵌入式操作系统不断优化，嵌入式控制器已经得到广泛的应用和发展。现在，具有低成本、小体积、低功耗、高可靠性、高扩展性和开放性等优点的嵌入式系统已被广泛应用于机器人控制系统。

嵌入式系统无论在硬件性能方面还是系统软件升级方面都能够提供强大的功能，同时对于外部硬件的扩展同样十分友善。相比于命令行指令符的指令系统，嵌入式系统提供了更加丰富的图形界面和系统风格，摆脱了单一的命令行操作，使得采用嵌入式硬件系统的各个硬件平台更具优势。凭借着高可靠性、接口齐全、低功耗等优势，程序软件在嵌入式系统的平台下可以很好地实现实际功能需求。

图 5-23 为一种基于 ARM 和 FPGA 的嵌入式机器人控制系统硬件平台结构。ARM 对任务管理有较强的能力，接口资源丰富，能够用于管理界面和用户程序等，但在处理数据能力和输入/输出端口扩展能力上有所不足。FPGA 的特点是编程灵活性高，可以进行编程、除错、再编程和重复操作，所以非常便于设计开发和验证。当电路需要做出改变时，FPGA 的优势显得更加突出，其现场编程能力便于产品的维护更新，能够延长产品的使用寿命。而 FPGA 的缺点是难以实现模数转换等常用功能。采用 ARM 和 FPGA 的构架方案具备处理速度快、灵活性强、成本低、功能强大等诸多优点，在控制领域受到越来越多的重视。

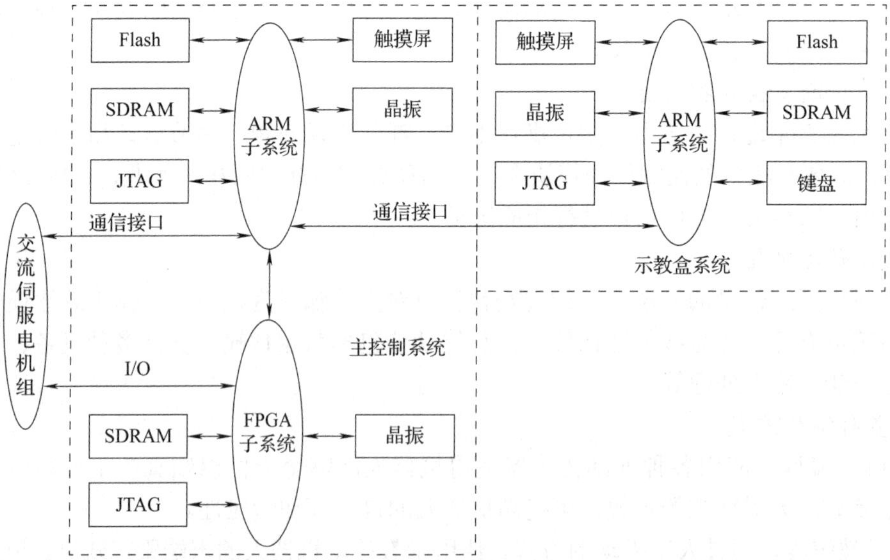

图 5-23 基于 ARM 和 FPGA 的嵌入式机器人控制系统硬件平台结构

图 5-23 所示的控制系统硬件平台结构主要包括 ARM 子系统和 FPGA 子系统。ARM 子系统包括 Flash、SDRAM、JTAG、触摸屏及晶振等；FPGA 子系统集成了 SDRAM、JTAG 及晶

振等。其中，运动控制模块是基于 FPGA 设计实现的。在示教模式下，FPGA 负责按照通信命令产生相应的频率脉冲信号来驱动电机运动，在再现模式下，FPGA 根据示教点信息，完成机器人的路径轨迹插补，并产生变频脉冲信号来驱动电机运动，实现控制系统的再现功能。

基于 ARM 和 FPGA 的嵌入式机器人控制系统软件模块分为两大部分：主控制系统模块和示教系统模块，如图 5-24 所示。主控制系统 FPGA 部分的软件模块包括轨迹插补模块、速度生成模块、脉冲生成模块和通信模块，核心板 ARM 子系统的软件模块包括初始化模块、两个通信模块、再现模块、数据采集模块和故障检测处理模块。示教系统的软件模块则包括参数设置模块、示教模块、通信模块、I/O 和故障监控模块、精确定时模块。

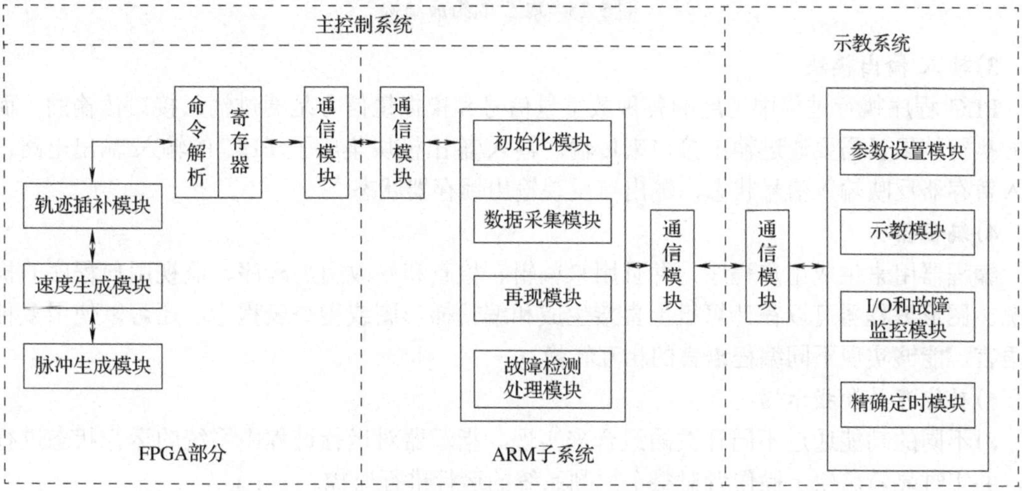

图 5-24　基于 ARM 和 FPGA 的嵌入式机器人控制系统软件模块

5.3.3　以 PLC 为核心的机器人控制系统

PLC 是一种专门为在工业环境下应用而设计的数字运算操作电子系统，由自控技术与计算机技术相结合构成。PLC 具有使用方便、可靠性高、通用性强、适应面广、编程简单、维修方便、抗干扰能力强等优点。随着 PLC 技术的不断发展，出现了许多高性能的 PLC，指令功能强大，使 PLC 可以实现多轴协调控制及位置和速度的闭环控制等，能够满足高性能机器人控制系统对运动精度的需求，以 PLC 为核心的机器人控制系统目前已广泛应用于工业控制的各个领域。常用 PLC 的组成结构如图 5-25 所示，各模块介绍如下。

1) CPU

CPU 作为 PLC 的控制中枢，是 PLC 的核心组成部分。每套 PLC 至少有一个 CPU，CPU 按照 PLC 系统程序赋予的功能接收并存储从编程器、上位机和其他外部设备输入的用户程序和数据，检查电源、存储器、输入/输出模块以及定时器的状态，诊断用户程序中的语法错误。

2) 存储器

PLC 的存储空间根据存储的内容可分为系统程序存储器和用户程序存储器。系统程序存储器存放系统软件，相当于个人计算机的操作系统，用于完成 PLC 设计者规定的工作。用户程序存储器存放 PLC 用户的程序应用，包括用户程序存储区和数据存储区两部分。

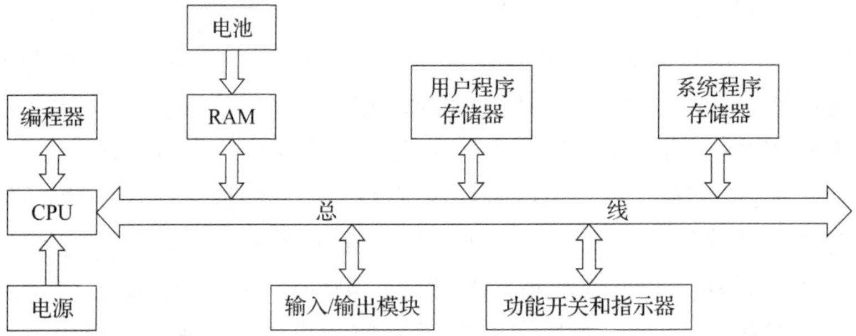

图 5-25 PLC 的组成结构

3) 输入/输出模块

PLC 程序执行过程中使用的各种数字量信号和模拟量信号是通过输入接口传输的，而程序的执行结果又需要通过输出接口来传输。输入/输出模块集成了 PLC 的输入/输出电路，其输入暂存器反映输入信号状态，输出点反映输出锁存器状态。

4) 编程器

编程器用来生成用户程序，并且用来编辑、检查和修改用户程序、监视用户程序的执行状况。图形编程器可以在计算机上直接生成和编辑梯形图或指令表程序，还可以使用多种编程语言，能够实现不同编程语言的相互转换。

5) 功能开关和指示器

对不同的功能通过不同开关的组合来实现。指示器对运行过程中系统的运行状态进行检测，并实时显示，便于操作者对整个控制系统的运行进行监控。

一种以 PLC 为核心的机器人控制系统框图如图 5-26 所示。把触摸屏作为上位机，完成系统参数的输入、机器人运行状态的显示等功能。在触摸屏上实现了一套类似于示教盒的操作界面，用触摸屏代替示教器，进行现场示教并实现示教轨迹的再现。下位机采用具有运动控制功能的 PLC 实现对多轴机器人的伺服控制，驱动伺服电机完成对机器人的作业任务。同时采用 PLC 的输入/输出模块实现与整个流水线中其他设备如传送带等的信号采集和控制。以 PLC 为核心的机器人控制系统通用性强，具备较强的抗干扰能力，能够实现在复杂环境下的有效运行，具有成本低、编程简单、可扩展性强和开发周期短等优点，其缺点是系统灵活度不高和不能实现通用化。

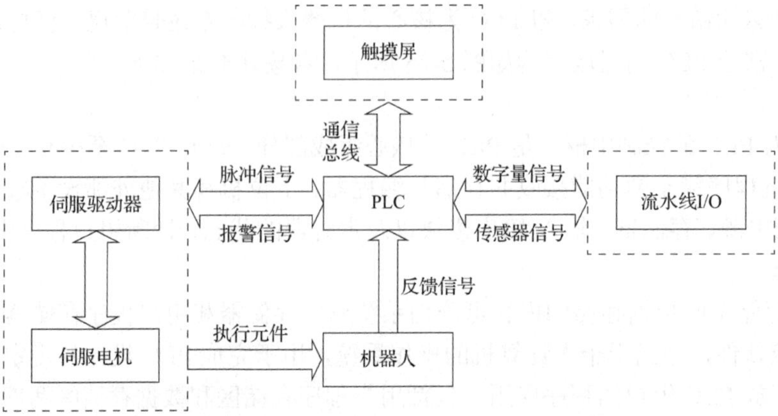

图 5-26 以 PLC 为核心的机器人控制系统框图

以PLC为核心的机器人控制系统软件主要从PLC程序、机器人和触摸屏程序三方面展开。PLC程序又分为逻辑控制程序和运动控制器程序。逻辑控制程序主要包括对机器人反馈信号、流水线I/O信号的处理，运动控制器程序用于控制伺服电机，驱动机器人完成指定操作。机器人负责完成指令动作。触摸屏程序主要用于实现人机交互，收集机器人运行中的实时数据，使操作者能够简明高效地控制机器人，显示系统的画面菜单通过组态软件进行设计。

5.3.4 基于运动控制器的机器人控制系统

"PC+运动控制器"是目前采用较多的一种机器人控制系统结构形式，通常PC采用工业个人计算机(industrial personal computer，IPC)，这种结构形式又可以写为"IPC+运动控制器"。运动控制器嵌入IPC实现运动控制具有以下优点：①成本低；②资源丰富；③可运行用户自定义的软件。

在功能规划上，IPC负责顶层的轨迹规划和正、逆运动学解算，并形成多轴的解耦控制指令；运动控制器(也称多轴卡)负责独立执行多轴的底层运动控制，根据不同的电机类型，可以实现闭环、半闭环、开环等控制。这种控制架构模式较合理地将全部控制任务分配给主从两层，既发挥了作为主层的IPC的软件资源优势，又发挥了作为从层的多轴运动控制器的高速硬件优势。在充分保证系统开放性的同时，将全部控制任务在主控制器和从控制器之间合理分配，确保系统有较好的实时性。

运动控制器利用高性能微处理器(如DSP)及大规模可编程器件实现机器人多轴的协调控制，具体就是将实现运动控制的底层软件和硬件集成在一起。目前，市场上出售的运动控制器具有多个品种，如美国Parker公司生产的多轴卡、美国Delta Tau公司生产的PMAC(programmable multi-axis controller)卡等。无论哪种运动控制器，都包含如图5-27所示的几部分。

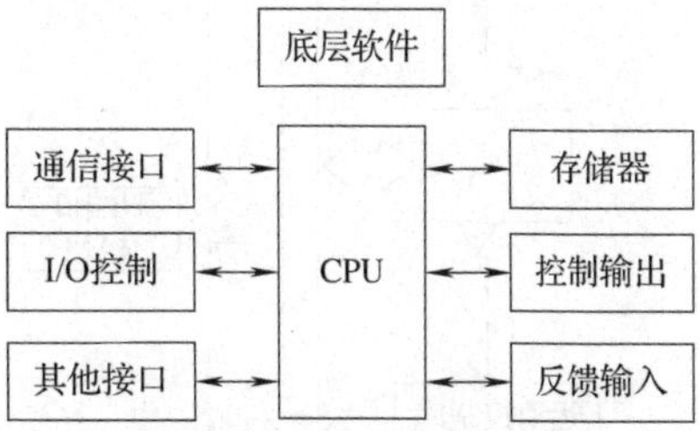

图 5-27 运动控制器体系结构

(1) 中央处理器(CPU)。中央处理器是运动控制器的核心部分，可以是DSP、单片机或者是以DSP为核心的运动控制芯片。

(2) 存储器。运动控制器中的存储器有RAM和ROM，用于存储多任务控制的底层软件、系统的编译程序和用户数据等。

(3) 控制输出。控制输出是向执行元件发送控制信号的通道，执行元件不同所需的信号形式不同，通道也不同。

(4) 反馈输入。带有位置反馈接口的运动控制器一般可以接收增量/绝对型光电编码器、正弦编码器、光栅尺、旋转变压器、激光干涉仪等数字式或模拟式位置检测元件的反馈信号。开环控制系统就不具备反馈输入功能。

(5) I/O控制。运动控制器的I/O控制功能主要完成机器I/O、面板端口等逻辑的控制。

(6) 通信接口。通信功能是运动控制器必不可少的功能，运动控制器一般具有串行通信、总线、以太网接口，有的还有无线接口和USB接口，通过这些接口与上位机通信。

这里介绍一种基于IPC和PMAC的机器人控制系统，整体结构如图5-28所示。系统采用分级控制方式和模块化结构软件设计，上级IPC负责系统管理和路径规划，下级PMAC实现对各个关节的位置伺服控制和多关节协调控制，实现对机器人的实时控制。

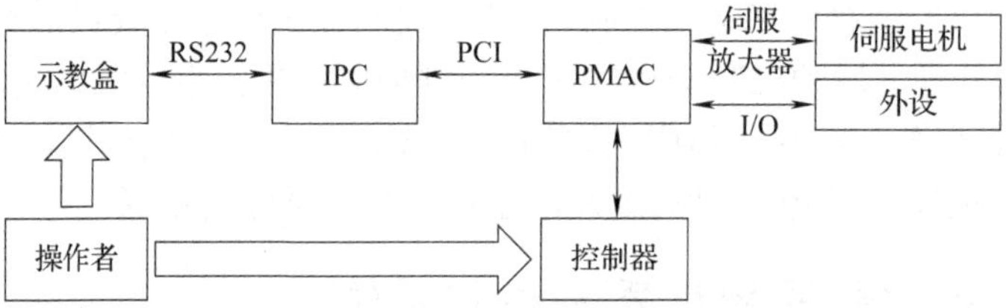

图 5-28　机器人控制系统的结构示意图

PMAC 板的核心部件是由 Motorola 公司生产的 DSP。在伺服运动控制系统中主要完成下列几个工作：执行运动程序、执行 PLC 程序、调节伺服环以及与主机通信。

PMAC 带双端口 RAM 同时可以实现多轴控制，双端口 RAM 作为 IPC 和 PMAC 之间的高速缓冲区，将 IPC 内存中的轨迹数据下载到 PMAC，或将机器人关节位置的传感器信息和伺服系统的状态信息反馈回 IPC。PMAC 主要完成对机器人各轴的运动控制及对控制面板开关量的控制，对反馈数据进行实时扫描更新；IPC 则主要实现系统的管理功能。IPC 与 PMAC 主要通过 PCI 总线通信。图 5-29 为机器人控制系统的总体结构。

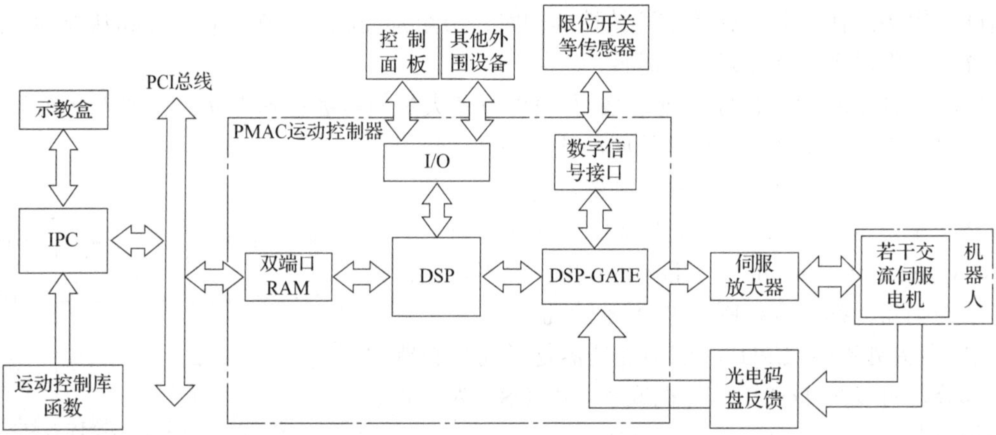

图 5-29　机器人控制系统的总体结构

基于 IPC 和 PMAC 的运动控制系统采用 IPC 作为控制系统的中心部分，PMAC 运动控制器负责整个控制细节。图 5-29 中，PMAC 通过 PCI 总线连接到 IPC 中，将 IPC 的信息处理能力和 PMAC 的运动控制能力有机地结合到一起，具有开放程度高、信息处理能力强、实时性好、运动控制轨迹准确等优点。

机器人控制系统软件采用模块化结构设计，将 IPC 上的控制软件划分为 16 个功能模块，系统的模块化软件结构如图 5-30 所示。用户可以通过示教盒对机器人系统进行操作，示教盒和 IPC 通过串口方式通信，将示教盒的操作数据发送到 IPC，IPC 对数据进行解析，得到控制命令和参数，IPC 对机器人语言进行翻译，对机器人运动轨迹进行规划并进行正逆运动学求解，将得到的控制指令发送到 PMAC，由 PMAC 来完成机器人的伺服运动控制细节。

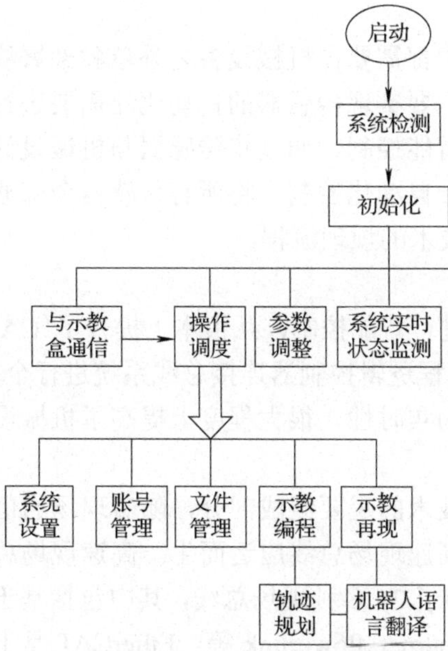

图 5-30　机器人控制系统的模块化软件结构

5.3.5　总线式机器人控制系统

现场总线控制系统是一种基于现场设备之间相互进行数字信号传输的新型总线控制系统。工业机器人作为借助现代高新技术研发出来的一个系统工程，其主要结构包括人机界面、运动控制器及驱动器，同时还包括机械本体，这些部件之间通过多种系统紧密联系、相互协作，最终形成一个闭环的系统工程。

IPC 与机器人之间的信息交互通过现场总线的通信方式实现，图 5-31 为基于 IPC 的总线式机器人控制系统结构示意图。这种控制方式具有以下优势。

1) 稳定性优势

在工业制造领域中应用现场总线技术代替信号传输控制技术，可以有效避免信号传输可能受到的电磁信号的影响，避免信号传输缓慢甚至出错，进而避免制造事故的发生。现场总线技术通过线缆传输，传输的稳定程度远远超过信号传输控制技术，能够更大限度地保障生产当中自动化控制指令传达的稳定性。

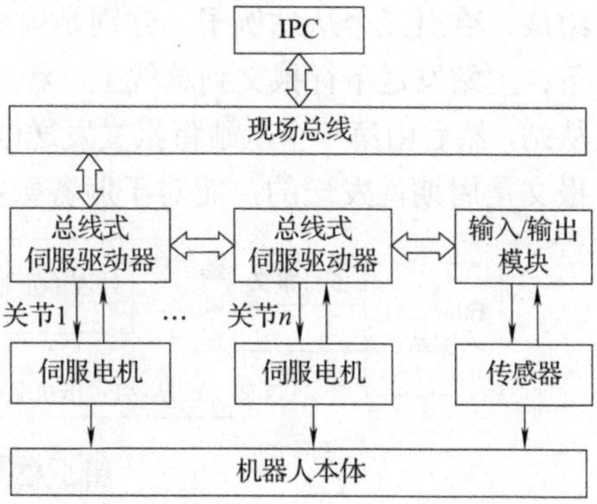

图 5-31　基于 IPC 的总线式机器人控制系统

2) 适配性优势

通常情况下，工业场地的开关柜、电动门、执行器、变送器等监控设备多达上万台，因此监控设备的检修、维护、运行以及调整的工作量非常大，传统的仪控系统管理模式往往只能被动地进行检修维护。而使用集散式控制系统、现场总线控制系统与可编程逻辑控制系统的集成综合系统，能够轻松得到工业场地各个监控设备的及时信息，以便于及时发现问题并检修维护。

3) 高效性优势

传统的传感器技术在应用过程当中都需要在机械设备之外单独部署线路系统。另外，因为传感器技术所使用的信号规格不同，要实现传感器的自动化还需要进行复杂的信号转换工作。使用现场总线对工业机器人进行智能控制，通过将传感器与机械设计制造设备进行现场总线技术改造，通过现场总线进行统一自动化控制，将所有传感器全部通过交流传动技术进行信息传递，大大简化了传统传感器技术的烦琐流程。

4) 智能化优势

通过现场总线技术对工业机器人进行智能控制，从根本上提升了 CAM 等相关数控技术的导向性特点，通过操作性更强的可编程逻辑控制器连接总线系统进行全方位的自动化控制。现场总线技术大大提高了工业机器人的实时性，很大程度上提高了机械设计制造行业整体的机器人智能化水准。

现场总线技术一直都是工业控制技术的重要组成部分，随着现场通信数据量成几何倍增长，过去的现场总线弊端逐渐暴露，高速现场总线应运而生。高速现场总线技术是当前研究的一个热点，目前国际电工委员会公布了 20 多种现场总线，其中包括基于实时以太网的高速现场总线 EtherCAT、SERCOS Ⅲ、Ethernet Powerlink 等。EtherCAT 是上述实时现场总线的一种，是由德国 BECKHOFF(倍福)自动化公司于 2003 年提出的实时工业以太网技术，支持多种设备连接拓扑结构，其优势在于性能高、成本低、容易使用、拓扑结构灵活，在机器人控制系统中得到广泛应用。

EtherCAT 现场总线的连接方式是主从结构，采用主从模式进行通信，主站模块是实现整个现场总线协议的最重要的一环，是数据通信的发起者，也是所有相关协议配置的管理者。EtherCAT 现场总线主从结构的核心部分是 EtherCAT 主站，其与多个 EtherCAT 从站组成完整的一套以太网现场总线系统。图 5-32 是 EtherCAT 现场总线主从架构，由主站以及 n 个从站组成，给出三个从站例子，分别是电机驱动、数字 I/O 模块以及模拟 I/O 模块。其通信过程如下：主站发送下行报文到总线上，经过每个从站，到达最后一个从站之后再原路返回到第一个从站，然后由第一个从站将报文发送回主站，完成一次报文循环过程。对于过程数据通信来说，报文是周期性发送的，而对于服务数据通信而言，报文是根据指令由操作者主动发送的。

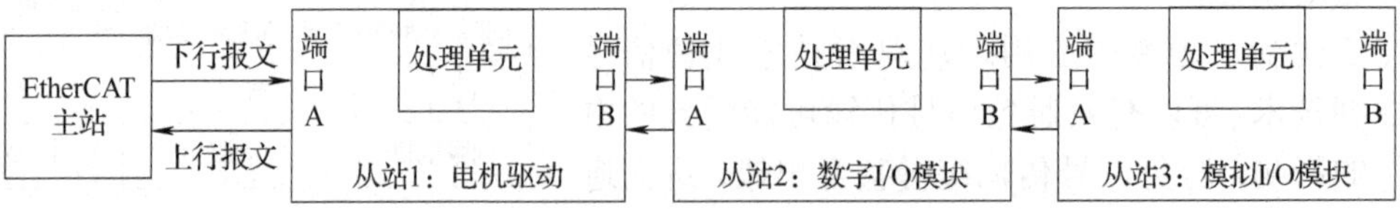

图 5-32　EtherCAT 现场总线主从架构

这里介绍一种基于 EtherCAT 的机器人控制系统，整体结构如图 5-33 所示。机器人控制系统是基于 EtherCAT 实时工业以太网的交流伺服控制系统，采用上位机和下位机的方式将系统分离。

上位机在基于 Windows 操作系统的 PC 中开发，其具有强大的数据处理和计算能力、友好的图形化界面以及丰富的软件开发工具。上位机主要实现机器人系统的人机交互界面设计、与下位机的网络通信、机器人控制参数设置、机器人状态检测、数据存储、文件解析等功能。下位机是嵌入式 PC，采用 BECKHOFF TwinCAT3 软件的 PLC 模块，根据 CoE 协议，通过位置控制模式，可以开发机器人的实时性功能模块，实现机器人系统中的正逆解算法、直线插补算法、圆弧插补算法等实时性要求较高的功能模块的开发。上位机与下位机之间通过 TCP/IP 进行通信，下位机与执行器之间通过 EtherCAT 工业实时以太网进行通信，伺服驱动器之间也通过 EtherCAT 进行通信。

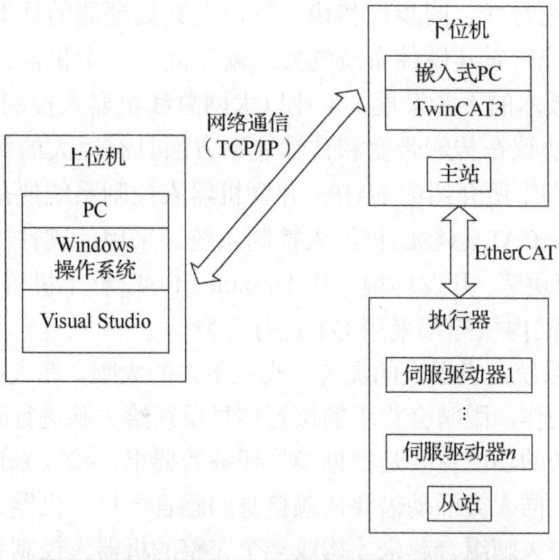

图 5-33　基于 EtherCAT 的机器人控制系统结构

用户通过机器人上位机软件提供的可视化操作界面对机器人工作状态进行监控，并可直接向机器人下位机发送运动指令。上位机软件开发基于 Visual Studio 中的 MFC 可视化编程环境，实现人机交互界面设计，软件结构如图 5-34 所示。下位机(嵌入式 PC)具备 EtherCAT 通信的硬件和通信协议，可直接采用从站的 ESI(EtherCAT slave information)文件组建 EtherCAT 通信网络。

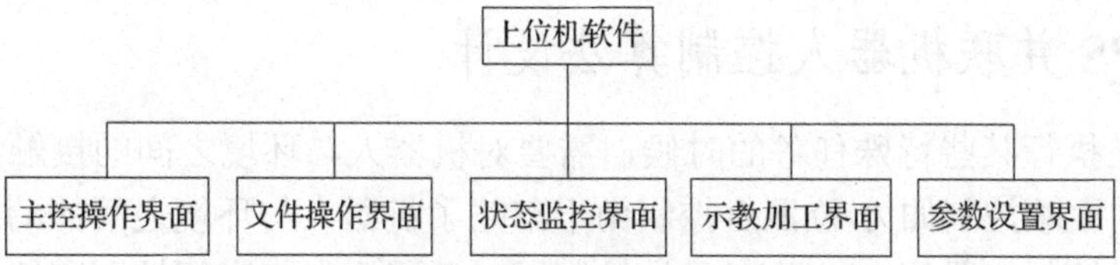

图 5-34　上位机软件结构

5.4　典型机器人控制系统实例

5.4.1　机器人控制系统设计

机器人控制系统主要包含硬件和软件两部分，硬件部分主要是说采取何种硬件方案来控制机器人，常见的机器人控制硬件(如 5.3 节所述)有嵌入式、PLC、运动控制器、总线等形式的硬件系统。嵌入式机器人控制系统集成度高、功耗和成本低，但是运算能力较弱，稳定性较差；以 PLC 为核心的机器人控制系统工作稳定、抗干扰能力强，但是系统的灵活度低，难以实现通用化；基于运动控制器的机器人控制系统具有开发成本低、兼容性好、可靠性强的特点，但是难以适用于恶劣的工作环境，并且不易拓展；总线式机器人控制系统具有稳定性强、适配性好以及智能化的特点，目前在国内已经取得了诸多进展。对于机器人的硬件系统，我们需要其具有良好的实时性、同步性和稳定性，对其处理器的计算能力还有一定的要求。越复杂的机器人控制系统，对其硬件系统的要求就越高。一个机器人的硬件系统决定了机器人的上限。随着计算机技术的不断发展，工业以太网总线机器人控制系统得到了很好的发展，依托于全双工的以太网协议在传输带宽和传输速率方面具有巨大的优势，在一众的机器人硬件系统中脱颖而出。本书中所介绍的 6-UPS 并联机器人控制系统便是采用的工业总线，具体是基于 IGH 主站的 EtherCAT 总线的机器人控制系统。采用的硬件主要包括 IPC、EtherCAT 驱动器、EtherCAT I/O 模块等。开发环境采用 Ubuntu 14.04，整个机器人控制系统的人机界面、控制算法、EtherCAT 主站内核等都采用 QT 进行开发。

机器人的软件控制系统是机器人的灵魂，类似于人的大脑。在人需要进行动作的时候，大脑会发出神经信号让手动作，眼睛会将手的位置信息反馈给大脑进行判断，不断调整以到达目标位置。机器人控制系统的功能主要是根据操作任务的要求，接收来自传感器的检测信号，驱动各个执行器进行运动，同人类活动需要依赖自身的感官一样，机器人的运动控制离不开传感器，所以机器人的神经与大脑组合起来才构成一个完整的机器人控制系统。机器人的软件控制系统主要包括相应的机器人控制算法、人机界面、通信等。其中最重要的是机器人控制算法，需要根据机器人的数学模型，建立相应的运行学、动力学控制算法。根据任务要求，建立相应的控制方程，得到输入、输出之间的关系，并将其编写成程序代码，就可以进行控制。

本书的 6-UPS 并联机器人控制系统采用的驱动器和 I/O 模块均支持 EtherCAT 总线协议，控制系统运行在 Linux 平台上。在控制算法设计方面，主要的设计目标是进行机器人与环境之间的接触力跟踪。

5.4.2　6-U$\underline{\text{P}}$S 并联机器人控制算法设计

当机器人在执行某些特殊任务的时候，需要对机器人与环境之间的接触力进行精确的跟踪控制，传统的柔顺控制如力/位混合控制由于忽略了机器人与环境之间的动态耦合，无法在某一方向上同时控制位置和力。阻抗/导纳控制同时适用于自由空间控制和接触环境控制，具有较好的适应性，是目前柔顺控制的主流实现方法。但是由于阻抗/导纳控制属于间接力控制方法，无法实现未知环境间的接触力跟踪，在本节中对机器人和接触环境进行了建模与分析，首先介绍导纳控制方法，并通过在导纳控制器中增加力跟踪控制器，实现接触力的跟踪控制。

在导纳控制器中，机器人与环境接触的动态模型可描述为

$$\begin{gathered}\boldsymbol{M}_d(\ddot{\boldsymbol{q}}-\ddot{\boldsymbol{q}}_d)+\boldsymbol{B}_d(\dot{\boldsymbol{q}}-\dot{\boldsymbol{q}}_d)+\boldsymbol{K}_d(\boldsymbol{q}-\boldsymbol{q}_d)=\boldsymbol{F}_{\text{ext}}\\ \boldsymbol{F}_{\text{ext}}=\boldsymbol{k}_e(\boldsymbol{q}_e-\boldsymbol{q})\end{gathered} \tag{5-34}$$

式中，$\boldsymbol{M}_d$ 为惯性矩阵；$\boldsymbol{q}$ 为广义坐标；$\boldsymbol{q}_d$ 为机器人的期望位置；$\boldsymbol{B}_d$ 为阻尼矩阵；$\boldsymbol{K}_d$ 为刚度矩阵；$\boldsymbol{F}_{\text{ext}}$ 为环境接触力；$\boldsymbol{k}_e$ 为环境刚度；$\boldsymbol{q}_e$ 为环境位置。考虑稳态情况将式(5-34)中的 $\boldsymbol{q}$ 消除可以得到 $\boldsymbol{F}_{\text{ext}}$ 的表达式为

$$\boldsymbol{F}_{\text{ext}}=(\boldsymbol{k}_e^{-1}+\boldsymbol{K}_d^{-1})(\boldsymbol{q}_e-\boldsymbol{q}_d) \tag{5-35}$$

当需要控制的接触力为 $\boldsymbol{F}_d$ 时，可将机器人的期望位置 $\boldsymbol{q}_d$ 设置为

$$\boldsymbol{q}_d = \boldsymbol{q}_e - (\boldsymbol{k}_e^{-1} + \boldsymbol{K}_d^{-1})\boldsymbol{F}_d \tag{5-36}$$

这样即可将机器人与环境之间的接触力控制为 $\boldsymbol{F}_d$。但是在机器人的很多操作环境中，环境位置 $\boldsymbol{q}_e$ 和环境刚度 $\boldsymbol{k}_e$ 经常是未知的甚至是时变的，因此式(5-36)无法准确地计算机器人的期望位置 $\boldsymbol{q}_d$，也就是说无法实现未知环境下的力跟踪。另外，这种方法是基于稳态设计的，没有考虑机器人与环境之间的动态耦合，当机器人与环境之间的接触力 $\boldsymbol{F}_d$ 变化较快时，无法保证好的动态追踪特性。针对式(5-36)存在的问题，需要设计一个能够在未知环境下具有良好动态跟踪特性的力跟踪控制器。因此引入了控制量——参考力 $\boldsymbol{F}_r$，同时为便于分析，假设机器人的起始位置为 $\boldsymbol{q}_0$，期望位置 $\boldsymbol{q}_d = \boldsymbol{q}_0$，环境位置 $\boldsymbol{q}_e = \boldsymbol{q}_0 + \Delta\boldsymbol{q}_e$，环境刚度 $\boldsymbol{k}_e = \hat{\boldsymbol{k}}_e + \Delta\boldsymbol{k}_e$，其中 $\hat{\boldsymbol{k}}_e$ 是对 $\boldsymbol{k}_e$ 的一个估计。根据这些定义，将式(5-34)化为如下格式：

$$\boldsymbol{M}_d\ddot{\boldsymbol{q}} + \boldsymbol{B}_d\dot{\boldsymbol{q}} + \boldsymbol{k}_d(\boldsymbol{q} - \boldsymbol{q}_0) = \boldsymbol{F}_{\text{ext}} - \boldsymbol{F}_r \tag{5-37}$$

$$\boldsymbol{F}_{\text{ext}} = (\hat{\boldsymbol{k}}_e + \Delta\boldsymbol{k}_e)(\boldsymbol{q}_0 + \Delta\boldsymbol{q}_e - \boldsymbol{q}) \tag{5-38}$$

由于最终的控制目标是 $\boldsymbol{F}_{\text{ext}} = \boldsymbol{F}_d$，通过对式(5-38)中的 $\boldsymbol{F}_{\text{ext}}$ 求两次导数可得

$$\begin{cases} \ddot{\boldsymbol{F}}_{\text{ext}} = -(\hat{\boldsymbol{k}}_e + \Delta\boldsymbol{k}_e)\ddot{\boldsymbol{q}} = \hat{\boldsymbol{k}}_e\boldsymbol{M}_d^{-1}(\boldsymbol{F}_r + \boldsymbol{B}_d\dot{\boldsymbol{q}} + (\boldsymbol{K}_d + \hat{\boldsymbol{k}}_e)(\boldsymbol{q} - \boldsymbol{q}_0)) + \boldsymbol{\delta} \\ \boldsymbol{\delta} = -\hat{\boldsymbol{k}}_e(\boldsymbol{F}_{\text{ext}} - \hat{\boldsymbol{k}}_e(\boldsymbol{q}_0 - \boldsymbol{q})) - \Delta\boldsymbol{k}_e\ddot{\boldsymbol{q}} \end{cases} \tag{5-39}$$

式中，$\boldsymbol{\delta}$ 称为环境误差，是所有 $\Delta\boldsymbol{q}_e$ 和 $\Delta\boldsymbol{k}_e$ 的和，根据式(5-39)设计控制量 $\boldsymbol{F}_r$ 为

$$\begin{aligned} \boldsymbol{F}_r = {} & \boldsymbol{M}_d\hat{\boldsymbol{k}}_e^{-1}(\ddot{\boldsymbol{F}}_d + \boldsymbol{k}_d(\dot{\boldsymbol{F}}_d - \dot{\boldsymbol{F}}_{\text{ext}}) + \boldsymbol{k}_p(\boldsymbol{F}_d - \boldsymbol{F}_{\text{ext}}) + \boldsymbol{k}_i\int(\boldsymbol{F}_d - \boldsymbol{F}_{\text{ext}})\mathrm{d}t) \\ & -\boldsymbol{B}_d\dot{\boldsymbol{q}} - (\boldsymbol{K}_d + \hat{\boldsymbol{k}}_e)(\boldsymbol{q} - \boldsymbol{q}_0) \end{aligned} \tag{5-40}$$

其中，$\boldsymbol{k}_p$、$\boldsymbol{k}_i$ 和 $\boldsymbol{k}_d$ 为正定的控制增益，将控制器式(5-40)代入式(5-39)可得系统的闭环特性为

$$\ddot{\boldsymbol{F}}_d - \ddot{\boldsymbol{F}}_{\text{ext}} + \boldsymbol{k}_d(\dot{\boldsymbol{F}}_d - \dot{\boldsymbol{F}}_{\text{ext}}) + \boldsymbol{k}_p(\boldsymbol{F}_d - \boldsymbol{F}_{\text{ext}}) + \boldsymbol{k}_i\int(\boldsymbol{F}_d - \boldsymbol{F}_{\text{ext}})\mathrm{d}t + \boldsymbol{\delta} = 0 \tag{5-41}$$

根据式(5-41)可以看出，在控制增益合适的情况下，当 $t \to \infty$ 时 $\boldsymbol{F}_{\text{ext}} \to \boldsymbol{F}_d$。

最终设计的力跟踪导纳控制结构图如图 5-35 所示，呈现出三环控制的形式。最外环是力跟踪控制环，根据实际的接触力 $\boldsymbol{F}_{\text{ext}}$ 与期望接触力 $\boldsymbol{F}_d$ 的偏差来调整机器人控制的参考力 $\boldsymbol{F}_r$；中间环为导纳控制环，根据实际接触力 $\boldsymbol{F}_{\text{ext}}$ 与参考力 $\boldsymbol{F}_r$ 调整指令位置 $\boldsymbol{q}_c$；最内环为位置控制环，控制机器人的实际位置 $\boldsymbol{q} \to \boldsymbol{q}_c$，$\boldsymbol{\tau}$ 为驱动力向量。

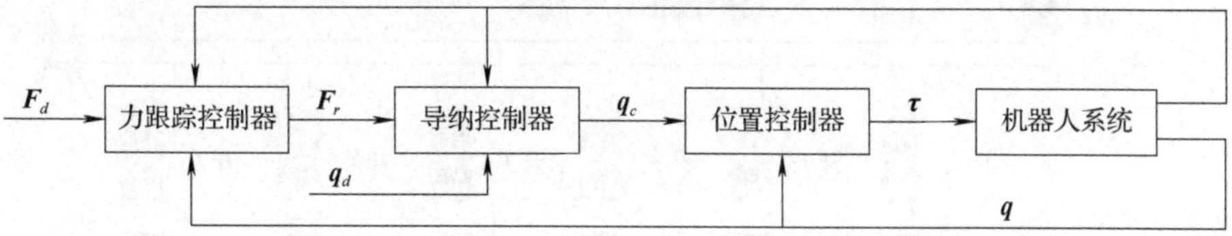

图 5-35　力跟踪导纳控制结构图

实际应用中，由于该机器人硬件设备的限制，上述的力跟踪控制器并不适合直接应用于实验中，$\ddot{\boldsymbol{F}}_d$、$\dot{\boldsymbol{F}}_d$ 和 $\dot{\boldsymbol{F}}_{\text{ext}}$ 往往难以获取，故将力控制器简化为

$$\boldsymbol{F}_r = \boldsymbol{k}_p(\boldsymbol{F}_d - \boldsymbol{F}_{\text{ext}}) + \boldsymbol{k}_i\int(\boldsymbol{F}_d - \boldsymbol{F}_{\text{ext}})\mathrm{d}t - \boldsymbol{B}_d\dot{\boldsymbol{q}} - (\boldsymbol{K}_d + \hat{\boldsymbol{k}}_e)(\boldsymbol{q} - \boldsymbol{q}_0) \tag{5-42}$$

将系统的闭环特性与环境的接触模型融合，考虑$\dot{\boldsymbol{q}}_0=\ddot{\boldsymbol{q}}_0=0$，并令$\Delta\boldsymbol{k}_e=0$和$\Delta\boldsymbol{q}_e=0$，可得

$$\boldsymbol{M}_d(\ddot{\boldsymbol{q}}-\ddot{\boldsymbol{q}}_0)+\boldsymbol{k}_p\hat{\boldsymbol{k}}_e(\boldsymbol{q}-\boldsymbol{q}_0)+\boldsymbol{k}_i\hat{\boldsymbol{k}}_e\int(\boldsymbol{q}-\boldsymbol{q}_0)\mathrm{d}t=-\boldsymbol{k}_p\boldsymbol{F}_d-\boldsymbol{k}_i\int\boldsymbol{F}_d\mathrm{d}t \tag{5-43}$$

则$\boldsymbol{F}_d$与$\boldsymbol{q}-\boldsymbol{q}_0$之间的闭环传递函数为

$$\boldsymbol{G}(s)=\frac{-\boldsymbol{k}_p s-\boldsymbol{k}_i}{\boldsymbol{M}_d s^3+\boldsymbol{k}_p\hat{\boldsymbol{k}}_e s+\boldsymbol{k}_i\hat{\boldsymbol{k}}_e} \tag{5-44}$$

式中，s为滑模函数；传递函数分母中s^2前的系数为0，使得系统的特征方程缺项，因而是一个不稳定系统，进一步修改力控制器变为

$$\boldsymbol{F}_r=\boldsymbol{k}_p(\boldsymbol{F}_d-\boldsymbol{F}_{\text{ext}})+\boldsymbol{k}_i\int(\boldsymbol{F}_d-\boldsymbol{F}_{\text{ext}})\mathrm{d}t-\boldsymbol{B}'\dot{\boldsymbol{q}}-(\boldsymbol{K}_d+\hat{\boldsymbol{k}}_e)(\boldsymbol{q}-\boldsymbol{q}_0) \tag{5-45}$$

其中，参数$\boldsymbol{B}'$为修正的阻尼系数，且满足$\boldsymbol{B}_d-\boldsymbol{B}'>0$。这样系统的闭环传递函数变为

$$\boldsymbol{G}(s)=\frac{-\boldsymbol{k}_p s-\boldsymbol{k}_i}{\boldsymbol{M}_d s^3+(\boldsymbol{B}_d-\boldsymbol{B}')s^2+\boldsymbol{k}_p\hat{\boldsymbol{k}}_e s+\boldsymbol{k}_i\hat{\boldsymbol{k}}_e} \tag{5-46}$$

5.4.3 6-UPS 并联机器人控制系统构建

在机器人的开发中，对于硬件系统，我们期望的是，发送给驱动器的控制指令可以同时到达驱动器，想什么时候发送指令就什么时候发送，也就是说需要机器人硬件系统具有很好的实时性和同步性。机器人控制系统的实时性是研究机器人控制算法的基础，离开了实时性，一切控制算法都将显得毫无意义。由于 EtherCAT 协议优异的性能，本书中的机器人控制系统硬件平台采用 EtherCAT 总线作为软件和硬件通信的桥梁，由 EtherCAT 主站和从站组成。其中，主站采用的是研华科技的 IPC，从站使用的是松下电器公司的 A6B 型总线伺服驱动器，以及倍福的 EtherCAT 总线耦合模块和相应的 I/O 模块等。系统硬件结构如图 5-36 所示。

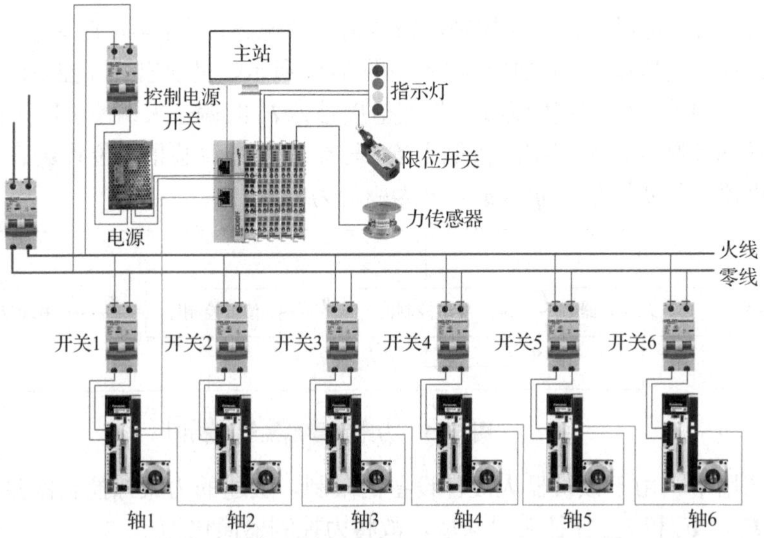

图 5-36　系统硬件结构图

在 EtherCAT 总线的主从系统中，主站和从站之间使用双绞线进行连接。主站使用标准

的以太网网卡发送和接收以太网数据帧，从站通过专用的从站处理器处理总线上到达自己的数据帧。数据帧从主站出发，沿着网络结构经过每个从站，对于每个从站来说，当数据帧经过的时候，从站处理器会从数据帧获取针对自己的控制数据，并将需要发送给主站的数据插入数据帧中，依次对每一个从站进行处理，直到数据经过最后一个从站的时候，将数据帧原路返回给主站，完成一个任务循环。图 5-37 为该机器人的总线工作结构图。要使得 EtherCAT 主站在 Linux 系统中稳定可靠，需要对 Linux 系统进行实时化改造，下面将分别介绍 Linux 系统实时化改造的过程以及 EtherCAT 主站和从站的实现。

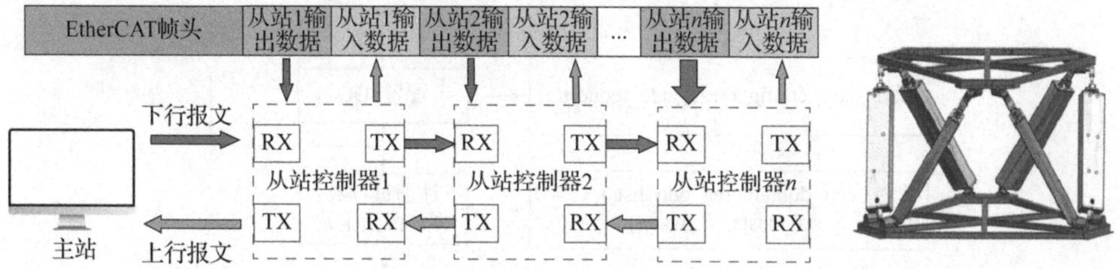

图 5-37　机器人的总线工作结构图

1. 基于 Xenomai 的 Linux 系统实时化改造

机器人的运动控制算法对于实时性和稳定性有着非常严格的要求，同时机器人控制系统还应该具有处理多任务问题的能力，目前在机器人控制系统中流行的操作系统有 Linux、Windows 等。相比较于 Windows，Linux 源代码开放，具有较多的实时拓展框架，并且对于操作一体的系统实时化改造比较友好，开发人员具有较高的自由度。EtherCAT 协议本身的实时性较差，为提高其实时性，需要对 Linux 内核进行实时化改造，该机器人控制系统采用 Xenomai 作为实时框架对 Linux 操作系统进行实时化改造。

通过获取 Xenomai 和 Linux 的内核源码，为 Linux 内核打上对应版本的 Xenomai 的补丁，再对 Linux 内核进行配置，之后编译内核并进行安装测试，便完成了 Linux 系统的实时化改造。

2. EtherCAT 主站开源模块与程序设计

主站的应用程序设计流程如图 5-38 所示。主站模块是整个 EtherCAT 主站系统中的核心模块，目前开源的 EtherCAT 主站有 SOEM(simple open EtherCAT master)和 IGH，相比较于 SOEM，IGH 完全实现了 EtherCAT 协议的内容，具有更好的发挥空间。因此该机器人控制系统选择 IGH 作为开发框架。主站应用程序通过调用 EtherCAT 函数接口以及 Xenomai 函数接口创建实施控制任务，实现主从站之间的数据通信。

在主站程序中，提供了从站的 PDO 条目以及 PDO 映射、从站位置、设备号等信息，通过这些信息对从站进行配置，主站便可识别相应的从站模块。PDO 是过程数据对象，是负责主站和从站之间进行周期性信息交换的桥梁。在过程数据域中注册好 PDO 之后，激活主站。Xenomai 开辟实时线程，并创建周期性的实时任务函数，便可对数据帧进行接收、解析以及发送，完成机器人控制系统中的实时任务。SDO(服务数据对象)用于非实时任务的数据交换，可对伺服电机参数等进行设置。

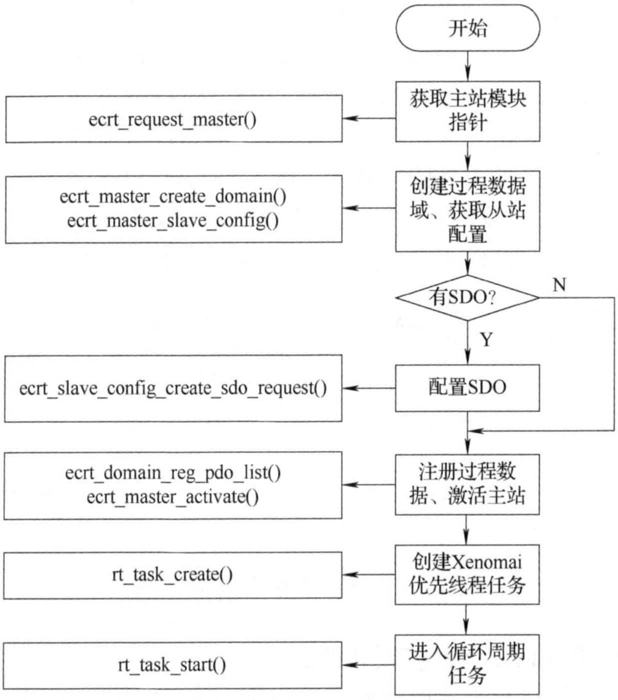

图 5-38　主站应用程序设计流程图

3. EtherCAT 从站驱动实现

伺服电机和倍福的 I/O 模块在 EtherCAT 总线下的控制是通过 CoE 协议实现的，IGH EtherCAT 主站通过该协议便可对相应的伺服电机以及 I/O 模块进行控制。CoE 协议中最重要的是对象字典，它定义了从站设备的各种参数和数据，这些参数和数据在 CoE 的对象字典中都有自己的唯一标识。在从站配置的过程中，主要是设置从站的 PDO 配置信息以及创建过程数据域管理的周期性任务要使用的 PDO，周期性任务通过读写 PDO 实现数据交互，进而实现从站的控制，驱动程序执行流程如图 5-39 所示。

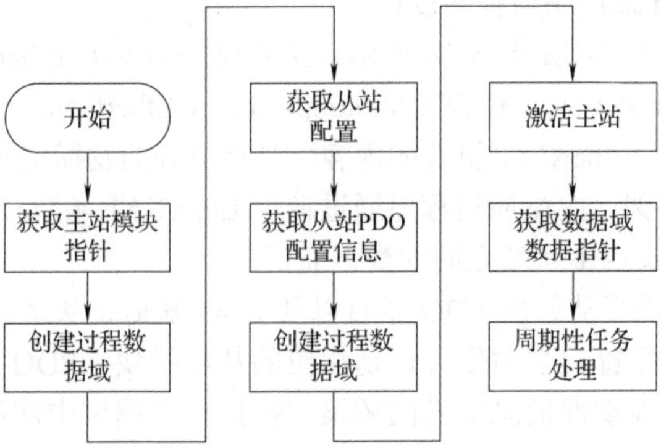

图 5-39　驱动程序执行流程图

该机器人控制系统中实现周期性任务所需配置的 PDO 以及相应的对象字典如表 5-1 所示。PDO 映射涉及对象字典到 PDOs 的应用对象(实时过程数据)的映射关系，在 EtherCAT 中，

RXPDO 是主站发送给从站的下行报文，如表 5-1 所示，用于设置从站的控制字、运行模式以及目标力矩、巡航速度等。TXPDO 是从站发送给主站的上行报文，可以返回从站的状态字、跟随误差、实际位置、实际速度等。通过 IGH 主站提供的 API，可以设置或者获取从站的所有对象字典的相关数据。

表 5-1　配置 PDO

索引	PDO 入口	名称	类型
0x1600 RXPDO1	0x6040.0	控制字	UINT16
	0x6060.0	运行模式	SINT8
	0x6071.0	目标力矩	UINT16
0x1601 RXPDO2	0x6081.0	巡航速度	UDINT32
0x1A00 TXPDO1	0x60F4.0	跟随误差	DINT32
	0x6041.0	状态字	UINT16
0x1A01 TXPDO2	0x6064.0	实际位置	DINT32
	0x606C.0	实际速度	DINT32

力跟踪实验装置如图 5-40 所示，在 6-UPS 并联机构上平台的 x 方向上安装了一个刚度为 2000N/m 的弹簧作为接触环境，控制机器人上平台末端 x 方向与弹簧间的接触力 F_x，跟踪期望接触力 F_d。实验中力跟踪控制器选择式(5-45)，采用导纳控制，控制系统的参数为 $\boldsymbol{M}_d=\mathrm{diag}(70,70,70,30,30,30)$，$\boldsymbol{K}_d=\mathrm{diag}(1,1,1,0.5,0.5,0.5)\times 10^3$，$\boldsymbol{B}_d=2\sqrt{K_d M_d}$，$\boldsymbol{k}_p=\mathrm{diag}(10,10,10,10,10,10)$，$\boldsymbol{k}_i=(50,50,50,50,50,50)$，$\boldsymbol{B}'=\mathrm{diag}(1,1,1,1,1,1)\times 10^2$，

$$\boldsymbol{q}_0=(180,0,1279.8,0,0,0)^{\mathrm{T}}\ ,\quad \hat{\boldsymbol{k}}_e=2000\mathrm{N/m}$$

期望接触力为

$$F_d=\begin{cases}25\cos(t)-25\mathrm{N}\ , & 0\leqslant t<\pi\\ -50\mathrm{N}\ , & \pi\leqslant t<5\pi\\ 25\cos(t)-25\mathrm{N}\ , & 5\pi\leqslant t<6\pi\end{cases}\tag{5-47}$$

式中，t 的单位为秒。

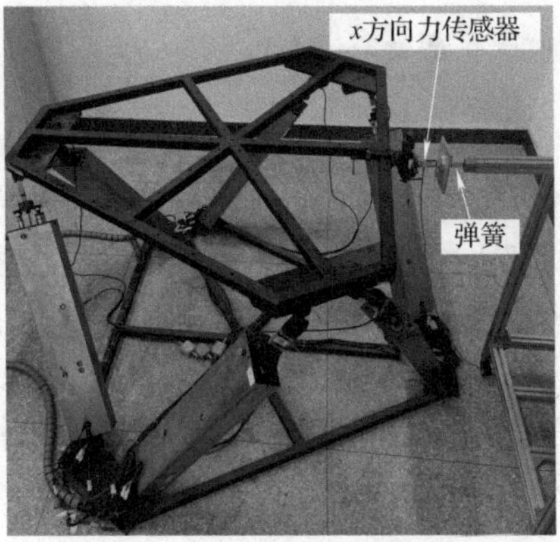

图 5-40　力跟踪实验装置

我们的控制目标是让实际接触力尽可能地跟随期望接触力。在进行力跟踪的过程中，控制系统将期望接触力传递给力跟踪控制器，同时实际接触力以及实际的关节位置会反馈回来，力传感器的数据通过倍福 EL3068 模块返回，关节位置通过驱动器返回；力跟踪控制器通过实际接触力和期望接触力的偏差来调节阻抗控制力；导纳控制器接收实际接触力以及理想关节位置进而调整指令位置，理想关节位置是将期望接触力作为参数并通过逆向动力学求解；位置控制器通过实际位置与指令位置的偏差来调节驱动力向量，驱动力向量通过 EtherCAT 主站 PDO 将数据写入并将控制信号发送给驱动器，进而完成机器人的力跟踪。

图 5-41 展示了实际接触力和期望接触力的对比，实线为期望接触力的变化曲线，虚线为实际接触力的变化曲线，实际接触力能够很好地跟随期望接触力，两条线的轨迹基本保持一致，虽然有所波动，但是最大的地方不超过 5N。图 5-42 展示了该实验中的力跟踪误差，经计算可得，力跟踪的均方根误差为 1.126N。由实验结果可知，设计了的控制器在力跟踪实验中展现出了良好的控制效果，接触力的误差被控制在很小的范围内，说明该控制器在实际应用中是十分有效的。

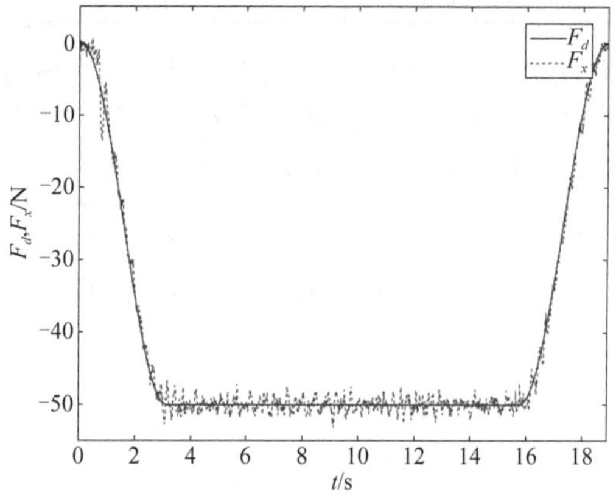

图 5-41　实际接触力与期望接触力

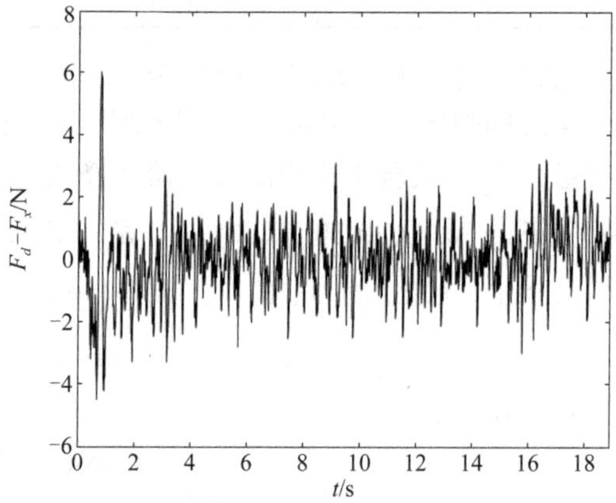

图 5-42　力跟踪误差

5.5　小　　结

本章主要介绍了机器人控制系统的组成以及机器人的控制方法和控制装置。首先论述了几种机器人控制方法，包括机器人的位置控制、力控制和智能控制技术。其中，机器人的智能控制技术又包括机器人的模糊控制和神经网络控制。其次介绍了机器人的控制装置，主要包括嵌入式机器人控制系统、以 PLC 为核心的机器人控制系统、基于运动控制器的机器人控制系统和总线式机器人控制系统。最后从机器人控制算法设计和机器人控制系统构建两个角度出发介绍了 6-UPS 并联机器人的控制系统。

习　题

5-1　阐述机器人控制系统的特点。

5-2　机器人力控制和位置控制的基本原理是什么?

5-3　神经网络控制的基本原理是什么?和传统控制系统相比，这种控制方式对机器人的哪些控制特性有提高?

5-4　嵌入式机器人控制系统有什么优点与局限性?

5-5　阐述机器人控制系统的基本功能。

5-6　阐述嵌入式机器人控制系统的主要组成及特点。

5-7　举例说明不同机器人控制装置的主要应用场景。

第 6 章　机器人的应用

6.1　概　　述

机器人的应用已经随着机器人技术的快速发展而拓展到了诸多领域，在一些场合已经可以完全实现机器人代人，并体现出优于人类的许多优点。本章主要讲述机器人系统在典型应用场景中的发展历史与研究现状，主要包括航空航天领域、军事领域、工业领域、医疗康复领域、服务领域、教育领域等。

6.2　机器人在航空航天领域的应用

6.2.1　航空航天机器人发展历史

自古以来，人类对宇宙充满了无限的遐想，但由于科技水平的限制，直到近代航空航天才取得了突破性的进展。1903 年，莱特兄弟自制的名叫“飞鸟”的飞机试飞成功，将人类的活动从地面扩展到了天空。1961 年，苏联宇航员加加林乘飞船绕地球一圈，历时 108min 后成功返回地球，开创了人类载人航天的新纪元，将人类的活动拓展到了太空。1969 年，美国宇航员阿姆斯特朗成为登月第一人，将人类的活动拓展到了外星球，人类的生活空间进入了一个新的阶段。随着航空航天技术的快速发展，一方面，人类对太空活动空间不再局限于简单的探索和考察，而是向着开发和利用太空的方向发展，人们期望用机器人去完成太空中的各种危险活动，以实现人类对太空的开发。另一方面，航空航天飞行器的生产数量和种类急剧增加，需要高效率和高质量的制造装配技术，人们期望利用机器人去提高生产效率和质量、降低生产成本、提高综合性能。由此出现了一类新型的智能机器人——航空航天机器人。航空航天机器人是涉及航空航天装备的制造装配或作业的一类智能机器人。

机器人在航空航天领域的应用起始于 20 世纪 70 年代，美国提出了在空间飞行中使用机器人系统的概念，并在航天飞机上予以实施。随着美苏争霸的进行，航空航天领域的机器人研究得到了飞速的发展，演变出了针对各种应用场景的机器人，如自由飞行空间机器人、机器人卫星、空间实验用机器人和星球探测机器人。近年来，由于机器人技术的迅速发展和航空航天制造业需求的增大，涌现出了一批用于航空航天制造装配的机器人，如钻孔铆接机器人、焊接机器人和飞机表面损伤检测机器人。因此，航空航天机器人按照应用场景可以分为两类：面向航空航天制造装配的机器人和面向太空作业的机器人。

航空航天机器人不管是在航空航天制造装配方面还是在太空作业方面都具有重要的价值和意义。

(1) 在航空航天制造装配方面：①机器人加工精度高，可以提高航空航天装备的质量。②机器人代替人进行航空航天装备的制造装配，可以改善劳动环境、减轻劳动强度。③机器人具有更高的生产效率，可以大大降低生产成本。

(2) 在太空作业方面：①机器人可以在强的宇宙辐射下完成对航天器的维护和修理。②机器人可以承担大型空间站的运输和组装任务。③机器人可以代替人类勘察未知星球，获取其气候变化、土壤成分和地形地貌数据。

6.2.2　面向航空航天制造装配的机器人

1. 钻孔铆接机器人

1) 钻孔铆接机器人概述

随着 C919 的落地、ARJ21 的试飞成功、“天问一号”的火星探测成功，以及天宫空间站的建立，我国的航空航天事业迈向了一个新的台阶。与普通的工业机器人不同，钻孔铆接机器人融合了智能机器人技术和飞行器装配技术，其关键技术如下。

(1) 高精度。飞行器最重要的指标是稳定性，而孔位的精度(包括孔的圆度、垂直度和位置精度等)会直接影响飞行器结构件的稳定性和寿命。传统的工业机器人的定位精度仅能达到±0.3mm，并不能满足高精度制孔的要求。利用视觉、力和位置的多传感器融合技术来实现机器人精确定位、精确末端位置控制、振动抑制和动态误差补偿等是高精度制孔的关键。

(2) 多功能末端执行器。钻孔铆接机器人的末端执行器应具有孔位检测、法相测量、压紧、高精度进给、精确控制制孔/锪孔深度、刀具冷却、自润滑和吸排屑等功能。

(3) 复层材料的制孔工艺。飞行器的结构中存在碳纤维、钛合金等多种难加工材料，减少在复层材料制孔时的颤振、消除复层材料间的间隙、提高制孔质量也是关键技术之一。

根据钻孔铆接机器人的作业方式可以将其划分为大型自动钻铆系统、基于工业机器人的制孔系统和轻量化自动制孔系统三类。图 6-1 是三类钻孔铆接机器人的典型应用，表 6-1 是三类钻孔铆接机器人的工作方式和优缺点。

(a) 大型自动钻铆系统

(b) 基于工业机器人的制孔系统

(c) 轻量化自动制孔系统

图 6-1　三类钻孔铆接机器人

表 6-1　三类钻孔铆接机器人的工作方式及优缺点

制孔系统	工作方式	优点	缺点
大型自动钻铆系统	钻铆机固定，托架系统移动工件，实现制孔	设备刚度高，制孔质量稳定；绝对定位精度高；制孔位置精度高；制孔质量好	设备笨重，所需场地面积大；设备成本高
基于工业机器人的制孔系统	工件不动，工业机器人调整姿态或者移动制孔	制孔质量高；制孔精度较高；制孔效率高；加工范围大	设备刚性差；机器人绝对定位精度低；设备较为昂贵；设备占地面积大
轻量化自动制孔系统	工件不动，轻量化机器人自主移动制孔	制孔效率高、精度较高、质量较好；工作范围广；可在狭窄空间工作；设备轻巧；能耗低	机器人绝对定位精度低；设备刚性差

2) 钻孔铆接机器人典型案例

南京航空航天大学研制的轻型自主移动式机器人钻孔系统如图 6-2 所示。该系统的机械结构由自主移动机构和多功能末端执行器两部分组成。自主移动机构由伺服驱动装置和真空吸附装置组成，可以在大型的飞机工件表面上移动，并吸附在工件表面上。多功能末端执行器可以进行制孔和锪孔操作。该系统采用一主多从的控制模式，其中主站主要负责任务规划、数据处理、系统检测等功能，从站是控制机器人各关节运动的运动控制器。

该机器人的制孔流程如下。

(1) 系统开机初始化。自检测机器人的通信状态、气源气阀状态和传感器工作状态；初始化机器人系统，将机器人姿态复位。

(2) 导入离线编译的规划任务。将规划的制孔任务导入主机，并完成编译。

(3) 孔位检测。启动视觉检测系统，检测需要加工的孔位靶心，并移动机器人至加工位置。

(4) 法向调整。控制机器人的末端执行器对准待加工的孔位，并依据法向的检测算法调整刀具的姿态。

(5) 压紧制孔。启动汽缸，压紧工件，电主轴旋转，控制机器人的协同运动以完成进给，实现制孔和锪孔动作。

(6) 执行器复位。压紧件退回，末端执行器复位。

(7) 加工下一个孔位。循环步骤 (3) ～ (6) 的动作，完成剩余孔位的加工。

该机器人在制孔中的重复定位精度达到了±0.1mm，法向制孔精度偏差小于±0.5°。通过工艺优化可达到 H8 的制孔精度，并且制孔的效率可达每分钟 3～4 个。此外，南京航空航天大学还研制了 RFAS 自动化钻孔系统，如图 6-3 所示，以 KUKA 工业机器人为载体，在机器人末端集成钻孔设备，在控制软件中集成精度补偿算法，使机器人的空间绝对定位精度达到±0.5mm 以内，钻孔法向偏角在±0.5° 以内，采用 BECKHOFF TwinCAT 软件在 PLC 上完成所有硬件的集成和数字量、模拟量的采集与任务控制，该套机器人钻孔系统的制孔效率可达到每分钟 3～4 个，并可达到 H9 的制孔精度。

国外在钻孔铆接机器人方面也有很多先进的产品，如美国 EI 公司研制了一套高精度钻孔系统 (图 6-4)，它以 KUKA-KR500/L340 型号标准六关节工业机器人为载体，搭载集成了钻孔、锪窝、基准检测、法向检测和孔质量检测等功能模块的多功能末端执行器，可在外部扩展的线性第七轴上进行大范围的空间高精度加工。该系统可在碳纤维、铝、钢、钛合金等材料制成的零部件上完成加工任务。在这套系统中，EI 公司率先采用了外置 840Dsl CNC 二次编码系统来提高工业机器人的绝对定位精度，840Dsl CNC 控制系统还为用户提供了工业级接口，以根据实际需要进行编程和其他控制操作。

图 6-2 轻型自主移动式机器人钻孔系统

图 6-3 RFAS 自动化钻孔系统

图 6-4 EI 公司高精度钻孔系统

2. 飞机喷涂机器人

1) 飞机喷涂机器人概述

飞机制造过程中，大多数零件的最后一道制造工序都是表面喷涂。涂层对零件可以起到防腐蚀的作用，可有效抵抗高速飞行时飞机与空气的摩擦，减小雨雪风霜对机身的伤害，进而延长飞机的使用寿命，降低飞机的维护成本；而且优质的涂层可以使飞机表面光滑平整，改善飞机整体的空气动力性能。采用机器人进行自动化喷涂则在喷涂效率、喷涂一致性、安全环保等方面具有独到的优势。飞机喷涂机器人的关键技术如下。

(1) 大型复杂曲面喷涂规划。飞机的零部件通常具有表面尺寸大、曲面不规则的特点，机器人在一个工位上无法完成所有的喷涂，需要多个机器人合作完成。喷涂区域的自动规划、多机器人协作作业、喷枪运动轨迹的自动规划是飞机喷涂机器人的关键技术之一。

(2) 涂层厚度的均匀控制。涂层的质量决定了飞机的表面性能(如隐身性、抗氧化性等)，需要精确地控制飞机的涂层厚度。涉及的关键技术包括精确的喷枪模型、均匀的喷枪运动轨迹和最优的工艺参数。

(3) 喷涂机器人按照运动方式的不同可以分为串联飞机喷涂机器人、并联飞机喷涂机器人和串并混联飞机喷涂机器人。串联飞机喷涂机器人的优点是机器人的运动范围大、运动灵活、运动控制简单，但机器人的刚度差、负载小、末端定位精度低。而并联飞机喷涂机器人正好相反，它的末端定位精度高、刚性好、负载大，但其结构体积大、运动范围小、运动控制复杂。串并混联飞机喷涂机器人则承接了两者的优点。

2) 飞机喷涂机器人典型案例

飞机喷涂机器人喷涂的表面尺寸远超一般工业机器人的工作范围，因此需要对飞机喷涂机器人进行专门的设备优化，技术实施较为困难，并且门槛较高。波音、空客等飞机巨头企业都未能取得重要的技术突破，因此，飞机喷涂机器人的发展前途不可估量。

美国的洛克希德 · 马丁公司为 F-35 战机研制了一套机器人飞机精整系统(robotic aircraft finishing system，RAFS)，该系统由飞机定位系统、涂料输送系统、三坐标导轨、3 个六轴喷涂机器人以及离线编程系统等组成，通过三个机器人的协同工作，可完成 F-35 整个机身外表的自动化喷涂，如图 6-5 所示。

清华大学机器人与自动化技术及装备研究室研制的一系列超长大型多机器人喷涂系统，在喷涂机器人的结构、控制、测量、软件、工艺和系统集成方面具有一定的研究特色和技术优势，并已经取得了工程应用，如图 6-6 所示。

图 6-5　机器人飞机精整系统

图 6-6　清华大学研制的超长大型机器人喷涂系统

3. 飞机表面损伤检测机器人

1)飞机表面损伤检测机器人概述

在飞行过程中，飞机的表面蒙皮会长期承受交变负载，长期的环境腐蚀也会使飞机的蒙皮出现老化和破裂等问题，这些裂痕如果不处理将会导致严重的飞机事故。因此，全世界的民用航空公司强制要求对飞机蒙皮进行定期检测，检测方式分为超声检测、涡流检测等。这些无损检测方法的优劣势有所不同，检测工可以根据具体的任务要求选择合适的检测方法，以用最低成本达到最好效果。用于飞机表面蒙皮损伤检测的检测机器人应运而生，机器人在飞机表面损伤检测方面的应用可以提高检测效率、降低成本和提高检测精确性。飞机表面损伤检测机器人通常设计为爬行式的机器人结构，以适应复杂的飞机表面。飞机表面损伤检测机器人的关键技术如下。

(1)高适应性的吸附能力。机器人的高适应性吸附能力可以保证机器人在曲率复杂、不规则的飞机表面爬行而不脱落。

(2)最优化运动路径。由于飞机表面尺寸大，不合理的机器人运动路径将会导致漏检，并且可能因为重复检测而降低检测效率。因此，需要最优化机器人的运动路径，在保证检测全部表面的同时提高其检测效率。

(3)高精度检测。采用多传感器融合技术提高检测的精度，防止出现误检。

2)飞机表面损伤检测机器人典型案例

南京航空航天大学在飞机表面损伤检测机器人方面已经进行了多年的研究，并取得了丰硕成果，其研制的双框架飞机表面损伤检测机器人如图 6-7 所示。该机器人由两个框架结构组成，其中内外框架各由四条可伸缩机械腿构成，两个框架之间可以发生相对转动。框架中的机械腿末端装有真空吸盘，可以在支撑机器人自重(10kg)的情况下承受额外 10kg 的负载而不掉落。当机器人需要在飞机表面移动时，机器人可以利用外框和内框的滑动步态与转动步态来实现机器人的移动。当机器人进行前向运动时，机器人的移动顺序为：①将内框的机械腿抬起；②移动内框；③将内框的机械腿放下；④将外框的机械腿抬起；⑤移动外框；⑥将外框的机械腿放下。配合内外框架的旋转运动，机器人可以在飞机表面的任意方向移动。该机器人还搭载了工业摄像头，利用卷积神经网络的图像处理方法实现对飞机表面的精确检测。此外，中国民航大学和南开大学联合研制的用于飞机表面损伤检测机器人如图 6-8 所示。

图 6-7　双框架飞机表面损伤检测机器人

图 6-8　中国民航大学和南开大学联合研制的飞机表面损伤检测机器人

6.2.3　面向太空作业的空间机器人

1. 空间机器人关键技术

随着科技的发展，人类逐渐由地球向太空发展，并探索外星球，为以后人类的发展提供基础。但是，外太空存在微重力、强辐射、高真空、大温差、地形复杂等恶劣环境，使得宇航员在外太空作业存在极大的风险，并且耗资巨大。因此，外太空作业机器人化是实现外太空作业最为安全、经济的方法，也是目前世界各国的重要发展方向。由此发展出一类面向外太空作业的机器人——空间机器人。空间机器人的用途主要包括：①空间站的建设和维修；②航天器的维护和修理；③空间生产；④科学实验；⑤外星球的表面探测。与普通的特种机器人不同，空间机器人的特殊工作环境对其技术提出了特殊的要求，其关键技术如下。

(1) 机械结构轻量化设计。空间机器人通常是由运载火箭经过远距离的运输才能到达外太空的，空间机器人的运输成本极高，需要轻量化设计。

(2) 隔热和散热技术。外太空的昼夜温差极大，空间机器人需要多层隔热和高效率散热等技术。

(3) 电子元件抗辐射处理技术。在外太空通常存在大量的粒子辐射，易损坏电子元件，从而使机器人失控，因此电子元件需要抗辐射的处理技术。

(4) 超远距离通信。外太空探测机器人与地球的通信距离遥远，且传输过程存在大量的干扰，保证机器人超远距离通信是空间机器人的关键。

(5) 低能耗技术。空间机器人通常采用太阳能电池板配合蓄电池的供电方式，太阳能电池板的供电功率有限，并且需要供电的设备极多。空间机器人需要采用能耗极低的电子元件，并且通过算法优化机器人的计算量来降低能耗。

2. 星球探测机器人

星球探测机器人是空间机器人中的一种，星球探测机器人可以代替人类对未知星球进行前期的勘探，收集星球的气候信息、地形地貌、土壤组成和矿物等数据，为人类登陆做准备。经过多年的发展，星球探测机器人技术逐渐成熟，并且已经在月球和火星上进行了应用，这些机器人主要为探测车的形式。

“祝融号”火星探测车是我国第一台用于火星表面探测的星球探测机器人，它于 2021 年 5 月 15 日搭载“天问一号”探测器着陆火星，如图 6-9 所示。“祝融号”火星探测车总重 240kg，长 3.3m，宽 3.2m，高 1.8m，可以在火星上以 200m/h 的速度行进，使用太阳能电池供电，设计的工作寿命为 90 天。“祝融号”车身使用箱板式设计，包括主框架和箱板。“祝融号”的车身顶板上方安装了太阳翼和桅杆，在到达火星表面之后，先将前侧的桅杆展开，然后将侧后方的两片太阳翼展开，最后将左右两侧的太阳翼展开，开始充电储能。接着展开定向天线，与地面建立通信。最后将车身抬升，开始工作，采集周围的火星图片。“祝融号”的车身顶板下方装有电子设备，为了减少热量的损耗，“祝融号”的各种设备合理地布置在热舱和冷舱中。“祝融号”采用 6 轮独立驱动的轮式驱动方式和主动悬架构形，是国际上首次在星球探测机器人上使用主动悬架。

此外，美国 1997 年发射的“索杰纳”火星车(图 6-10)，以及 2003 年发射的“勇气号”(图 6-11)和“机遇号”火星车等都是星球探测机器人。

图 6-9 “祝融号”火星探测车

图 6-10 “索杰纳”火星车

图 6-11 “勇气号”火星车

3. 空间轨道机器人

空间轨道机器人主要用于空间站的建设、航天器的维护和修理、空间生产和科学实验等。空间轨道机器人应用最广泛的便是空间机械臂，空间机械臂通常有 5～10 个自由度，长度则是几米到十几米，主要安装在空间站、航天飞机和航天器上。空间机械臂的主要任务包括搬运设备、辅助航天器对接、在轨建设、捕获卫星等。

国内天宫空间站的机械臂就是典型的空间轨道机器人，如图 6-12 所示。天宫空间机械臂完全模仿人体手臂的 7 个自由度，具有极高的灵活性。天宫空间机械臂的展开长度为 10.2m，重 738kg，可承载 25t 的负载，并且机械臂两个末端安装有末端执行器，可以在天宫空间站爬行。天宫空间机械臂的用途包括辅助天宫空间站的前期组装、搬运货物、辅助航天员的舱外活动、辅助舱体转位及对接。

国外也在研制利用一系列的空间轨道机器人，如加拿大航空局研发的空间轨道机器人 Canadarm，如图 6-13 所示。Canadarm 被用来部署和回收太空中的运载物，它的臂长 15.2m，直径为 38cm，重量约为 431kg，可以操控高达 14515kg 的有效载荷以 0.06m/s 的速度移动，最大作业载荷为 265810kg，可以完成组装空间站的任务。德国宇航中心研制的空间轨道机器人 ROTEX 如图 6-14 所示。

图 6-12 天宫空间机械臂

图 6-13 加拿大空间机械臂

图 6-14 德国空间机械臂

6.2.4 航空航天机器人展望

航空航天事业的发展推动了机器人技术的进步，反过来机器人在航空航天领域的应用又促进了航空航天事业迈向一个新的台阶。在面向航空航天制造装配方面，面对航空航天制造领域大尺度、高精度、多品种和小批量的生产，钻孔铆接、飞机喷涂、飞机表面损伤检测等机器人的应用提高了企业的生产效率和质量，降低了生产成本。在航空航天制造领域，机器人仍有巨大的发展空间，未来航空航天制造机器人将向智能化、柔性化、轻巧化和协同化方向发展。在太空作业方面，空间机器人在空间站的建设、空间站的维护、太空科学实验、星球探测等任务中扮演着不可或缺的角色，但是由于其高成本和高精密的结构，只有少数的空间机器人可以飞上太空尝试完成少数的既定任务。高强度和轻质量的机械结构、稳定的远距离通信技术、鲁棒的自动探测技术等都是未来空间机器人需要发展的重点。

6.3　机器人在军事领域的应用

6.3.1　军用机器人发展历史

近年来，随着国际安全形势的不断演变以及高新技术在军事领域的广泛应用，在世界范围内掀起了在军事思想、战争形态、武器装备、卫勤装备、军队建设诸多方面的变革。现代战争中，由核生化等高技术武器的应用导致的战场的危险性巨增，以及反恐、地震等现场救援环境的复杂性，使得卫勤保障人员往往囿于自身的生理及心理，不能完全满足保障任务的需求。在这种情况下，开展军用机器人等无人装备的研究显得尤为必要。

军用机器人是一种用于完成以往由人员承担的军事任务的自主式、半自主式或人工遥控的机械电子装置。它是以完成预定的战术或战略任务为目标，以智能化信息处理技术和通信技术为核心的智能化装备。与一般人员和普通机器人相比，军用机器人主要具有以下优势：智能化程度高；作战时，生存能力强；面对复杂环境时的适应能力强；依从性强，完全服从命令和指挥；维护费用低；可长时间连续作战，休整时间短。由此可见，军用机器人可以替代一般人员完成复杂或危险条件下特殊的军事任务，使军人在战争中免遭伤害，减少人员伤亡，同时在一定程度上提升作战效能，降低作战成本，所以，军用机器人的发展具有极其重要的意义。

机器人直接运用于作战可以追溯至第二次世界大战。1940 年末，德国陆军复制了一款法国的小型履带式车辆，从而研制出了约 5000 台“遥控小恶魔”——“哥利亚”(Goliath)遥控炸弹，这是机器人首次应用于军事用途。第二次世界大战初期的冬季战斗中，苏联首次用无线电遥控战车进行作战。在此之后，德苏战争时期，苏联红军组成了至少两支遥控战车营用于冬季战争中。遥控战车装有 DP 轻机枪、火焰喷射器和烟雾弹等武装；有时也会装载 200～700kg 的装甲计时炸弹。遥控战车也被设计成能使用化学武器的装备，但在战斗中未曾使用过。每台战车，根据型号的不同，有能力辨识 16～24 种不同的无线电波指令；遥控端透过频率的切换可避免受到干扰。非战斗时，遥控战车可改为手动驾驶。

随着 20 世纪 60 年代电子技术的巨大突破，小型计算机的出现打破了这种局面。到了 70、80 年代之后，微型计算机以及各种传感器开始使用，机器人开始有了“感觉”，军用机器人技术得到了快速的发展。1995 年，GPS 开始应用，美国“捕食者”(Predator)机器人首次服役。到了 21 世纪，电池寿命增长，计算机技术进步，人工智能出现，机器人开始有了“思维”和“判断”能力，军用机器人发展进一步加快。

军用机器人是机器人极为重要的一个分支。它们的外形千姿百态，尺寸大小不一。目前各个国家所研究的军用机器人按其作战领域大致可以分为地面军用机器人、空中军用机器人、水下军用机器人。也可按照机器人的设计功能进行分类，如分为作战与攻击、侦察与监视、战况分析与指挥、排雷与布雷、防御与保安、后勤与维修、防化与防辐射、通信中继与战场救护等机器人。

6.3.2 地面军用机器人

在现代战争中，地面战场依旧是战争过程中的关键部分，因此发展先进的地面作战机器人具有重要意义。地面军用机器人的主要功能包括作战、侦查、运输、医疗和维修等方面，由于地面环境复杂，机器人必须具有一定的自主越野能力，往往地面军用机器人为履带式或者多轮式，以提高其越野性能；为方便在山地、丛林间行走，也有少数机器人被设计成腿式。按照其智能程度主要可以分为自主式和半自主式两类，自主式军用机器人一般具有智能导航功能，能够按照给定的目的地实时地根据现场环境躲避障碍物，自主规划合适的路径。半自主式军用机器人主要是在人类的监控下进行移动，也有一定的自主能力，遇到困难，可以通过人为遥控干预。

1. 关键技术

地面自主式军用机器人是一个组成结构非常复杂的系统，它不仅具有加速、减速、前进、后退以及转弯等常规的汽车功能，还具有任务分析、路径规划、路径跟踪、信息感知、自主决策等类似人类智能行为的人工智能。地面军用机器人的研究涉及机械、控制、传感器、人工智能等技术，其中关键的技术为数字地图技术、视觉技术、传感器信息融合技术、路径规划技术等。

1）数字地图技术

地面军用机器人得到定位信息之后，需要地图信息来确定自身所处的位置与目的地之间的关系，并根据地理环境信息和路径规划准则得到最优的行驶路径。在数字地图技术方面，需要着重考虑地理信息系统的组织形式，即数据建模。地面自主式军用机器人的导航需要综合基于几何的观点和基于特征的观点的优点来建立一种综合的数据模型。

2）视觉技术

应用于地面自主式军用机器人的视觉技术需要具备实时性、鲁棒性和实用性等特点。实时性是指视觉系统的处理能力必须与车辆的行驶同步进行；鲁棒性是指在不同的气候条件下，对不同的道路环境都具有良好的适应能力；实用性是指具有优良的性能价格比，可以为用户所接受。地面自主式军用机器人的视觉技术主要应用于路径的识别和跟踪。

3）传感器信息融合技术

在地面自主式军用机器人的定位和导航系统中，使用单一的传感器不能为系统提供足够的信息，需要使用多传感器相互补偿，甚至是冗余的定位和导航信息。各个传感器信息在时间和空间上的冗余和互补性可以为系统提供额外的益处，如稳定的可操作性、扩展的空间覆盖、扩展的时间覆盖和增强的可信度等。

4）路径规划技术

地面自主式军用机器人的路径规划能力是其智能水平的重要体现。但是复杂环境下的路径规划一直是地面自主式军用机器人技术中的一项技术难题。

2. 典型案例

美国对于军用机器人的重视程度一直都很高，2017 年 3 月，美国陆军发布了《美国陆军机器人与自主系统战略》，对机器人的要求进一步提高，要求其能够感知战场姿态、减轻士兵体力和认知工作负担等。美军目前已经装备了多种型号的地面无人装备，最典型的莫过于“魔爪”系列、派克博特系列、侦察兵 XT 机器人等，并且在战场上也广泛开展了实验。

从 2003 年伊拉克战争开始后，美军就订购了福斯特 · 米勒公司研制的一大批“魔爪”机器人(图 6-15)。在使用的过程中发现，它们除可以执行清除简易爆炸装置和地雷的高危行动之外，还具有冲锋陷阵的潜力，于是美军将它们用作武装机器人，并于 2005 年 3 月开始在伊拉克战场上部署“魔爪”机器人。该机器人可装备 M240 或者 M249 型机枪，还可以装备火箭发射器，陆军士兵可以躲在安全地带对其遥控指挥，射击敌人。“魔爪”重约 36kg，装备的电池可以保证其以 8.4km/h 的速度持续行走约 32km。在待机状态(监视)下，机器人的电池充一次电可以连续使用 1 周。

目前，美国在机器人的研究方面处于领先地位，由波士顿动力公司研制的机械狗已经在控制算法方面取得了巨大的突破。“大狗”四足机器人(图 6-16)已经能够实现在复杂的环境中行走，可以帮助士兵搬运行军物资，将主要的能量应用于军事作战方面。在阿富汗战场上，美军就向阿富汗派遣“大狗”作为增兵计划的一部分。“大狗”与常规的机器人不同，主要通过汽油发动机来驱动液压系统，从而实现行走、跳跃等动作，四条腿完全模仿了动物四肢的设计，具有一定的越野能力。通过内部的计算机，“大狗”可以实现实时调整姿态、保持平衡，它可以按照预先设定的路线进行行走，也可以进行远程控制。在 2015 年的时候，美军开始试验这款机器人与士兵协同作战的能力，它可以携带超过 150kg 的重物，在当代美军的装备中，各种枪械、通话器、备用电池等的重量往往为 30～60kg，这大大减轻了士兵的体力消耗，可以大幅度提高士兵的战斗力。

除了人为操控的军用机器人，还有一些主要是直接与人体相结合的军用机器人，称为外骨骼机器人，主要用于提高士兵的战斗力，减轻士兵的负担，增加持续作战时间。美国在这方面的研究一直处于国际领先地位，其开发的外骨骼机器人已经在部队使用，典型代表有 HULC 外骨骼机器人以及 XOS 外骨骼机器人。

在反恐、防暴等方面，我国专门研制了“灵蜥”反恐防暴机器人(图 6-17)，在国家 863 计划的扶持之下，由中国科学院沈阳自动化研究所研制，目前已经推出了 A 型、B 型、H 型等针对性不同的种类。“灵蜥”机器人头部安装了摄像头，可以实时反馈状态信息；其行走部分采用了“轮+腿+履带”的复合动作，可以实现原地转弯以及四个方向的移动，而且具有良好的越野能力；一只高强度的机械手可以抓取 5kg 的爆炸物。除了排爆，它还具有一定的反击能力，可以装备爆炸物销毁器、连发霰弹枪以及催泪弹等。

图 6-15　“魔爪”机器人

图 6-16　“大狗”四足机器人

图 6-17　“灵蜥”反恐防暴机器人

6.3.3 空中军用机器人

空中军用机器人主要指军用无人机，其采用遥控设备，通过远程控制深入敌军内部进行侦查，获取重要的战略信息，或者直接对敌军进行轰炸。随着人工智能技术、导航定位技术、材料技术等不断发展，新装备、新技术的需求日趋强烈，未来战场也将朝着智能化发展，军用无人机在未来作战中会得到更广泛的应用。

1. 关键技术

1) 导航技术

现有的军用无人机导航系统中都配置有种类不多的少量传感器，如空速管、磁航向传感器、垂直陀螺仪、GPS 接收机等。也有研究团队研制出 INS/GPS 组合导航系统，以较低精度的惯性传感器和一个 GPS 接收机为基础，利用卡尔曼滤波提高精度，最终获得质量较好的姿态信息和位置信息。

2) 自主控制技术

军用无人机的自主控制技术要能确保军用无人机在执行飞行任务的过程中根据当前环境和自身情况自主实施飞行操作行动，逐渐摆脱地面站和操控人员的外在控制。基于机器学习的态势感知和情景推理无疑是今后军用无人机进行自主控制的关键技术。

3) 集群协作技术

军用无人机集群协作技术也称作无人蜂群技术，是群集智能技术在军用无人机中的具体应用。核心是群集智能，在人工智能的控制下自主完成很多任务。

4) 机器视觉技术

军用无人机在空中畅行的关键技术之一是能够准确感知周围的环境态势。机器视觉是一项综合技术，包括图像处理技术、机械工程技术、控制技术、电光源照明技术、光学成像技术、传感器技术、模拟与数字视频技术、计算机软硬件技术等。

5) 图像识别技术

军用无人机在空中需要对目标物体进行追踪，这将利用图像识别技术，将设备识别到的图像进行图像差分及聚类运算，识别到目标物体的位置，并指挥摄像头对该物体进行追踪。

6) 隐身技术

采用复合材料、雷达吸波材料和低噪声的发动机可以使飞机的隐身性能得以提高，增加其战场的生存性能。目前，制造工艺方面也有着比较大的进步，进一步减少了表面缝隙，使得雷达反射面积进一步缩小。

2. 典型案例

目前从事军用无人机研究、生产的主要有美国、俄罗斯、以色列、英国、中国等三十多个国家，主要可以分为侦察军用无人机、诱饵军用无人机、电子对抗军用无人机、攻击军用无人机和战斗军用无人机。

最典型的侦察机是由美国诺思罗普 · 格鲁曼生产制造的“全球鹰”，有点类似于 20 世纪的洛克希德 U-2 侦察机。通过该军用无人机，后方的指挥官可以纵观整个战场，做出合理的抉择。它的传感器模块主要由合成孔径雷达、光电和红外感应器整合而成，具有广域和高解析两种模式，还可以实时地对目标进行标记。其导航采用的是 GPS 惯性导航。该重型军用无人机性能强大，航程高达 25000km，实用升限高达 20000m，速度可达 650km/h，续航 32h，净重 14628kg，还安装了防御性的电子对抗设备，这对空中侦察具有重要意义。

典型空中军用机器人案例如表 6-2 所示。

表 6-2　典型空中军用机器人案例

型号	外观	机型标准	功能	技术指标
RQ-4A/B “全球鹰”		重型军用 无人机	侦察(ISR)	最大飞行高度达 20000m，续航 32h， 净重 14628kg
MQ-1B “捕食者”		中高空远程	查打一体(CISR)	最大飞行高度为 15240m，续航 127h， 最大速度为 240km/h
“赫尔墨斯” 450 军用 无人机		轻型军用 无人机	监视侦察及目标捕获操作	最大飞行高度为 6096m，续航 20h
“哈洛普” 军用无人机	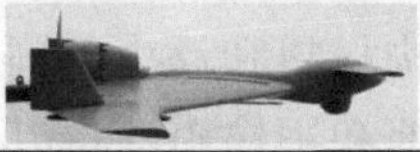	轻型军用 无人机	监视侦察、骗敌诱饵、 火力引导	巡航速度可达 185km/h，续航 6h
“彩虹” 军用无人机		轻型军用 无人机	查打一体(CISR)	巡航速度可达 400km/h，续航 120h

以色列也是世界军用无人机强国，它是继美国之后，在西方拥有有人驾驶战斗机最多的国家，而且在军用无人机革命中遥遥领先。以色列发展了各种型号的军用无人机，其中典型的有“侦察兵”军用无人机、“猛犬”军用无人机、“黑豹”军用无人机以及“统治者”XP 军用无人机等。“统治者”(Dominator)基于 DA42“钻石”双发轻型军用无人机，其最大起飞重量为 2000kg，包括 300kg 有效载荷，实用升限为 9150m，最大速度为 350km/h，续航 28h，属于中等飞行高度、长航时无人攻击机。

中国相比于其他国家的起步较晚，但是也取得了很大的进步，研制出了“彩虹”、“翼龙”、“天鹰”等系列的军用无人机。“彩虹”军用无人机由中国航天空气动力技术研究院研制，已经形成了较为完备的体系，可以对地面和海上目标进行打击。它搭载了 4 枚空地导弹，攻击误差小于 1.5m，巡航速度可达 400km/h，续航 120h。该型号的军用无人机主打长时间的滞空压制，是目前中国公开的挂载能力最强、飞行性能最优的军用无人机，具备强大的攻击能力，可达到发现即摧毁的目的，代表了中国军用无人机技术发展的高水平。

6.3.4　水下军用机器人

由于人类的潜水深度有限，而且水下作业环境非常恶劣，人类对于海洋的探知需要发展水下军用机器人。水下军用机器人主要应用于安全搜救、管道检查、资源勘探、信息侦查等方面。水下军用机器人主要分为有人潜水器和无人潜水器两大类。有人潜水器机动灵活，在人的操作下，能够处理复杂的问题，但是其成本比较高，而且对于驾驶员来说比较危险。无人潜水器就是常规的水下机器人，它一般通过遥控控制，可以分为无线和有线两种。

1. 关键技术

1）水下推进系统

目前作为水下军用机器人关键技术之一的水下推进系统多采用基于螺旋桨、喷流回转式和叶轮式等原理的常规推进器，并多以电磁电动机和液压马达作为原动机。这些常规推进器存在很多缺点：能源利用率低、结构尺寸大、重量大、对环境扰动大、噪声大、动密封性差和可靠性差。为适应海洋科学发展的需要，不得不寻找其他高效、机动灵活的水下推进方式。

2）信息融合

多传感器的信息融合技术把分布在不同位置的多个同类或不同类的传感器所提供的局部环境的信息进行综合，避免多个传感器带来的信息冗余问题，实现对环境的精确感知，提高系统决策、规划的快速性和准确性。

3）零可见度导航问题

水下定位采用的是声学定位技术。但迄今为止的水下定位精度不满足作业精度要求，对零可见度导航问题的研究转化为对声学、激光技术以及计算机图形学增强技术的研究。

4）材料和能源问题

水深增加造成的水压升高对高强度、轻质、耐腐蚀的结构材料和浮力材料的研发提出了更高的要求。目前水下军用机器人使用较多的能源是铅酸电池和银锌电池，其电池容量限制了水下作业的时间，对于高密度电池的研究投入逐渐增加。

2. 典型案例

美国的水下军用机器人设备发展比较早，目前处在全球的领先水平。Hydroid 公司的 REMUS-100 水下军用机器人是目前最为知名的超小型水下军用机器人，最大直径为 0.19m，长 1.6m，质量约为 37kg，最大下潜深度为 100m，其搭载的传感器可以搜索 3～150m 的声呐信号、环境数据，对不超过 60m 水深的目标具有非常好的适用性，可以快速地对浅水区的水雷进行侦查，并识别和定位，将所获得的数据传输给操控人员以便分析、评估。在 2003 年的伊拉克战争中，美军就用此款水下军用机器人进行了扫雷。在 2014 年的马来西亚航空公司失事客机的搜寻工作中，美军的“蓝鳍金枪鱼-21”在搜救过程中展现出了强大的能力，该水下军用机器人能够搭载多种传感器，可装备测深声呐、GPS、惯导单元、水下摄像机等有效载荷模块。

苏联是世界上开展水下军用机器人研究最早的国家，早在 20 世纪 70 年代末，苏联科学院远东分院技术控制部就研发了一系列的水下无人机器人，而且在当时其最大下潜深度就已经达到了 6000m，之后陆续进行了多次任务，包括在比斯开湾搜索 K-8 核潜艇，以及在马尾藻海 5000 多米的深处寻找 K-129 战略核潜艇。在苏联解体之后，其水下军用机器人的研究暂时受阻，后俄罗斯又继续进行了水下军用机器人的研发，代表性的产品有“大琴键-2”、“视野-600”、“马尔林-350”。“视野-600”属于小型的水下军用机器人，装备有机械手、声呐，可以以 6.5km/h 的速度航行，并探测到 100m 外的水下目标，可以应用于复杂的水下环境。

德国是传统的工业强国，在第二次世界大战中其 U 型潜艇给盟军造成了巨大的损失。直到现在德国依然非常重视水下设备的研究，德国 Atlas 公司开发了 SeaFox 无人水下军用机器人，该款水下军用机器人主要用于反水雷和水面船舶的检测，属于微小型的水下军用机器人。

我国相比较于其他国家，在水下军用机器人方面的研究起步比较晚，由于一些关键设备以及技术的限制，发展比较缓慢。为提高我国在海洋方面的话语权，2002 年国家将深海载人潜水器的研制列入了国家 863 计划，开展了“蛟龙号”的研制。2012 年 6 月，“蛟龙号”在马里亚纳海沟创下了下潜 7062m 的中国载人深潜纪录，此举标志着我国在深海载人潜水器方面的技术达到了国际领先水平。“蛟龙号”功能强大，可以进行深海探矿、海底高精度地形测量、海洋生物考察等多种工作，还具备一些顶尖的功能，例如能够实现悬停定位，在海底洋流的作用下依然可以保持稳定。典型水下军用机器人案例如表 6-3 所示。

表 6-3　典型水下军用机器人案例

型号	外观	功能	技术指标
“蓝鳍金枪鱼-21”		水雷探测、测量海底地形地貌、海底沉物探测以及数据采集	下潜深度可达 4500m，续航长达 30h
俄罗斯“大键琴”		海底测深，传输高分辨率图片	水下最大航速为 33kn，最大潜深 500m，续航 120 昼夜
德国 SeaFox 无人水下军用机器人		反水雷、水面船舶的检测以及水下攻击潜水艇	下潜深度为 300m，续航长达 6h
“蛟龙号”		深海探矿、海底高精度地形测量、海洋生物考察	下潜深度可达 7000m，续航长达 134h

6.3.5　军用机器人展望

为能在未来的信息化战争中取胜，各主要军事强国都在积极发展军用机器人技术，使其成为当前军事力量角逐的关键因素。未来军用机器人在作战隐蔽、侦察监视、定点攻击、诱敌攻击以及对敌干扰等方面将成为战场上不可或缺的元素，现阶段针对其海陆空的自主控制研究以及自动避障技术还有极大的发展空间。

6.4　机器人在工业领域的应用

6.4.1　工业机器人发展历史

机器人在诞生之初就被用来解决许多工业上的问题，机器人的发展与工业的发展息息相关，但直到 1954 年，工业机器人的概念才由 George Devol 提出。George Devol 申请了一个关于可编程部件转换的专利，研制了世界上第一台可编程的工业机器人样机，拉开了工业机器人的序幕。1987 年，国际标准化组织对工业机器人进行了定义：工业机器人是一种具有自动控制的操作和移动功能，能完成各种作业的可编程自动化装置。

第一代工业机器人是以 Verstran 与 Unimate 为代表的示教再现型机器人，能够完成简单的自动化需求，但由于其无法感知外界环境变化，即使出现错误也只会机械地执行原有程序，因此给实际生产带来许多困难。受益于 20 世纪 60 年代末传感器技术的飞速发展，研究者开始尝试往机器人上增加传感器，令机器人能够感知外界情况以调整要执行的动作，这便是第二代工业机器人。这类机器人带有各类传感器，能够判断力的大小、工件的位置等环境信息，能够实现更加多样化的功能与更高的作业精度，控制程序也更加复杂。

20 世纪 80 年代起，第二代工业机器人已经广泛投入商业应用，但研究者仍希望工业机器人能够有更高的柔性、更高的智能，能够自主决策甚至学习，第三代机器人也因此而产生。第三代机器人是智能机器人，它不仅能获取环境信息，还能利用智能技术进行识别、理解、推理，做出最优的决策，是能自主行动实现预定目标的高级机器人。

经过了 60 多年的发展，工业机器人已变得越来越智能化，在诸多领域得到了应用。例如，在毛坯制造(冲压、压铸、锻造等)、机械加工、焊接、热处理、表面涂覆、上下料、装配、检测及仓库堆垛等作业中，机器人都已逐步取代了人工作业。针对不同作业场景的工业机器人往往有着不同的负载能力、关节结构与工作空间。按照作业场景不同，工业机器人可以分为焊接工业机器人、材料传输工业机器人、机械加工工业机器人、喷涂工业机器人、装配工业机器人。我们将在后面的章节中进一步详细介绍这些不同种类的工业机器人。

6.4.2 工业机器人关键技术

目前的工业机器人是集机械、电子、控制、计算机、传感器、人工智能等多学科技术于一体的自动化装备，由执行机构、驱动系统、控制系统与感知系统构成。构成工业机器人各部分的核心便是工业机器人的关键技术。工业机器人的关键技术主要有减速器、控制系统、伺服电机、传感器。

为了满足工业机器人尺寸小、加工精度高的需求，工业机器人中的减速器往往具有中空结构、高重复定位精度、高旋转精度、高刚性的特点，能够承受重负载，且便于在不同工业机器人上安装布置。目前常用的工业机器人减速器种类有 RV 减速器、谐波减速器两种。

控制系统包括硬件和软件两部分，用于发布和传递动作指令。工业机器人控制系统硬件结构多采用计算能力较强的芯片。著名工业机器人公司如日本 Motoman、德国 KUKA、瑞典 ABB 等都有自主研发的控制器和独立的机器人编程语言。控制系统软件部分主要为控制算法，包括位置控制算法、速度规划算法与误差补偿算法。

工业机器人的伺服电机有最大功率质量比和扭矩惯量比、高启动转矩、低惯量和较宽广且平滑的调速范围的要求。特别是机器人末端执行器应采用体积、质量尽可能小的电动机，尤其是要求快速响应时，伺服电动机必须具有较高的可靠性和较大的短时过载能力。

自第二代工业机器人起，大量的传感器被安装在机器人系统中，为工业机器人提供必要的信息，提高机器人的适应能力。现有的诸多协作型工业机器人集成了力矩传感器和摄像机，以确保在操作中拥有更好的视角，同时保证工作区域的安全等。近年来，随着智能算法的发展与智能机器人的逐渐成熟，许多先进的视觉、触觉传感器也越来越常见。

6.4.3　工业机器人典型应用案例

1. 焊接工业机器人

焊接工业机器人广泛应用于汽车、工程机械、通用机械、金属结构和兵器工业等行业，具有性能稳定、工作空间大、运动速度快、负载能力强和焊接质量明显优于人工焊接等特点，提高了焊接作业的生产率。此外，应用焊接工业机器人还能节省人力成本，降低工人受伤害的概率。目前，已经形成了标准化、通用化和系列化的机器人生产模式。

焊接工业机器人的结构主要有三种，分别为外部变位机式、爬行式、龙门吊式。

外部变位机式焊接工业机器人有美国BUG-O公司研发的轨道焊接工业机器人系统(图6-18)，将机械臂安装在轨道、滑台等外部变位机构上，有较高的柔性，能够轻松应对工具姿态较为复杂的加工任务。由于世界各大机器人厂商生产的焊接工业机器人基本上均支持外接变位机，因此这种结构使用较为广泛。但其负载与工作空间较小，对于较重较大的工件比较吃力。

爬行式焊接工业机器人常用于长管道或船舶等大型平面焊接。例如，韩国船体焊接工业机器人(图 6-19)采用四轮行走机构，利用滑块调节焊枪的位置。焊枪及机器人底部安装有接触式传感器，用于焊枪的位置精度补偿，利用安装在机器人最前端的限位开关检测焊缝的起止点位置。该机器人采用了 MCU 作为控制器用于完成焊缝信号采集、运动控制、电机驱动以及人机交互等工作，且能通过人机交互界面控制机器人。

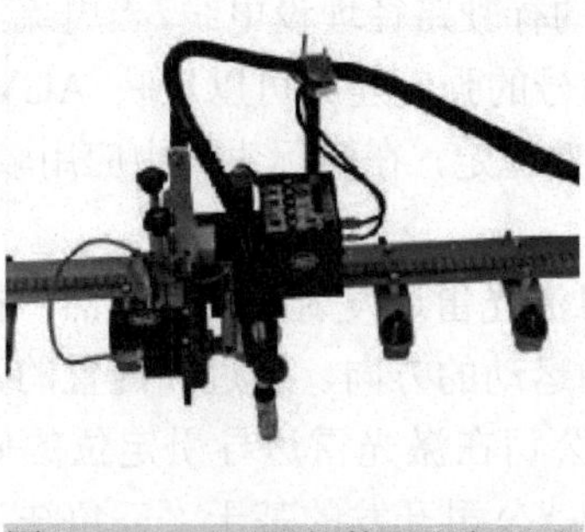

图 6-18　K-BUG 焊接工业机器人

图 6-19　爬行式焊接工业机器人

龙门吊式焊接工业机器人将机械臂倒挂在龙门结构上(图 6-20)，龙门结构与机器人的协同运动使得机器人的工作空间大幅度增加。该种结构占地空间比较大，一般应用于大型的加工车间中。如北京航空航天大学机器人研究所的龙门吊式焊接工业机器人，将六轴焊接工业机器人倒立悬挂在三轴龙门结构上，并利用该机器人对大型管道进行了相贯线焊接的多层多道焊接实验，取得了较好的焊接效果。

焊接工业机器人的关键技术有焊接导引、焊缝跟踪、缺陷监测。商业的焊接工业机器人通常使用电弧跟踪原理进行焊接的寻位与导引，而视觉传感器的应用也渐渐成熟。如山东大学的双轴变位机焊接工业机器人，是在上海新时达电气股份有限公司的焊接工业机器人 SA1400 的基础上，配备 L 形双轴变位机，面向管-管相贯线的焊接，设计的一套基于激光视觉的焊接专用机器人控制系统(图 6-21)。该机器人在工作时利用线激光器对正交型圆管相贯线焊缝进行预扫描，得到实际的焊缝信息，引导机器人焊接。然后根据焊缝信息对轨迹进行拟合插补，完成相贯线焊接任务。

图 6-20　龙门吊式焊接工业机器人

图 6-21　加装变位机的焊接工业机器人

2. 面向材料传输自动化的工业机器人

材料传输自动化是在工业生产中广泛采用自动控制、自动调整装置，来代替人工操纵机器和机器体系进行加工生产的趋势。在材料传输自动化条件下，人只是间接地照管和监督机器进行生产，由机器人自动执行预定的动作，减轻了生产线工人的数量与压力。材料传输工业机器人主要有自动引导小车(AGV)与码垛机械臂两种形式。

AGV 是指能够按照规划的路径行驶的，具有移动、负载等功能的地面机器人。AGV 有自动化程度高、灵活性强、安全性高等特点。AGV 按引导方式可分为电磁感应引导式、激光引导式、视觉引导式三种。

电磁感应引导式 AGV 一般是在地面上沿预先设定的行驶路径埋设电线，当电流流经导线时在导线周围产生电磁场，电磁感应器所接收的电磁信号的强度差异可以反映 AGV 偏离路径的程度。这种引导方式需要事先铺设轨道，但较为成熟稳定，在实际生产中应用较为广泛，如京东无人仓库中的 AGV(图 6-22)。

激光引导式 AGV 安装有激光雷达(图 6-23)，依靠激光雷达发射激光束，然后接收由四周定位标志反射回的激光束，计算出车辆当前的位置和运动的方向，通过和内置的数字地图进行对比来校正方位，实现自动搬运。目前国外很多公司在激光雷达导引定位的研发方面处于领先地位，已经成功进入应用市场。如瑞典原 NDC 公司开发的基于“三角法”的第四代 AGV 激光导航系统，其测量距离为 30～50m，采样频率为 60Hz，定位精度在 2cm 以内，并可以提供调度监控系统软件。美国丹纳赫传动公司收购 NDC 公司后所研发的 LS5 激光导航器，可用于室内、室外和冷藏环境，探测距离可达 50～70m。

图 6-22　京东无人仓库中的 AGV

图 6-23　安装有激光雷达的 AGV

在视觉引导式 AGV 行驶过程中，摄像机动态获取车辆周围的环境图像信息并与图像数据库进行比较，从而确定当前位置，并对下一步行驶做出决策。如南京航空航天大学的 AGV，针对复杂工业环境通过多目视觉传感器结合反向传播神经网络(BPNN)，为 AGV 提供引导，具有较高的智能性、精确性和鲁棒性，有广阔的前景。

码垛机械臂为能够抓取、移动、堆叠物体的机器人，主要用于短距离、立体空间的物料输送。第二次世界大战之后，日本的机械臂技术快速发展，其中发展最有代表性的为川崎码垛机械臂，如图 6-24 所示，川崎码垛机械臂具有占地面积小、可根据抓取工件的需要自由调整抓取姿势等优点，被广泛应用于化工、食品等各个领域。机器人同样能用来输送液体，图 6-25 为 KUKA 公司生产的啤酒灌装机械臂。

图 6-24　川崎码垛机械臂

图 6-25　啤酒灌装机械臂

3. 面向机械加工的工业机器人

相对于车床等加工机床来说，移动机器人拥有很多突出的优点。首先，它采用了轻质器件、高功率微型马达，提高了速度，从而缩短了循环周期，提高了生产效率。其次，其外形小巧，相对负载大，机械手的臂宽小，减少了与周边设备的干扰。面向机械加工的工业机器人按加工方式可分为铣削机器人、磨削机器人、注塑机器人、压力锻机器人等。

国外对于机器人铣削加工的研究较早，技术相对较为成熟，早在 1999 年 Matsuota 就研究了针对铝合金材质产品的机器人高速切削加工技术。实际应用方面，ABB 公司的三维高速铣切机器人(图 6-26)采用高质量、高性能谐波减速机，在运行过程中不断重复定位，保证了加工精度。此外，各轴间完全密封，适合在粉尘、油污、有害气体等对密封性有很高要求的恶劣环境中使用。国内对于机器人铣削加工的研究较晚，但是在借鉴国外研究技术的基础上也取得了一定研究成果。

铣削机器人的关键技术是误差补偿及控制。铣削加工误差的补偿分为基于力测量的误差补偿与基于位姿测量的误差补偿。基于力测量的误差补偿是通过力传感器结合建立的刚度模型进行误差补偿。华中科技大学基于 ABB 工业机器人与力传感器，建立了机器人静刚度模型，提出了一种前馈式的机器人铣削加工误差补偿算法，将误差从 0.09mm 缩小到了 0.02mm。基于位姿测量的误差补偿是通过视觉系统或者精密的位姿测量仪器进行误差补偿。天津工业大学基于 KUKA 工业机器人的机器人传感器接口(RSI)，分别使用激光跟踪仪和红外相机视觉系统，对机器人误差进行测量和补偿，将机器人绝对定位精度提升至 0.087mm。

由于机器人切削动力学模型的非线性情况，切削机器人通常采用模糊 PID 控制。一些高精度机器人为了控制系统噪声、工件表面质量不均匀、切削系统共振等非线性系统干扰，也会采用模糊滑模等非线性切削力控制方法。

磨削机器人用于复杂曲面的磨削精加工。浙江工业大学针对六自由度机器人砂带打磨作业，设计了一种基于力跟踪阻抗控制方法的砂带磨削机器人。其结合实际打磨过程中砂带以及接触轮的弹性形变和刚度时变等特点，根据 Hertz 弹性接触理论建立了连续接触力模型，补偿接触时砂带的形变量，进一步提升了精度。

用于注塑、压力锻的机器人将材料经由熔融、射出、保压、冷却等方式，加工出最终的零件。一种典型的注塑机器人如图 6-27 所示。

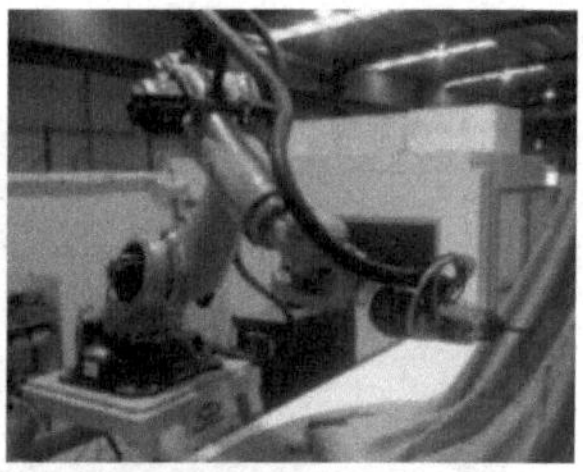

图 6-26　ABB 公司的三维高速铣切机器人

图 6-27　Epson 注塑机器人

4. 喷涂工业机器人

喷涂工业机器人作为先进的自动化喷涂设备之一，是工业机器人中重要的一员，自问世以来就引起人们的广泛关注。随着社会审美的提升，用户对于产品的喷涂质量要求不断提高，喷涂粉尘对工人身体健康带来的伤害越来越受到重视，用机器人代替人类进行喷涂作业已经成为主流方向。

图 6-28 是用于汽车自动化生产线的安川喷涂工业机器人。该机器人能够安装在墙上，减少喷涂车间的占地面积。机器人本体由 6 个伺服电机驱动的机构组成，能通过示教器进行在线编程或在计算机上离线编程。工厂往往通过计算机离线编程仿真后，利用示教器进行调试或者工艺优化，且维修检修时手动操作机器人单轴的运动。其上的工艺设备与油漆直接接触，实现油漆的输送、颜色转换、雾化、成型、带电和覆盖到车身上成膜。

随着人们对生活质量的追求，对日常生活用品的要求也越来越高，许多日常生活用品也开始使用喷涂工业机器人。对于形状不规则的物品，喷涂工业机器人能在保证喷涂质量的同时大大提高工作效率。图 6-29 是 Farnaco 公司推出的一款喷涂工业机器人。

图 6-28　汽车喷涂工业机器人

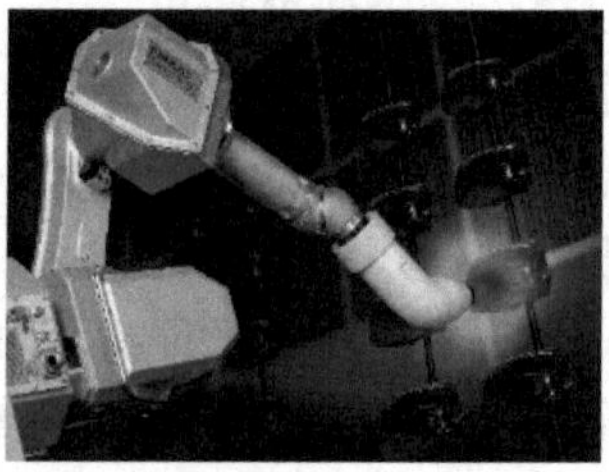

图 6-29　生活用品喷涂工业机器人

5. 装配工业机器人

我国面临着国内逐渐上升的人工成本和智能制造转型升级的需求，为实现机器人的智能化控制和产品转型，工业装配任务的智能化控制变得越来越重要，对进一步迈入制造业转型升级的新时代具有重要意义。装配工业机器人技术对提高工业水平、完成劳动力转型、提高国民经济水平、提高国家工业发展水平有着非常重要的作用。

美国康涅狄格州的 ABB 机器人联合研究中心的陈和平等研究开发出一套智能机器人装配系统。该系统用于运动生产线的自动装配任务，利用视觉传感器和力传感器协作完成运动中汽车车轮的自动装配任务(图 6-30)。采用视觉传感器进行运动图像的实时采集和机器人运动信号的发送，以实现机器人对目标物体的跟踪；采用力传感器控制机器人的运动并且保持运动的柔顺性，以免对整个系统造成损坏。

北京航空航天大学在 UR5 串联机械臂上安装了以 X 型角点作为靶标的视觉探针，同时在机器人末端的法兰托架上有 X 型角点组成的标志，结合 SVM 算法获取移动件和固定件上的装配孔在双目视觉系统下的坐标，将双目视觉系统标定的数据转换到机器人基坐标系下，再对机械臂进行装配路径规划，模拟星载设备和卫星本体的装配，平均装配误差为 0.23mm。

除了视觉传感器，有的装配工业机器人利用激光点云相机进行工件识别与定位。拉夫堡大学的 Philips S. Ogun 基于 ABB 工业机械臂，采用激光点云相机对工件进行点扫描，利用点云数据与已有的工件模型进行比对，识别成功后将得到工件的位姿(图 6-31)。该方法装配速度快、可靠度较高。

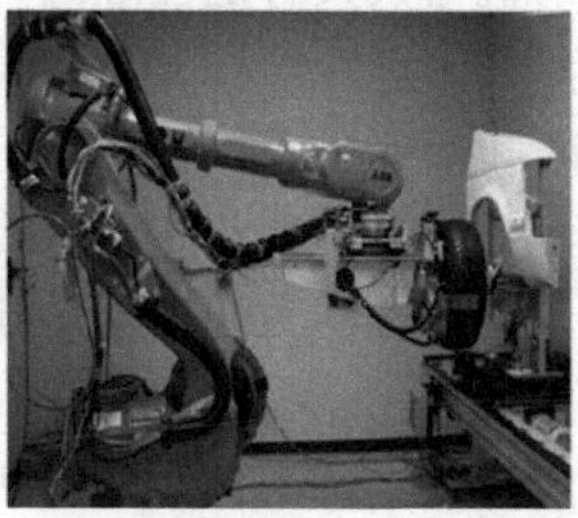

图 6-30　车轮自动装配系统

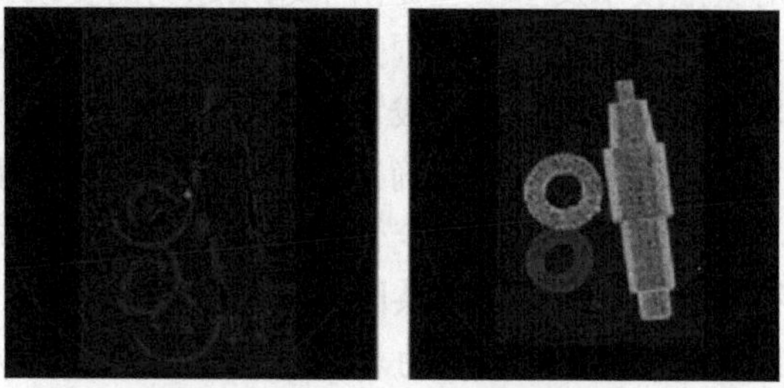

图 6-31　激光点云识别定位工件

6.4.4　工业机器人展望

工业机器人经过长期的发展与改进，在大规模自动化生产线中已经有十分成熟的应用。工业机器人的柔性提高，适用领域变广，令其在大规模资本集中式工厂中的数量快速上升，但在中小型生产中的使用量却仍然不高。究其原因，工业机器人缺乏智能是限制其往中小型生产线发展的壁垒。中小型生产线产量较小，机器人高加工速度、高精度的优势难以完全发挥，昂贵的价格与频繁的调整期又令生产成本增加，这些都令中小型企业对工业机器人望而却步。工业机器人未来的发展还面临以下挑战。

(1)低成本、高性能的组件。各类驱动元件是工业机器人成本的一大部分，而目前的驱动器往往体积大而笨重，噪声振动较强，驱动力难以满足苛刻作业环境的需求。提高机器人的性能、降低成本能促使更多的机构、公司使用工业机器人，加快机器人发展。

(2)更智能的机器人系统。经济的发展令定制化、个性化的业务逐渐走进大众生活，生产方式也从大规模生产转向按需生产、即时生产。这要求工业机器人有一定的自主决策能力，不需要每次生产变动都需要人来干预，能解决各类突发状况。

(3) 开放可靠的系统。系统必须开放，允许第三方扩展，这是因为没有办法让系统供应商预见到在一个新的应用领域所有可能的需求。广泛使用高度限制性的框架和编程手段将提高相关工作从业人员的门槛，不利于工业机器人的推广。

(4) 可持续生产。当前，环保与再利用是世界各国制造业转型的重要方向。可持续生产的材料与资源回收工作强度高、作业环境恶劣，适合工业机器人完成。在大多数情况下，这可以通过粉碎产品和对材料进行分类完成，但在某些情况下，拆卸和自动分拣一些具体的零部件是必要的，这就要求工业机器人能够智能识别需要拆卸的部分与拆卸方式，对机器人的智能化是个不小的挑战。

6.5 机器人在医疗康复领域的应用

6.5.1 医疗机器人发展历史

随着社会的进步，人类对自身疾病的诊断、治疗、预防及卫生健康给予了越来越多的关注，对医疗技术及手段也提出了越来越高的要求。与人类相比，机器人具有定位准确、运行稳定、灵巧性强、工作范围大、不怕辐射和感染等优点。作为高技术医疗器械典型代表的医疗机器人能完成或辅助完成常规方法和设备难以完成的复杂诊断和治疗手术，它不仅可以协助医生完成手术部位的精确定位，而且可以实现手术最小损伤，提高疾病诊断和手术治疗的精度与质量，提高手术安全性，缩短治疗时间，降低医疗成本。医疗机器人的出现是社会需求、科技进步和商业利益共同作用的产物。

1985 年，研究人员借助 PUMA 560 工业机器人完成了机器人辅助定位的神经外科活检手术，这是首次将机器人技术运用于医疗外科手术中，这也标志着医疗机器人发展的开端。20 世纪 80 年代末期，美国、英联邦、加拿大、挪威、瑞典及日本等工业区内成立了与多个医疗机器人相关的研究中心。90 年代以后，医疗机器人研究进入全面发展时期，并成为国际机器人领域的研究热点。之后经过几十年的快速发展，医疗机器人已在手术、康复、助残以及检测领域成果斐然。近年来，我国医疗机器人产业进入了快速发展通道，成为机器人和医疗跨界领域中最受关注的明星产业之一，展现出广阔的市场前景和发展活力。

医疗机器人具有显著的高技术、高门槛、高附加值特征，对医疗手术、康复医学、健康管理、医院服务等方面具有革命性影响。经过多年的飞速发展，医疗机器人领域也出现了一些具体细分，根据功能和用途的差异，医疗机器人可以分为功能恢复与辅助型康复机器人、功能代偿型康复设备以及手术机器人。

根据功能恢复与辅助型康复机器人的结构特点，可以将其分为末端牵引式和外骨骼式两大类，即末端牵引式康复机器人和外骨骼式康复机器人。功能代偿型康复设备分为智能假肢和智能轮椅，旨在给老年人和残障人士提供性能优越的代步工具，提高他们的行动自由度。根据手术机器人的功能和用途将其分为神经外科机器人、骨科机器人、腹腔镜机器人和血管介入机器人。

6.5.2　功能恢复与辅助型康复机器人

功能恢复与辅助型康复机器人是机器人及其控制技术与康复医学的完美结合，可以辅助偏瘫患者进行高效且持续的康复训练，把医师从繁重的手工训练中解放出来。

1. 末端牵引式康复机器人

末端牵引式康复机器人系统是一种以普通连杆或串联机器人机构为主体机构，使机器人末端与患者手臂连接，通过机器人运动带动患者上肢运动来达到康复训练目的的机械系统。末端牵引式康复机器人系统简单、可靠性高，早期的上肢康复机器人系统大都为此种系统。

图 6-32 为美国麻省理工学院的 Neville Hogan 等于 1992 年研制出的名为 MIT-MANUS 的五自由度末端牵引式上肢康复机器人。该系统的机械部分依次分为三个模块，即平面模块、手腕模块以及手部模块，运动关节装有角位移传感器，手部模块装有力传感器。图 6-33 为以英国雷丁大学为首的欧洲跨国研究团队于 2002 年研制出的上肢康复机器人 GENTLE/s。该康复机器人基于三自由度工业机械臂 HapticMaster，增加了腕关节运动模块、肘关节矫形模块以及肩关节支撑模块。

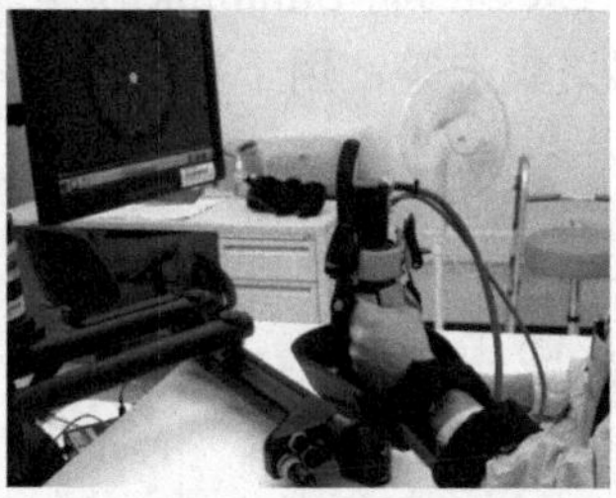

图 6-32　MIT-MANUS 上肢康复机器人

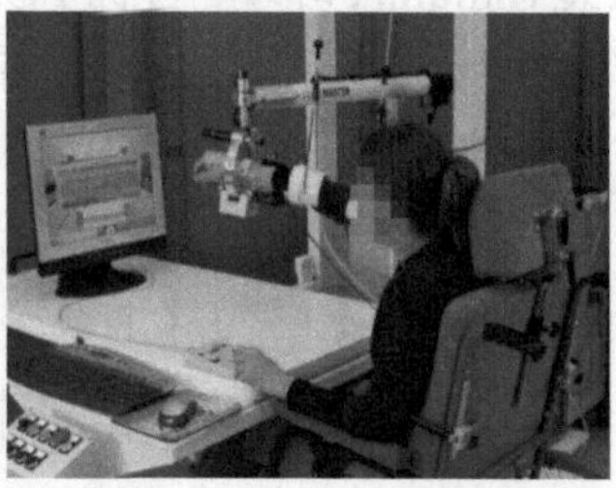

图 6-33　GENTLE/s 上肢康复机器人

末端牵引式康复机器人侧重关注末端手部的运动轨迹，其传感器往往只用于采集末端手部的位置和力信息，对于上肢其他关节的运动学和力学信息缺乏有效反馈。另外，该类机器人常用于辅助患者进行某一平面内的训练，无法较好地实现立体空间的关节运动，从而导致机器人难以模拟上肢日常的行为运动轨迹，难以实现复杂的康复训练内容。

2. 外骨骼式康复机器人

与末端牵引式康复机器人相比，外骨骼式康复机器人可以实现肢体在立体空间内的训练，可以较好地实现人体各个关节的运动控制。根据训练的部位差异，可以将外骨骼式康复机器人分为上肢、下肢以及手部外骨骼式康复机器人。

1) 上肢外骨骼式康复机器人

如图 6-34 所示，南京航空航天大学与东南大学研制了一种基于脑电感知控制的上肢外骨骼式康复机器人系统。前端与使用者接触的是执行机构，IPC、电源等都安装在移动支架上，以最大限度地减少执行机构的重量，移动支架顶端装有零自由长度弹簧，用于平衡执行机构的重力。整个机构共有七个自由度，康复对象可以在空间中完全自由地移动其上肢。上肢外骨骼式康复机器人采用套索驱动的方式，将执行机构和驱动单元分隔开，大大减轻了执行机构的总重量，降低了系统的能耗。各个关节均安装有电位器检测关节偏转角，以实现闭环控制。同时，此套系统采用 OpenBCI 脑机接口识别穿戴者的运动意图，并完成后续的康复训练控制。

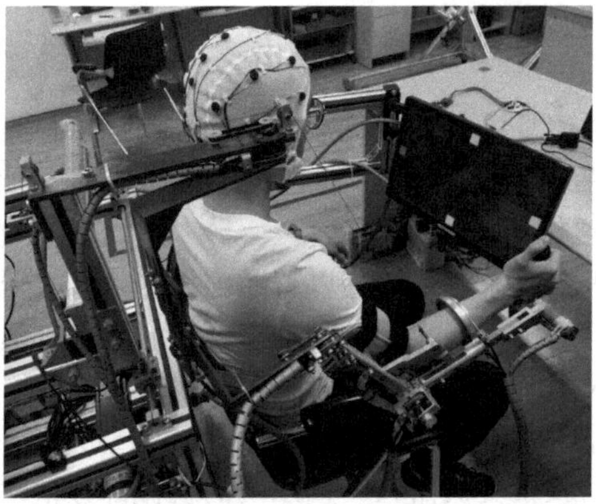

图 6-34　南京航空航天大学与东南大学研制的上肢外骨骼式康复机器人实物

图 6-35 为基于 Matlab/RTW 环境的康复外骨骼控制系统的主要部件。目标 PC 和宿主 PC 的系统环境相互独立，通过以太网或者 RS232 等串口线进行两台主机间的数据传输和通信。宿主 PC 安装 Simulink 环境，目标 PC 安装 xPC 环境，在宿主 PC 内将 Simulink 模型编译传输到目标 PC 内执行，目标 PC 通常含有丰富的外围设备数据采集卡等，用于控制或读取脑电帽、电位器、力传感器以及电机等。

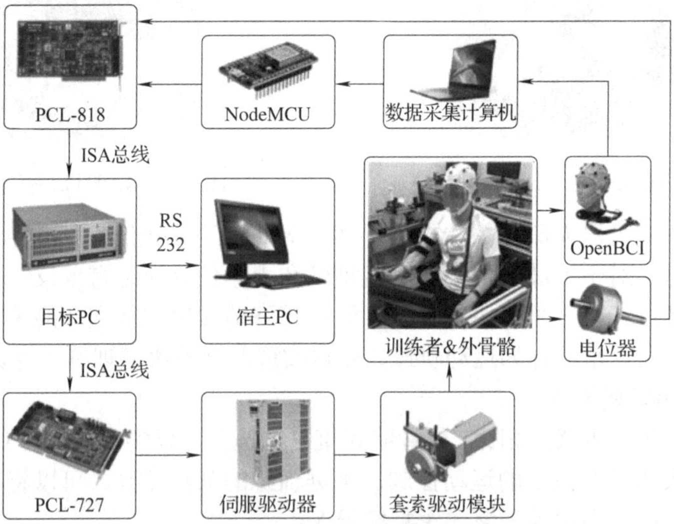

图 6-35　康复外骨骼控制系统主要部件

图 6-36 为由瑞士苏黎世大学的 Robert Riener 等研制的 ARMin 系列上肢外骨骼式康复机器人系统。如图 6-37 所示，美国亚利桑那州立大学的 Thomas Sugar 等研制了一种可穿戴的上肢外骨骼 RUPERT-Ⅰ～RUPERT-Ⅳ。如图 6-38 所示，哈尔滨工业大学设计了一种混联式可调节的六自由度上肢外骨骼，适用于坐姿/站姿状态下人体上肢单关节/多关节康复运动训练。

图 6-36　ARMin 系列上肢外骨骼

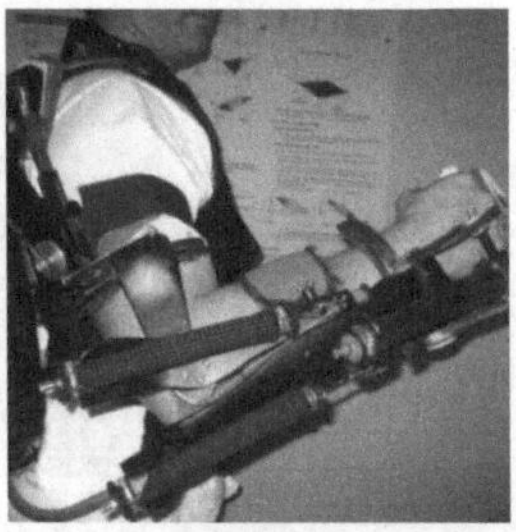
图 6-37　RUPERT 上肢外骨骼

图 6-38　哈尔滨工业大学设计的上肢外骨骼

2) 下肢外骨骼式康复机器人

如图 6-39 所示，美国哈佛大学的 Wyss 研究所利用套索驱动技术对软质下肢外骨骼进行了系统优化设计，提高了系统的响应速度与驱动能力，美国 *Science* 期刊对其成果进行了报道。如图 6-40 所示，南京航空航天大学提出了一种弹簧预张紧式的可重构式变刚度原理，并基于此设计了一种变刚度下肢外骨骼。其中膝关节由变刚度执行器驱动，这种顺应的驱动方式使其可以模仿人体关节的刚度行为，以实现顺应的人机交互。在国内，大量的公司和研究机构也投身于下肢外骨骼式康复机器人的研究中。例如，北京的大艾机器人科技有限公司推出的 AILEGS 主要用于中风、偏瘫和脑损伤患者的步态康复训练，如图 6-41 所示，AILEGS 可以实现平地行走、上下楼梯和上下斜坡的助力。

图 6-39　哈佛大学的下肢外骨骼

图 6-40　南京航空航天大学的变刚度下肢外骨骼

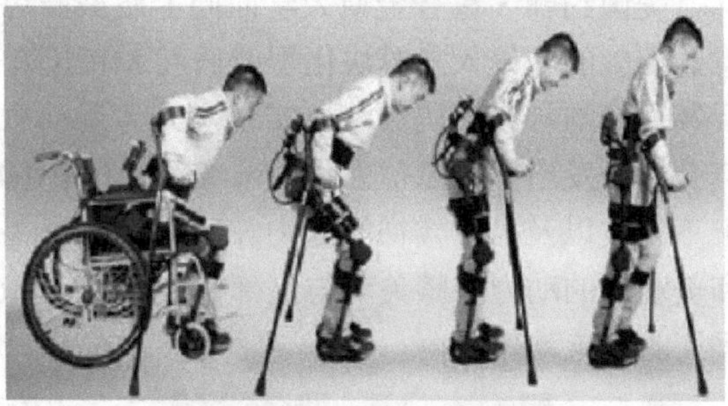
图 6-41　AILEGS 下肢外骨骼

3) 手部外骨骼式康复机器人

如图 6-42 所示，意大利比萨圣安娜大学的 Chiri 等利用套索驱动技术开发了手部外骨骼 HANDEXOS，其整体结构设计简单、紧凑，可以实现食指各关节的主动/被动康复训练。如图 6-43 所示，南京航空航天大学研发了一种软质手部外骨骼，其驱动单元通过单个电机同时驱动两套套索人工肌肉传动系统来实现手部的弯曲和伸展，并通过预紧机构和夹紧机构实现系统的预紧和防松。软质手部外骨骼由手套和织物制造而成，在受力的同时保证了用户的穿戴舒适性。

图 6-42　HANDEXOS 手部外骨骼

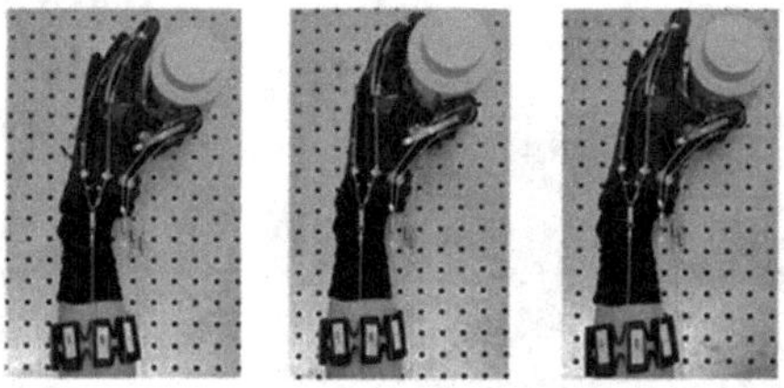

图 6-43　南京航空航天大学的软质手部外骨骼

4) 外骨骼式康复机器人技术难点分析

经过上述几十年的发展，外骨骼式康复机器人系统已经逐渐成为国内外医疗康复领域的研究热点。已有的研究成果已经证明了外骨骼式康复机器人对偏瘫患者运动功能的恢复具有良好的治疗效果。但与此同时，由于外骨骼式康复机器人技术涉及多种学科领域的交叉，因此仍然面临诸多的技术难点和挑战，主要列举如下：①轻便性、安全性、舒适性和适用性问题；②运动协调性问题；③紧凑的驱动技术问题；④多模式康复训练问题。

6.5.3　功能代偿型康复设备

据世界卫生组织统计，目前全世界约有残疾人 6.5 亿人，残疾人在就业、教育和医疗等方面受到不同程度的限制，同时，随着我国社会老龄化问题日益突出，由身体原因带来的行动不便等问题，影响了老年人的社会活动，为了使残疾人和老年人能更好地参与社会活动、改善生活质量并提高行动自由度，功能代偿型康复设备随着科技的发展在应运而生。

1. 智能假肢

美国约翰·霍普金斯大学面向上肢截肢患者的运动功能修复问题，设计了一种基于人体意念控制的非侵入式模块化智能假肢 MPL(图 6-44)，并开发了基于残肢表面肌电信号的感觉反馈系统与神经解码算法，实现了人体运动意图的准确识别与假肢的运动控制。德国奥托搏克公司研发出了智能仿生膝关节 C-Leg(图 6-45)，可以辅助截肢患者恢复缓慢或快速行走、上下斜坡以及上下楼梯等能力。英国布来奇福特公司开发出了兼具功能性、灵活性、舒适性和美观性的动力型膝关节与足部假肢 Linx(图 6-46)，可以帮助使用者在任意地形中完成自然平衡的行走动作。

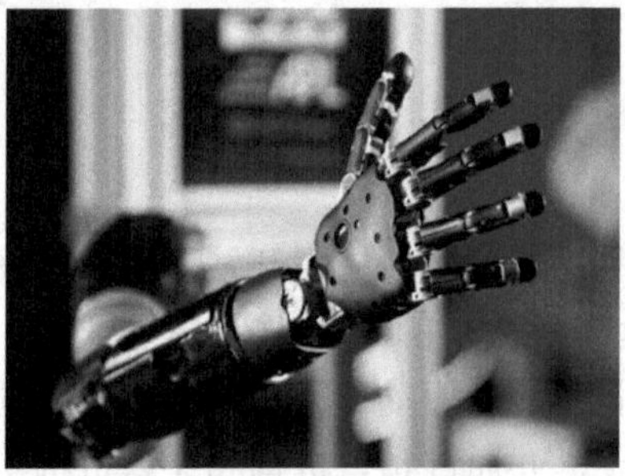

图 6-44　MPL 智能假肢

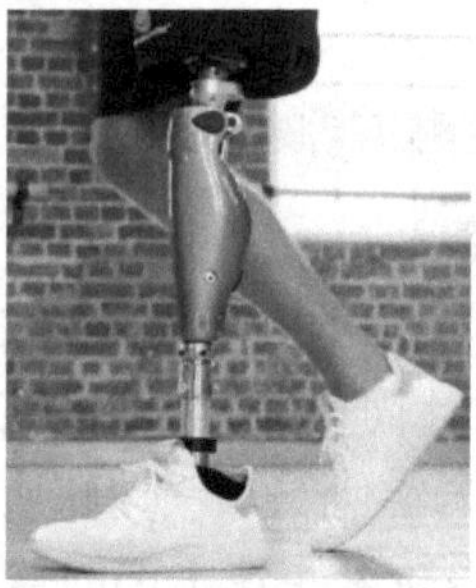

图 6-45　C-Leg 智能假肢

图 6-46　Linx 智能假肢

2. 智能假肢技术难点分析

动力型智能假肢已成为研究热点，但由于智能假肢的技术要求较高，虽然目前的研究已有丰富的成果，但仍存在诸多技术难点。

(1) 智能假肢的机械设计。智能假肢的机械结构建立在人机耦合系统分析的基础上，传统的机电系统设计方法和假肢的设计方法存在一定的区别，在设计假肢时，需要特别注意关节和连杆的力学性能以满足人机交互要求。同时在设计时，应多考虑使用新型复合材料以提升假肢的力学性能和舒适性。

(2) 智能假肢的控制策略。智能假肢既要注重人机交互性，在设计控制策略时，需要实现“人在环中”，在助力的同时，也要注重运动姿态。同时要注重环境适应性，尤其是在非结构环境下的假肢控制仍然具有很大的可开发性。通过控制策略实现“人-机-环境”的协调运动是未来智能假肢研发的热点方向。

(3) 智能假肢中的传感单元研究有待深入。假肢系统中获取运动学、动力学参数的传感器配置不全，用于运动意图识别的传感器、肌电信号传感器、肌肉刚度传感器在信号采集和识别上仍有较大的进步空间。

3. 智能轮椅

智能轮椅是对传统电动轮椅的升级，可以为体弱老年人和肢体残疾人员提供康复训练与助行服务。随着智能轮椅的不断完善，其逐渐融合了语音提示、视觉导航、路径规划、地图记忆、自动避障等人机交互和智能控制功能，使系统更加安全、舒适与易操作。

西班牙马拉加大学研发出了智能轮椅 SENA(图 6-47)，其通过激光测距仪和前置摄像头来构建全局地图并完成自身定位，通过红外传感器和超声波传感器来检测障碍物，通过扬声器和语音识别软件对智能轮椅发送控制命令。FRIEND(图 6-48)是德国不来梅自动化学院研发的集成了 MANUS 机械臂的智能轮椅系统，通过语音识别系统或下巴操纵模块来控制机器人的运动。日本 Veda 国际机器人研发中心和 Tmsuk 公司联合开发了一款名为 RODEM 的智能轮椅(图 6-49)，其内置 GPS，支持障碍物自动回避和语音自动识别功能。RoboChair(图 6-50)是中国科学院自动化研究所开发的智能轮椅，该机器人具有多模式人机交互与高精度自主导航定位功能，可以通过手势、头部姿态、面部表情以及语音来控制运动方向和速度。

图 6-47　SENA 智能轮椅

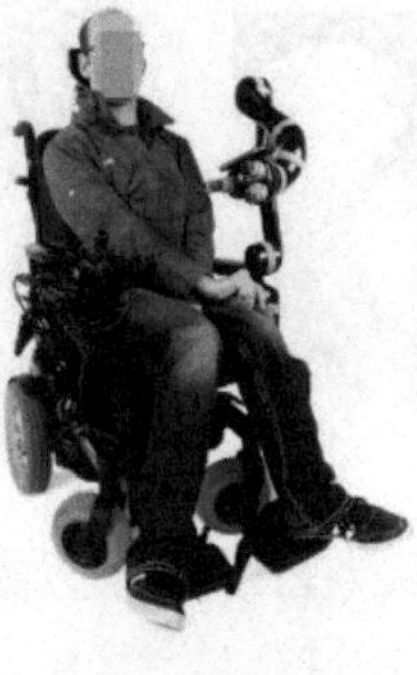

图 6-48　FRIEND 智能轮椅

图 6-49　RODEM 智能轮椅

图 6-50　RoboChair 智能轮椅

4. 智能轮椅技术难点分析

智能轮椅作为一种助残、助老型的特殊服务机器人，需要融合多个技术领域的先进科技，主要体现在以下几个方面。

(1) 人机交互模态接口。智能轮椅系统最大的特点是“人在环中”，通过有效的人机交互实现人与轮椅之间的和谐统一是最终的目的所在。如何为这些思维健全但身体运动机能存在一定障碍的人提供有效的人机交互模态接口，使他们能高效地操控智能轮椅，成为目前科学研究领域亟待解决的关键技术问题。

(2) 多传感器数据融合。智能轮椅无论在手动模式还是在自动模式下，都必须具备感知周围局部环境信息的能力，通过各种不同类型的传感器获取周围环境数据。

(3) 自主避障。通过利用多传感器数据融合技术，将获得的智能轮椅周围环境信息进行综合和分析，实时高效地给出避障策略是自主避障控制方法的主要研究内容，其功能的智能性和人性化程度是智能轮椅研究的核心问题之一。

(4) 轨迹跟踪和智能导航定位。为了实现老人和残疾人使用的安全性，需要将全球定位系统(GPS)和无线射频识别(RFID)引入智能轮椅系统中，用于辅助智能轮椅实现自主导航定位功能，便于家人或工作人员进行轨迹跟踪。

6.5.4 手术机器人

随着近代医学技术的发展，越来越多的医疗器械在手术和治疗中得到应用，提升了手术的成功率和患者的治疗率。手术机器人是近现代机械、电子技术与医学的结合，有效拓展了医生的手术能力，同时也为多种手术提供了新的平台。

1. 神经外科机器人

NeuroMate(图 6-51)作为神经外科机器人，除用于开展活检手术外，还可完成深脑刺激、经颅磁刺激、立体定向脑电图、内窥手术操作。Renaissance 机器人(图 6-52)于 2011 年获得美国食品药品监督管理局认证，主要针对脊骨手术，主要功能包括手术导航、辅助规划和定位。Rosa(图 6-53)是一款功能较全的神经外科机器人，能完成活检、深脑电极放置、立体定向脑电图等操作。

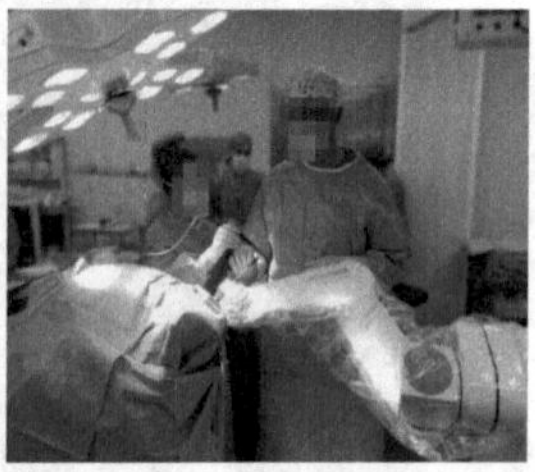

图 6-51　NeuroMate 机器人

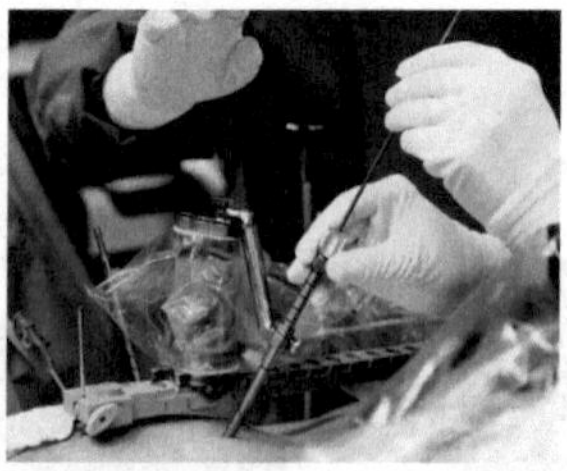

图 6-52　Renaissance 机器人

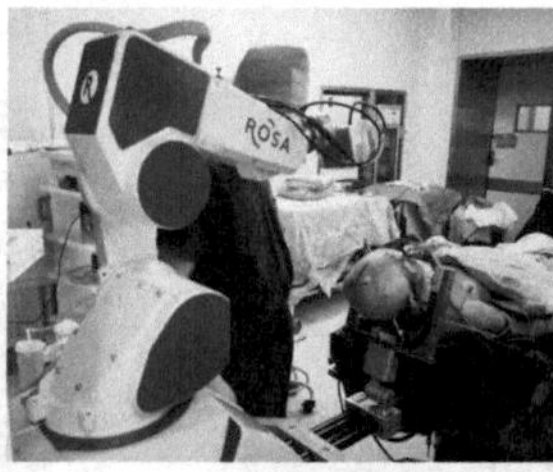

图 6-53　Rosa 机器人

2. 骨科机器人

RoboDoc 机器人(图 6-54)主要用于膝关节和髋关节置换手术，包括两部分：手术规划软件和手术助手，分别完成 3D 可视化的术前手术规划、模拟和高精度手术辅助操作。iBlock(图 6-55)是一款全自动的切削和全膝关节置换的骨科机器人，它可以直接固定在腿骨上，从而保证了手术的精度。Navio（图 6-56）是一种手持式的膝关节置换骨科机器人，不需要术前 CT 进行手术规划，它借助于红外摄像头实施术中导航。

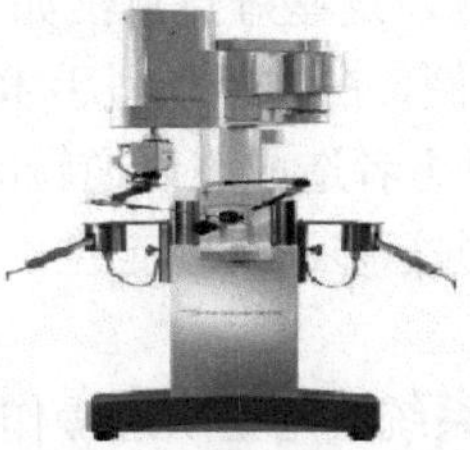
图 6-54　RoboDoc 机器人

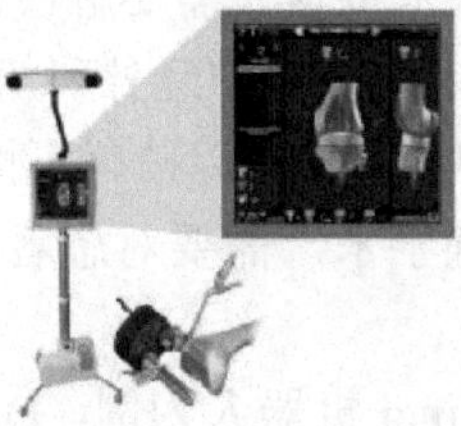
图 6-55　iBlock 机器人

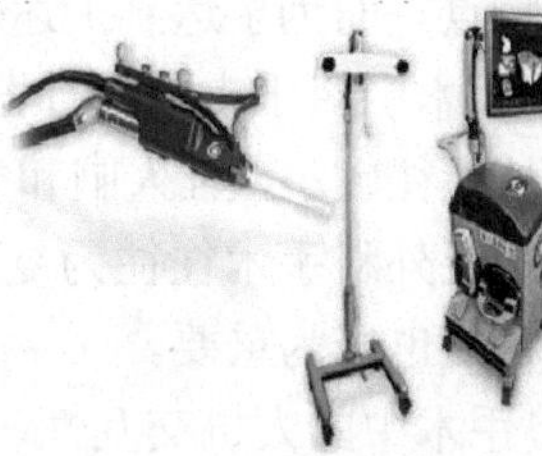
图 6-56　Navio 机器人

3. 腹腔镜机器人

Da Vinci（图 6-57）是目前应用最为广泛的医疗机器人系统，目前在全球范围内完成了超过 200 万例手术。SPORT（图 6-58）是一款结构简单的腹腔镜机器人系统，它只有一个机械臂，由主端控制台和执行工作站组成。Telelap ALF-x 机器人（图 6-59）的手术功能与 Da Vinci 类似，其主要特点在于力觉感知和反馈，使医生能够感觉到手术器械施加在手术组织上的力，这将使得手术操作更加安全可靠。另外，系统还可以对医生眼球进行追踪，以自动对焦和调节摄像头的视角范围，显示医生眼睛感兴趣的区域。

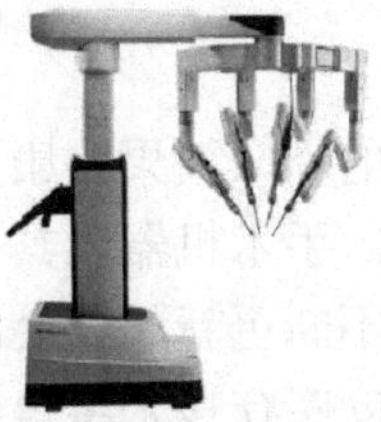
图 6-57　Da Vinci 机器人

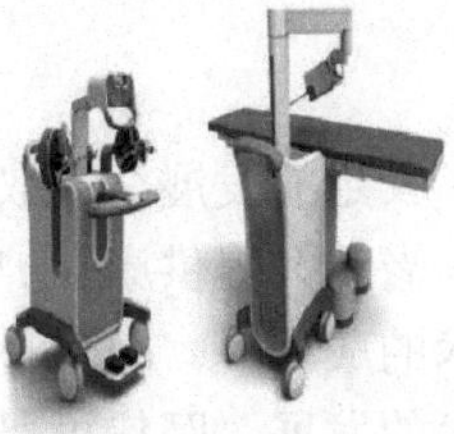
图 6-58　SPORT 机器人

图 6-59　Telelap ALF-x 机器人

4. 血管介入机器人

Sensei Xi 机器人（图 6-60）用于心血管介入手术，医生通过操作力觉反馈设备，控制远程的导管机器人完成对导管的推进，导管末端装有力觉传感器，可以让医生感触到导管对血管壁的作用力，以实现对导管的操控。EPOCH 机器人（图 6-61）通过磁力推进一种特殊的柔性导管来实施血管介入手术，柔性导管的使用使得血管介入手术更加安全，降低了血管被捅破的危险。

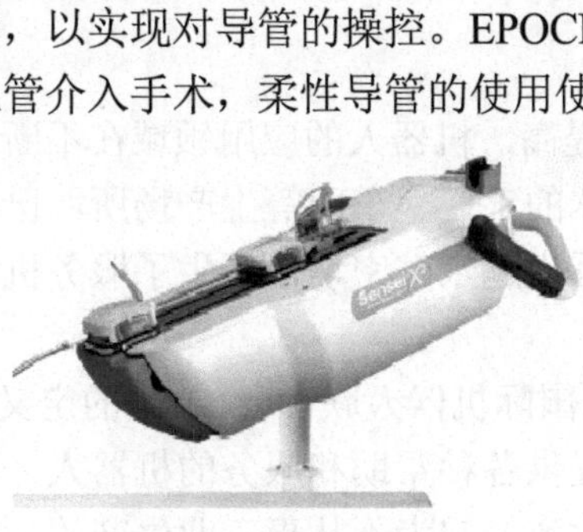
图 6-60　Sensei Xi 机器人

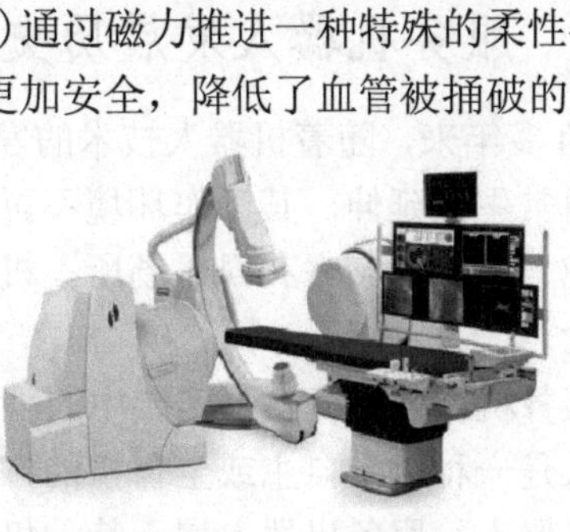
图 6-61　EPOCH 机器人

5. 手术机器人技术难点分析

手术机器人具有操作精度高、灵活性强、重复性好以及不受疲劳和情绪等人体生理因素影响等特点。而为了达到上述优势，手术机器人需要解决诸多问题，这些难点总结如下。

(1)手术中对于末端执行器的精确定位。以神经外科机器人为例，在神经外科手术中，患者的病灶往往较小，且人脑和脊柱中神经元密布，稍有不慎便会对患者造成难以逆转的伤害，同时，神经外科手术往往为复杂多步骤手术，需要对患者的患处进行多次重复定位，因此重复定位精度也极为重要。

(2)手术中的人机交互性。以 Da Vinci 机器人为例，Da Vinci 系统采用主从遥操作模式来控制机械臂运动，主要包括医生控制台、床旁机械臂系统及手术器械、腔镜图像系统。Da Vinci 机器人增加了医生的视野角度，减少了手部颤动。手术机器人是医生在手术中的延伸，因此对机器的高精度力/位控制，以及响应速度提出了很高的要求。同时，在未来的发展中，精确的力反馈系统也需要被不断完善以提升手术机器人的人机交互性，以此提升手术的安全性。

(3)手术中的运动轨迹规划。大部分手术机器人主操作手与机械臂运动学模型的差异导致主从运动空间不一致，这种典型的异构系统不能在关节空间内实现主从的运动映射，需要在笛卡儿空间内对其进行运动轨迹规划，涉及大量的笛卡儿空间和关节空间的转换，导致计算量较大，以及手术机器人的实时性下降。因此，在微创手术中，在保持手术操作灵活、精准、安全的前提下，如何提高机器人主从轨迹跟踪的实时性及跟随性是未来研究的关键技术之一。

6.5.5 医疗机器人展望

机器人技术已经在医疗领域得到了长足的发展，并取得了很好的临床效果。康复机器人具有智能化的特点，可为伤员、患者与老年人提供康复护理和服务。手术机器人具有高准确性、高可靠性和高精确性，提高了手术的成功率。随着科学技术的不断更新、社会的老龄化和现代战争的高技术化，以及医疗技术的发展，医疗机器人及其辅助医疗技术将得到更深入而广泛的研究和应用，促进医疗机器人技术的快速发展。

6.6 机器人在服务领域的应用

6.6.1 服务机器人发展历史

20 多年来，随着机器人技术的发展和生活水平的提高，机器人的应用领域在不断地向人们的日常生活延伸，其工作环境不再仅仅局限于冷冰冰的工厂、车间等生产场所，已经进入博物馆、医院、家庭和娱乐场所。机器人与人类的关系也越来越密切，产生了服务机器人这一概念。

服务机器人是机器人家族中的一个年轻成员，按照国际机器人联合会(IFR)的定义，服务机器人是一种以半自主或全自主的方式操作，为人们提供各种帮助和服务的机器人。不同于工业机器人，服务机器人属于特种机器人范畴，可以大致界定为不从事工业生产的，应用在社会服务领域的机器人，它的种类繁多，应用广泛，主要从事维护保养、修理、运输、清洗、保安、救援、监护等工作。

一方面，随着人们物质生活水平的提高，人们对生活质量的要求也不断提高，服务机器人的需求量也因此而逐渐增大。一些家用服务机器人可以在家中代替人完成一些家庭劳动，如清洁、烹饪、搬运等。在人们生活、工作节奏逐渐加快的今天，这种家用服务机器人倍受当代人的青睐。另一方面，随着社会老龄化程度逐渐加深，老年人的日常生活护理问题逐渐凸显，而家庭护理类服务机器人可以很好地解决这一问题，对于解决劳动力紧缺问题具有重大意义，同时此类机器人还可以应用在残疾人康复方面。因此，家庭护理类服务机器人的应用空间十分广阔。服务机器人具有很高的研究价值和良好的市场前景，可以说无论是国家对发展高科技的需要，还是市场对助老助残服务机器人的迫切需求，都在不断地推动服务机器人技术及相关产业的发展，促使人们进行更深入的研究。

近年来，全球服务机器人市场保持较快的增长速度，根据国际机器人联合会的数据，目前，世界上至少有 48 个国家在发展机器人，其中 25 个国家已涉足服务机器人开发。在日本、北美和欧洲，迄今已有 7 种类型计 40 余款服务机器人进入实验和半商业化应用。2010 年全球专业领域的服务机器人销量达 13741 台，同比增长 4%，销售额为 320 亿美元，同比增长 15%；家庭服务机器人销量为 220 万台，同比增长 35%，销售额为 5.38 亿美元，同比增长 39%。

在国外，机器人技术较发达的国家早在 21 世纪 80 年代就开始了类人服务机器人的研究，希望通过此类人服务机器人来代替保姆、护士等为人类提供服务。相比于日本、美国等国家，我国在服务机器人领域的研发起步较晚。在国家 863 计划的支持下，我国在服务机器人研究和产品研发方面已开展了大量工作，并取得了一定的成绩。

根据服务机器人的应用类型，可大致分为清洁机器人、割草机器人、迎宾机器人、护理机器人等。

6.6.2　服务机器人关键技术

不同于工业领域，服务机器人是面向大众的，其应用场景存在高度的复杂性、未知度和交互性，服务机器人需要各种技术的融合。下面介绍几项关键技术。

1. 导航技术

服务机器人大多都需要不断移动来服务人，而其工作场景通常是复杂的。因此，在服务机器人移动的过程中，导航技术尤为重要。运用在服务机器人上的导航技术主要有如下几种。

(1) 激光 SLAM 导航技术，只要安装一个激光扫描的传感器，对环境扫描一圈，就构建了一个地图，适用于较小的、封闭的房间。

(2) 红外导航技术，要在天花板上布置一些红外感应器，布置完红外感应器即可确定机器人位置，适合较大的场馆、商场。

(3) GPS 导航技术，则广泛应用于户外场景，这一技术早已十分成熟且广泛使用。

(4) 视觉导航技术，通用性更高，适用性更广，也更具智能化。但是由于涉及大量的图像在线处理，对运算能力要求较强，成本也较高，因此，目前在商用服务机器人上运用较少。

2. 行走机构

行走机构是服务机器人的重要组成部位之一，是决定服务机器人运动能力十分重要的因素。根据行走机构的特点可以分为轨道式、履带式、腿足式、轮式四种类型。

(1)轨道式行走机构配合轨道式移动平台，可以实现沿着轨道的运动，运动稳定，可靠性高，实现起来简单，但是运动空间有限，灵活性低。

(2)履带式行走机构是将圆环状的轨道履带卷绕在多个车轮上，使车轮不直接同地面接触，利用履带可以缓和地面的凹凸不平。具有稳定性好、越野能力和地面适应能力强、牵引力强等优点，能够原地转向且有一定的爬坡能力，其缺点是结构复杂，重量大，能量消耗大，减震性能差，零件易损坏。

(3)腿足式行走机构是利用腿进行移动的一类机器人，其运动属于仿生运动。具有可自主选择落足点、机体位姿可自主调整等优点。但是，其结构复杂、自由度多，控制方法极其复杂。工作在崎岖地形时控制难度较大，难以在特定情况下保持平衡。另外，腿足式行走机构动力效率低，即使耗费较大能量也只能获得较低的运动速度。

(4)轮式行走机构采用轮子实现运动。运动速度快，反应灵敏，应用广泛。形式多样，具有单轮、双轮、多轮、正交轮、Mecanum 轮等多种形式。缺点是越障能力较差。

3. 智能语音交互技术

自然语言是人类之间交流的主要工具，我们也当然希望服务机器人在与用户进行交互时，仍然以语音的形式来实现。智能语音交互包含两个方面：语音识别与语义分析。语音识别就是对人类发出的语音模拟信号进行分析处理，将其转换成机器可理解的语音数字信号，并配合后续处理，从而理解语音信号中的内容。语义分析是对信息的语义进行分析识别，并建立一种模型，使其能理解自然语言，从而获取知识并进行推理。

语音识别系统结构主要有四个部分：语音信号预处理、声学模型、语言模型和语音解码与搜索。现阶段语音识别技术已较为成熟，而语义分析仍有许多待解决的难点：第一是语义的复杂性，一句话在不同的上下文和语境下有不同的解释，语言背后的意义无法从字面上被机器识别；第二是数学基础和认知表达之间没有可靠准确的算法，目前仍靠计算机对大规模的语料库进行统计分析而对语义做出概率上的近似，仍存在一定错误的概率；第三是相较于图像和语音等底层的原始输入数据，语言属于人类的高层次认知抽象实体，更难以被机器分析理解。此外，中文语义分析自身的意合语法以及语料库理论研究相对落后。

6.6.3 服务机器人典型应用案例

1. 清洁机器人

抽象来说，清洁机器人的任务大致都一样：在有障碍物的工作区域内清扫环境。但是不同的环境会产生不同的工作内容。例如，假设使用机器人来清洁游泳池，由于大多数游泳池的形状为长方体，所以机器人的工作任务相对就很简单。而在一些大型商场、医院或者家中，工作情况就完全不同了，机器人面对的是一个任意结构的 3D 环境，其难度大大增加。清洁机器人的工作任务是随着目标环境变化而变化的。

2001 年，瑞典的伊莱克斯公司推出家用清洁机器人 Trilobite1.0(“三叶虫”一代)，图 6-62 为 Trilobite2.0。“三叶虫”自动真空吸尘器是世界上第一台智能的全自动真空吸尘器，后来成功走向市场，开始被大批量生产。“三叶虫”采用精密的声呐系统导航，通过这一精密的声呐系统，机器人能感知周围环境，可以察觉到障碍物并且选择绕开前进，也可以根据声呐系统获得的信息沿着障碍物的边缘行走。“三叶虫”在它的巡航过程中汇集了自带传感器采集的所有信息，把自己的工作区域绘制成一张地图。它会根据工作区域信息让自己的巡航路线覆盖整个区域，相比于纯粹的随机运动路线来说高效许多。

iRobot 公司开发了一款名为 Roomba(鲁姆巴)的吸尘机器人，如图 6-63 所示。Roomba 整合了如下几种运动方式来覆盖整个工作区域：利用自身红外传感器来沿着墙壁或障碍物的边缘行走、硬编码螺旋运动、Z 形随机运动，行走的同时也可以避障。另外，Roomba 还附带着许多配件，它的工作区域可以通过“虚拟墙”的方法来界定。从各个不同虚拟墙体发射出去的红外光束可以被 Roomba 感知到，并识别为障碍物。近年来较新的 Roomba 版本都带着一个充电座，这样当机器人的电量过低时，它就会自动回来充电。

国内的清洁机器人品种也较多，例如海尔公司研发的 SWR-T320 湿拖清洁机器人，如图 6-64 所示。机器人有四种清扫模式：主动清扫、重点清扫、边缘清扫、定时清扫。

图 6-62　Trilobite2.0

图 6-63　Roomba 吸尘机器人

图 6-64　海尔公司的 SWR-T320

美国 Aqua Products 公司研制了一款家庭水池自动清洁机器人 Aquabot(图 6-65)。Aquabot 通过浮筒电源线为其提供电能，它有两个密封的高性能电动机：一个是驱动车体运动的电动机，同时也带动前后部两个擦洗刷来清洁水池表面、池壁和台阶；另一个是泵用电动机，作用是驱动泵产生强大的吸力，不但使 Aquabot 具有过滤水的功能，而且使它能顺着池壁爬到水面上。

此外，苏州科沃斯电器有限公司在 2015 年展出了一款无水太阳能电池板清洁机器人锐宝(图 6-66)，瑞士 Serbot AG 公司开发了一款名为 GEKKO 的用于清洁壁面的系列机器人(图 6-67)。

图 6-65　Aquabot 清洁机器人

图 6-66　锐宝清洁机器人

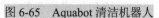

图 6-67　GEKKO 清洁机器人

2. 割草机器人

割草机器人和清洁机器人类似。除了不同的服务和不同的应用处理单元，清洁机器人和割草机器人在基础的系统设计方面仅有微小的差别。割草机器人使用与清洁机器人相似的传感设备来进行导航，并且运用相似的策略来完成路径规划。但由于割草机器人在室外工作，所以它们有走失的可能。为了防止这种情况，在设计的时候就加了虚拟栅栏，在草地下面埋设电缆，通过发出能被机器人感应到的电磁场，把机器人拉回到预定的工作范围。另外，割草机器人可能会伤害到人，所有的割草机器人都必须有保护装置和安全机制。

瑞典伊莱克斯公司的附属公司 Husqvarna 开发了一款割草机器人 AutoMower(图 6-68)，它的切割机构是由一个具有三个类似剃须刀刀片的旋转圆盘构成的，采用随机的运动模式来覆盖它的工作范围。为了防止割草机器人离开它的工作区域，需要在草地的周围埋设低压感应电缆。机器人感应到电缆就会停止，然后转向相反的方向，向着工作范围的内部区域前进。

以制造 Roomba 系列吸尘机器人而闻名的 iRobot 公司最近推出了家庭割草机器人 Terra(图 6-69)，它使用电池供电的无线电信标以及电池充电站充电。第一次使用时，用控制器围绕割草线路指引，Terra 将会记忆信标位置，自动生成需割草区域的数位地图。此后，Terra 可以编程定期自动割草，同时还可控制修剪草所需的高度。Terra 的切割装置采用双层覆盖叶片，可以每天或每周数次在草坪上进行无噪声除草工作。

图 6-68　AutoMower 割草机器人

图 6-69　Terra 割草机器人

3. 迎宾机器人

随着经济和科技的高速发展，用于第三产业服务的机器人数量将会大大增加。迎宾机器人是服务机器人比较具有代表性的一类机器人，它们装备有计算机语音处理系统，可以与宾客进行交流沟通，提供智能回复，增加宾客的参与性、娱乐性，产生良好的互动效果。

Pepper 是一款人形机器人(图 6-70)，由日本软银集团和法国 Aldebaran Robotics 公司研发，它可以综合考虑周围环境，并积极主动地做出反应。机器人配备了语音识别技术、呈现优美姿态的关节技术，以及分析表情和声调的情绪识别技术，可与人类进行交流。不过，Pepper 的功能还是着重在交谈，类似于真人版 Siri 语音助理，仅仅是将无线通信、App、云端概念和影音、图像辨识整合在一起，集成为实际的人形，为无聊寂寞或是需要服务帮助的人们带来一个能说话和互动的对象。

上海交通大学的“交龙”服务机器人是面向家庭陪护、展览馆导游和商场导购应用需要而新研制的服务机器人，如图 6-71 所示。该服务机器人具有仿人形的双臂和轮式移动的下肢，本体安装有高精度的导航和自定位装置，能够在复杂的动态环境中完成指定的服务任务。“交龙”服务机器人融合了多种人机交互技术，使人机界面更加友好。与此同时，通过互联网技术与“交龙”服务机器人实时遥控操作来进行远程用户之间的信息交互。

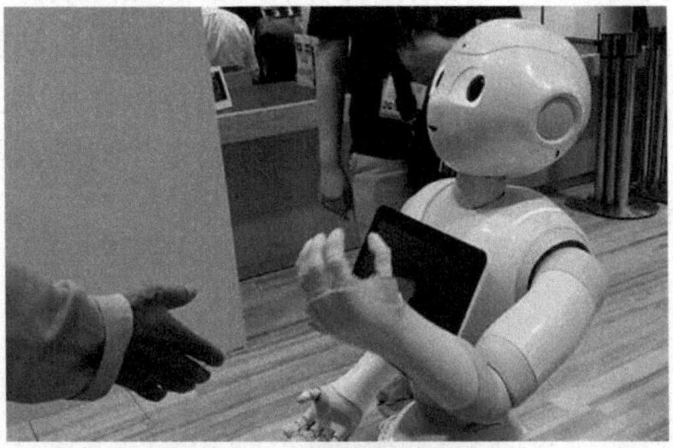

图 6-70　Pepper 人形机器人

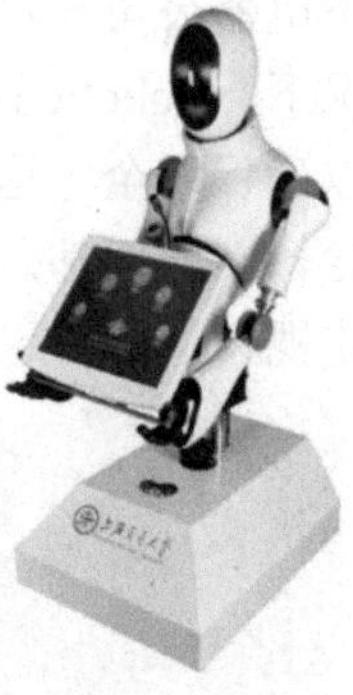

图 6-71　“交龙”服务机器人

深圳市普渡科技公司研发了一款基于 3DSlam 视觉导航的送餐机器人，其能够无轨运行和进行 3D 环境探测，并支持多机协同工作功能。新松机器人自动化股份有限公司研发的智能送餐机器人正式在餐厅投入使用。这一智能送餐机器人具有自动送餐、空盘回收、菜品介绍、自动充电等实用功能，集成了移动机器人、多传感器信息融合与导航和多模态人机交互等技术，能够代替或者部分代替餐厅服务员为顾客服务。

4. 护理机器人

在医院、养老院等地方，有时需要医护人员去完成一些沉重的工作，如抬起患者去厕所或为失禁患者更换床单等，同时由于当下护理人力资源短缺以及人口老龄化，很难保证 24 小时周到服务，因此为解决上述问题，护理机器人在近年来得到迅速发展。护理机器人可以辅助护士完成食物、药品、医疗器械等的传送和投递工作，也可帮助医护人员减轻劳动强度，提高护理质量。

美国交通运输研究会研制了一款名叫 HelpMate 的护理机器人(图 6-72)，可以在医院里完成运送食物和药品的工作，它与工厂所使用的自动输送车不同，这种机器人不是沿着固定的轨道网络行走，而是基于传感器和运动规划算法实现自主行走，适合于部分结构化的环境，系统也能处理传感器噪声、误差和定位错误(发现并避开障碍物)。2006 年日本理化学研究所成功地研究了一款具有高智能化程度的护理机器人 RI-MAN(图 6-73)，它是可以取代护工照顾老弱病残的护理机器人。在 RI-MAN 的基础上，2010 年他们又研制出升级版的护理机器人 RIBA(图 6-74)，RIBA 的载重能力大大提高，能够真正自主抱取真人。

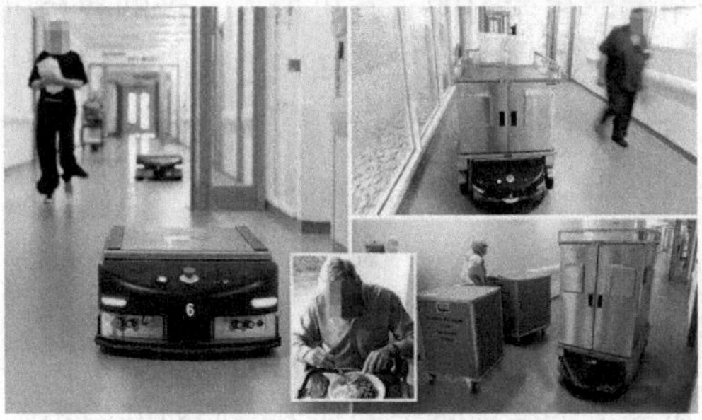

图 6-72　HelpMate 护理机器人

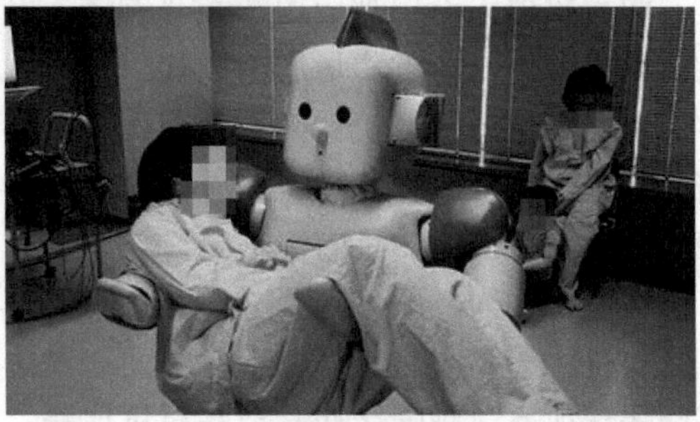

图 6-73　RI-MAN 护理机器人

日本松下电器公司开发出了可用于护理的机器人床 Robotic Bed(图 6-75)。在无须护理人员帮助的情况下，Robotic Bed 能够自动弹出或收起轮椅，在轮椅状态下行驶时还能自动躲避人或障碍物以确保安全。这种床铺带有一个自动升降机制，并且可以平稳地将患者从床上拉起来并坐上轮椅，一切都是符合人体工程学的，同时它还包含一个先进的家电控制器、屏幕以及第三方监视取景器。这种床可以大大减少护工的工作压力。

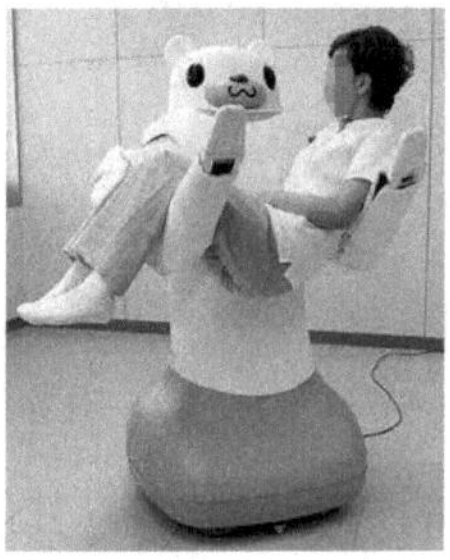

图 6-74　RIBA 护理机器人

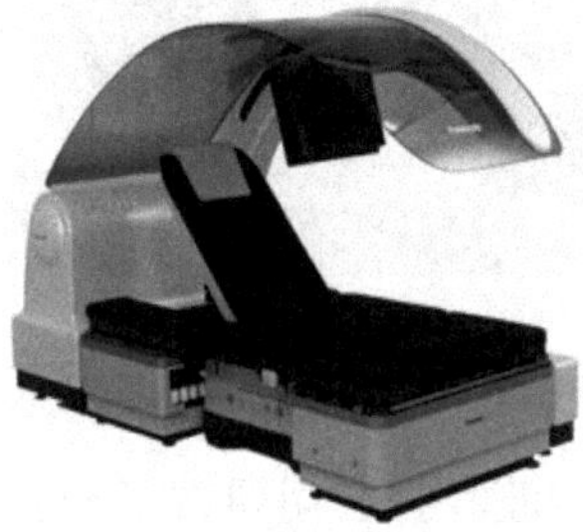

图 6-75　机器人床 Robotic Bed

6.6.4　服务机器人展望

随着经济的发展和人们对生活质量期待的提高，服务机器人必将进入千家万户以及各个行业，对人们的生活产生深远的影响，这一趋势不可阻挡。在未来，人们的生活中处处都将会有服务机器人大展手脚的地方。

目前服务机器人的市场化程度和工业机器人相比还是处于起步阶段，服务机器人面向的对象、场景和工作内容要更为复杂。要实现服务机器人更好地应用，还需要在技术和产业两个层面突破。中国的服务机器人尚处在产业化发展初期，产品呈现功能单一化、初步智能化的形态。未来，服务机器人行业的发展必将走向家庭化、智能化、模块化和产业化。

6.7　机器人在教育领域的应用

6.7.1　教育机器人发展历史

教育机器人专门被应用在教育领域，是用于帮助学生学习的一类机器人。借助教育机器人可以更好地培养学生运用所学知识的能力，帮助学生从烦琐的理论知识中解脱出来，培养学习兴趣。同时教育机器人的使用一般需要多人合作，协调完成，所以教育机器人还有利于培养学生的团队合作能力。另外，教育机器人还可以锻炼学生解决实际问题的能力，因为其使用往往具有一定的目的性。

教育机器人一般分为两类，分别是比赛类教育机器人和开发类教育机器人。比赛类教育机器人是为了参与某些机器人大赛而研发的机器人，其开发与研制有着明确的目的，例如，有些踢球比赛、越障比赛甚至是对抗比赛，要求机器人能完成特定的任务。而对开发类教育机器人而言，其最大的特点就是开放性与模块化。

机器人大赛最早可以追溯到20世纪末，例如，FIRA机器人足球大赛由韩国高等科学技术研究院的金教授于1995年提出，并于1996年在韩国举办了第一届大赛。该比赛至今仍在举办，且是国际机器人领域的顶级赛事之一，2020年我国高校也在该比赛中获得了亚军。RoboCup则是由日本学者提出的另一项机器人足球大赛，又称机器人世界杯，于1997年举办了第一届比赛，近年来中国队也不断地夺得该项大赛的冠亚季军。与足球比赛类似，还有机器人灭火大赛，旨在设计机器人利用自身传感器自动快速地在特定复杂环境中灭火。除了这样的专项比赛，还有一些大型的综合比赛，如国际机器人奥林匹克竞赛、FLL(First Lego League)、ABU-ROBOCON等。

而开发类教育机器人最早可追溯到20世纪80年代，美国希斯(Heathkit)公司研发出Hero-1机器人。他们将机器人拆分成各种组件来售卖，从而降低使用的成本，同时可以培养使用者的组装能力。同样是20世纪80年代末，由西安交通大学研发的JTR-1型教学机器人问世，其结构与功能仿造工业机械臂，同时造价低廉。其开发目的是解决工业机械臂价格昂贵且透明度较低的问题。但不同于Hero-1机器人，JTR-1没有将结构分为组件，所以并不利于以后的拓展。直到20世纪初，北京交通大学研发出SUNNY618，它包含了多个组件以及各种各样的传感器供使用者组装。但由于组件数量少，组件形式单一，其最终的组装结果比较单调，一般仅为一辆小车。无独有偶，双龙积木式轮式小车也在这个时候问世，其价格为100～200元，其问题与SUNNY618一样，最终组装成果也是一辆小车，不具备其他可拓展的可能。相比之下乐高公司(Lego)的头脑风暴(Mindstorms)系列拼装机器人则具有更强的组装性。而后的2011年，乐高公司与NI公司合作，推出了LabVIEW for Lego Mindstorms，这是一款功能强大且具有直观图形界面的编程软件，非常适合机器人初学者使用。除了乐高公司，还有德国的“慧鱼”等，这些已经商业化的实例表明，教育机器人已经不再局限于研究阶段，而是已经被广泛使用以及接受了。

6.7.2　教育机器人的特点

教育机器人的设计特点主要可以概括为以下几个方面。

(1)价格低。教育机器人不同于其他实用的具有特定功能的机器人。教育机器人的使用目的就是让使用者自行发挥想象力与创造力去实现某个功能。作为以教育为目的的产品，如果教育机器人的价格过于昂贵，则会降低用户的购买意愿。同时由于教育机器人一般不会用来完成复杂的任务，故一般会以牺牲其性能来降低价格。

(2)开放性。教育机器人应该尽可能地做到开放，这里主要指软件方面的开放。与产品级的机器人不同，教育机器人可以培养学生自行实现机器人各种功能的能力，并使学生了解机器人的底层原理。因此教育机器人应该把其功能、原理等一系列技术细节开放给用户。

(3)兼容性。一般机器人的研发都具备特定的功能，且大多数不会具有可拓展性，因此它们对其他设备的兼容性较差。但是教育机器人为了帮助学生掌握各种与机器人相关的设备，需要尽可能地兼容这些设备。否则每一种新的设备就需要一套新的机器人，这将大大增加使用者的学习成本。

(4)模块化。教育机器人应该采用模块化设计，每个模块应该能够独立使用或者调试。一来是方便学生分别学习各个模块的功能；二来是将机器人拆分成各个独立的单元，可以根据自己的需求进行购买，降低购买设备的门槛。

(5)安全性。毫无疑问，任何一种机器人都需要具备安全性，而教育机器人在这方面需要做得更好。这是因为学生群体可能是第一次接触设备，对设备不了解，一方面他们更容易出错，导致设备损坏；另一方面他们对故障的防范意识可能较为薄弱，保护措施不到位，更容易使得自己的安全受到侵害。

(6)易使用。这里一般指的是编程环境较易使用，如采用图形界面的方式进行编程，因为较为简单的编程环境可以使得学生更容易上手，从而提高他们对于机器人学习的兴趣。

(7)鲁棒性。鲁棒性即设备抵抗错误操作而不损坏的能力。初步接触机械、电子设备的学生很容易操作不当而导致设备损坏，如电源短路等。这就要求教育机器人的各个部件具有较强的鲁棒性，以免需要经常更换设备，增加使用成本。

6.7.3 比赛类教育机器人

中国机器人大赛是国内具有代表性的机器人竞赛之一，这项赛事从 1999 年开始每年一届。随着时间的推移，机器人大赛的项目也逐渐变得丰富。从起初的两三个赛事，到后来高达十几个可供参赛项目。参赛选手可以从篮球、足球、服务、医疗、武术、舞蹈、水中、空中等各种各样的机器人项目中进行选择。在 2015 年举办了最后一届比赛后，应中国自动化学会的管理要求，中国机器人大赛与 RoboCup 青少年比赛项目合并，举办 RoboCup 机器人世界杯中国赛(图 6-76)。RoboCup 作为世界级的机器人大赛，被称为机器人界的“奥林匹克”。该比赛由选拔赛、锦标赛、总决赛三种赛制模式构成，并围绕科技、技能以及科普三个竞赛方向，总共包含共融机器人、脑控机器人、机器人应用以及青少年机器人四大赛事，吸引了世界上 20 多个国家和地区，十五万余名参赛选手共计四万余支参赛队伍。RoboCup 为小学、初中、高中到大学各个年龄段的学生提供了足够广阔与前沿的竞技与学习平台。

VEX 机器人世界锦标赛则是另一个世界级的大赛，其设立目的是推广教育机器人，激发中学生和大学生对于科技、工程以及数学等领域的兴趣，同时培养青少年的团队合作精神、领导才能以及解决具体问题的能力。它要求参赛队伍能自行设计、制作机器人并且进行编程。参赛的机器人一般需要具备自动程序控制以及遥控器控制模式，能够在特定的竞赛场地上按照规则要求完成指定的比赛活动。VEX 机器人世界锦标赛曾汇集了一千多支队伍参赛，参赛人数高达三万人，打破了最大规模机器人比赛的吉尼斯世界纪录称号。

RoboMaster 机甲大师赛(图 6-77)是由深圳市大疆创新科技有限公司发起的专为全球科技爱好者打造的机器人竞赛与学术交流平台，现已经发展为包含高校系列赛、青少年挑战赛和全民挑战赛三大体系的机器人竞赛。其中尤其是高校系列赛，其规模正在逐年扩大，每年吸引全球 400 多所高等院校参赛。

除此之外，国际上还有许多的机器人大赛，如 Botball 国际机器人工程挑战赛、FIRST 机器人挑战赛、RoboRave 国际机器人大赛等，它们无一例外都吸引着大量的学生，为他们提供了互相切磋和学习技术的平台。

图 6-76　RoboCup 机器人世界杯

图 6-77　RoboMaster 机甲大师赛

6.7.4　开发类教育机器人

开发类教育机器人可以根据使用者的需要自行组装以及编程，实现各种各样的功能。如图 6-78 所示的一台利用“慧鱼”模块组装成的小型侦察车，其从动力部分到传动部分，从结构部分到传感检测部分，从控制器到编译器，都是由“慧鱼”提供的。这台小型侦察车采用两个伺服电机，分别驱动左右两个驱动轮。两个伺服电机对称安置，借助齿轮传动来增加扭矩，使用橡胶轮胎来保证车轮和路面之间的附着性和摩擦力，保证车轮与地面不会打滑。后轮采用万向轮来配合前轮驱动，通过两个电机的差速转动，该小车能够实现原地转向，从而实现原地掉头。该机器人集成了摄像头、光敏传感器、超声波传感器、轨迹传感器以及热传感器等，协助机器人感知周围的环境，从而实现自主侦察。

图 6-78　小型侦察车

“慧鱼”机器人采用图形界面的编程方式，通过绘制流程图即可轻松地实现相关功能。侦察车的自主侦察模式流程图如图 6-79 所示。轨迹传感器用来保证小车在既定的轨迹上运行，而光敏传感器用来检测环境中的光照强度，在光线昏暗时打开探照灯，而超声波传感器用来检测侦察车周围是否有障碍物，实现主动避障。除了自主侦察模式，侦察车还可以通过蓝牙通信实现远程遥控。

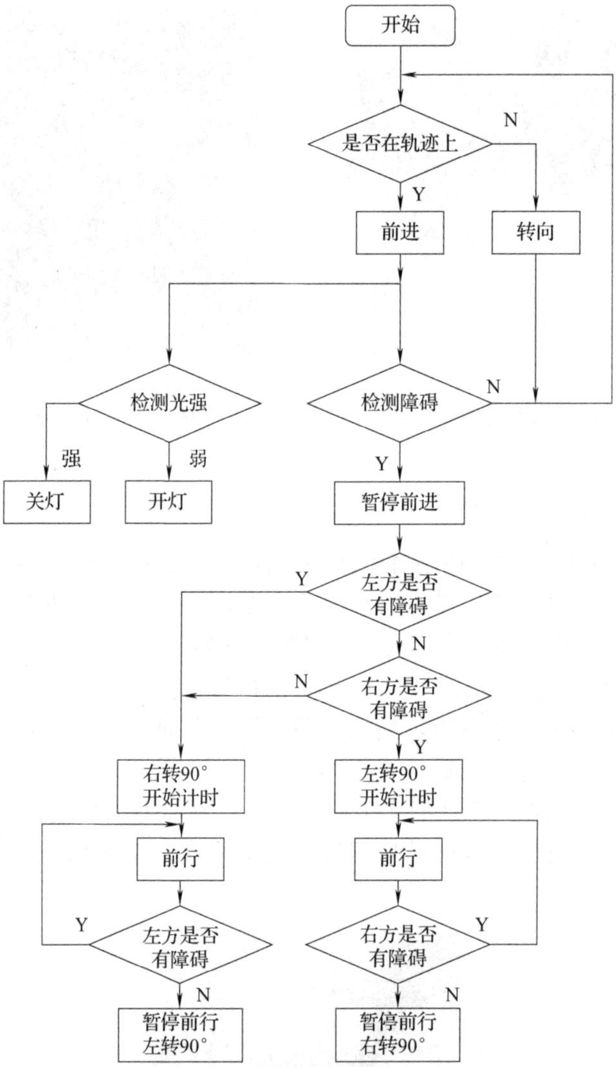

图 6-79 侦察车的自主侦察模式流程图

除了做成具备特定功能的小车，“慧鱼”机器人还能用来模拟一些工业上的加工、装配以及运输场景。如图 6-80 所示的一个室内物流系统就模拟了工业上的运输场景，它主要由传动机构、机械爪和控制单元等组成，同样的这些传动部件与动力部件均由“慧鱼”提供。该机械臂可以模拟取货、搬运的功能。通过这样的模拟，可以加强学生对生产中某些特定过程的直观理解。另外，“慧鱼”机器人的开放性允许使用者搭建出功能各异的机器人，如昆虫仿生机器人、割草机器人、除雪机器人、龙门吊车(图 6-81)以及挖掘机(图 6-82)等。

与“慧鱼”类似，国内较为流行的一种开发类教育机器人是由 Makeblock 公司开发的 mBot 机器人模组。相比于“慧鱼”，mBot 面向的学习群体年龄更小，主要针对中小学生，而“慧鱼”则主要针对大学生。图 6-83 是 mBot 组件搭建的一台简单的避障小车，使用者可以从套件中成百上千个机械零件里选取所需的零件自行搭建。而主控板 mCore 上除已经集成好的光传感器、红外传感器、按钮、蜂鸣器和 LED 灯以外，还支持蓝牙模块以及四个可扩展的接口。

套件中还有其他一百多个传感器可以用来与这四个扩展接口连接，从而扩展其功能。图 6-83 中的这辆避障小车就连接了超声波传感器与巡线传感器，通过超声波测距可以检测前方是否有障碍物从而实现避障；而巡线传感器可以检测贴在地面上的色带，从而让小车沿着既定的轨迹进行移动。除了避障寻迹小车，mBot 也能做成其他的机器人，如甲虫机器人(图 6-84)、企鹅机器人、机械狗和声控台灯(图 6-85)等。

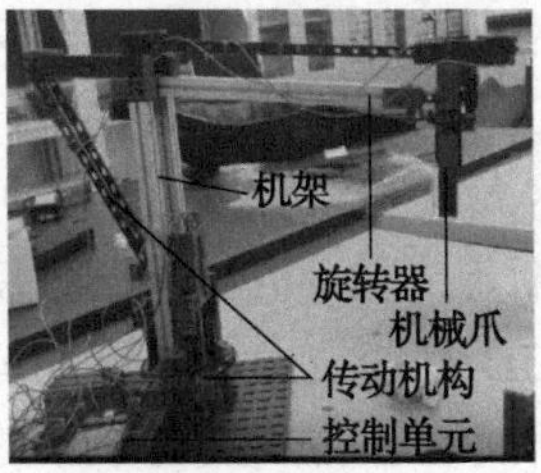

图 6-80　室内物流系统

图 6-81　龙门吊车

图 6-82　挖掘机

图 6-83　mBot 避障小车

图 6-84　mBot 甲虫机器人

图 6-85　mBot 声控台灯

除了 mBot，国内比较知名的开发类教育机器人还有优必选阿尔法机器人(图 6-86)。这是一种小型的、多关节的人形机器人。与前面的开发类教育机器人不同，这种机器人并不是模块化、多种零件自由拼装的，而是一个完整的、无法改变结构的机器人。虽然其机械结构是完全固定的，但是相比较于拼装的机器人，其功能就更加强大，结构也十分紧凑，开发者将教育的侧重点安排在了编程控制上。这样一台多关节的机器人可以通过复杂的控制策略实现跳舞等复杂的运动，同时还配有语音识别与图像识别等功能，因此使用者可以通过修改控制策略实现各种各样的功能。优必选除了这样的人形机器人，还有其他的教育类产品，如探险者机器人(图 6-87)、工程车机器人(图 6-88)等，这些机器人就与“慧鱼”和 mBot 类似，是采用模块化的组件搭建而成的。

图 6-86　优必选阿尔法机器人

图 6-87　优必选探险者机器人

图 6-88　优必选工程车机器人

6.7.5 教育机器人展望

教育机器人的出现为中小学生以及大学生等学生团体提供了一个能够实际搭建、操作机器人的平台，为激发学生对于机器人的兴趣起到了非常重要的作用。同时随着教育机器人走进校园，它能够培养学生的创造能力、动手能力、团队协作能力以及独立分析问题、解决问题的能力。机器人比赛更是为学生团体提供了一个良好的竞技平台，方便学生之间互相交流学习。随着人工智能的发展，未来教育机器人也会逐渐融合与人工智能领域相关的技术，如图像识别、语音识别以及智能控制等，其中脑控机器人已经在机器人大赛上崭露头角了。与此同时，随着 3D 打印技术的不断成熟，教育机器人也很有可能逐渐走向数字化。届时，使用者不再需要借助积木进行拼装，而是利用自己设计的三维模型配合 3D 打印技术就可以创造出更加自由、更加天马行空的产品。同时机器人大赛的主题也将逐渐向着社会热点时事话题转移，例如，随着人口老龄化，助老助残机器人将会受到更多的关注，而由于新冠肺炎疫情的影响，也将会出现防疫机器人、送餐机器人等特殊的机器人设备。

6.8 小　结

本章主要介绍了机器人的一些典型应用，包括机器人在航空航天领域的应用、机器人在军事领域的应用、机器人在工业领域的应用、机器人在医疗康复领域的应用、机器人在服务领域的应用以及机器人在教育领域的应用。首先阐述了机器人在各个领域的发展历史，其次分析了各个领域机器人的关键技术，再次介绍了各个领域机器人的典型应用案例，最后对各个领域机器人进行了展望。

习　题

6-1 请简述面向航空航天制造装配的机器人与传统工业机器人的区别。
6-2 请简述一下星球探测机器人的关键技术难点。
6-3 请查阅相关资料，介绍一款火星或月球探测车的工作环境、工作内容和关键技术点。
6-4 请简述军用机器人的分类。
6-5 详细论述一下水下军用机器人研制过程中的关键技术。
6-6 列出几个具有代表性的空中军用机器人及其功能。
6-7 世界上第一款工业机器人是谁设计的？有什么特点？
6-8 工业机器人的减速器、伺服电机选用有什么要求？
6-9 工业机器人按用途可以分为哪几类？每一类的关键技术有哪些？
6-10 服务机器人与工业机器人相比有哪些不同？
6-11 简述医疗机器人的发展现状及趋势。
6-12 清洁机器人和割草机器人适合使用哪种导航技术？
6-13 服务机器人产业目前的难点在于哪些方面？
6-14 简述教育机器人产生的背景。
6-15 简述教育机器人的特点。

参考文献

蔡自兴，等，2021．机器人学基础[M]．3 版．北京：机械工业出版社．

柴剑，2014．智能扫地机器人技术的研究与实现[D]．西安：西安电子科技大学．

陈辉堂，尹征琦，徐洪庆，等，1989．JTR-1 型教学机器人[J]．机器人(5)：1-6．

陈恳，付成龙，2010．仿人机器人理论与技术[M]．北京：清华大学出版社．

陈恳，杨向东，刘莉，等，2006．机器人技术与应用[M]．北京：清华大学出版社．

陈蔚芳，王宏涛，2016．机床数控技术及应用[M]．3 版．北京：科学出版社．

陈燕燕，2017．上肢外骨骼机器人康复训练系统研究[D]．哈尔滨：哈尔滨工业大学．

崔海路，2021．基于 LiDAR 和 IMU 融合的智能车组合定位导航技术研究[D]．济南：齐鲁工业大学．

邓成军，何俊，李锋，2017．基于慧鱼技术的小型侦察机器人方案设计[J]．实验室研究与探索，36(12)：94-97，132．

丁良宏，2015．BigDog 四足机器人关键技术分析[J]．机械工程学报，51 (7)：1-23．

丁思奇，2021．修饰还原氧化石墨烯的味觉传感器的制备应用[J]．食品安全导刊(20)：155-156．

郭彤颖，安冬，2014．机器人学及其智能控制[M]．北京：人民邮电出版社．

郭彤颖，张辉，2017．机器人传感器及其信息融合技术[M]．北京：化学工业出版社．

郭亚奎，2014．基于 ARM 的嵌入式码垛机器人控制系统的研究与设计[D]．南京：南京航空航天大学．

韩裕生，乔志花，张金，2013．传感器技术及应用[M]．北京：电子工业出版社．

何京秋，2020．教育机器人的开发与教学实践探讨[J]．中国多媒体与网络教学学报(中旬刊)(7)：203-205．

何智，胡又农，艾伦，2006．中小学生机器人竞赛的教育价值述评[J]．中国教育技术装备(1)：13-15．

黄捷，丛敏，2013．教育机器人的界定及其关键技术研究[J]．中学理科园地，9(6)：3．

贾阳，张天翼，田鹤，等，2021．祝融号火星车的试验验证[J]．实验技术与管理，38(10)：1-5．

姜声华，丁文力，王绍锋，2017．仿人智能机器人基础教程[M]．哈尔滨：哈尔滨工业大学出版社．

姜寅，2014．基于 PLC 的五轴喷涂机器人控制系统设计[D]．杭州：杭州电子科技大学．

克雷格，2018．机器人学导论[M]．贠超，王伟，译．北京：机械工业出版社．

李国勇，2005．智能控制及其 MATLAB 实现[M]．北京：电子工业出版社．

李士勇，夏承光，1990．模糊控制和智能控制理论与应用[M]．哈尔滨：哈尔滨工业大学出版社．

李铁风，李国瑞，梁艺鸣，等，2016．软体机器人结构机理与驱动材料研究综述[J]．力学学报，48(4)：756-766．

李云鹏，刘楠，魏羽欣，等，2021．基于慧鱼模型的室内物流机器人系统设计[J]．内蒙古科技与经济(2)：81-83．

李照华，2018．压电加速度传感器前置变换电路的研究及设计[D]．太原：中北大学．

刘豪志，2020．基于嵌入式 Linux 的 EtherCAT 主站设计及伺服控制系统研究[D]．南京：南京航空航天大学．

刘极峰，杨小兰，2019．机器人技术基础[M]．3 版．北京：高等教育出版社．

刘金琨，2016．先进 PID 控制 MATLAB 仿真[M]．4 版．北京：电子工业出版社．

刘金琨，2017．智能控制[M]．4 版．北京：电子工业出版社．

吕鑫，王从庆，2012．一种爬壁机器人的吸附机构分析和设计[J]．液压与气动(9)：46-49．

倪自强，王田苗，刘达，2015．医疗机器人技术发展综述[J]．机械工程学报，51(13)：45-52．

宁萌，薛必伦，张秋菊，等，2019．基于机器人竞赛的创新能力训练[J]．教育教学论坛(6)：243-244．

潘晓彬，2011．表面粗糙度测量关键技术研究[D]．杭州：浙江大学，2011．

尚振东，李云峰，邓效忠，等，2007．基于微振动检测的滑觉传感器[J]．振动与冲击，26(12)：135-137，145，177．

隋文涛，张丹，2007．传感器静态特性的评定[J]．传感器与微系统，26 (3)：80-81，86．

孙增圻，邓志东，张再兴，2011．智能控制理论与技术[M]．2 版．北京：清华大学出版社．

童小平，2008．教育机器人的应用现状[J]．中国教育技术装备(16)：138-140．

王朝晖，陈恳，吴聊，等，2013．面向飞机表面喷涂的多层次控制程序结构[J]．航空学报，34(4)：928-935．

王吉岱，李维赞，孙爱芹，等，2007．教育机器人的研制与发展综述[J]．现代制造技术与装备(2)：10-12，31．

王珉，陈文亮，张得礼，等，2012．飞机轻型自动化制孔系统及关键技术[J]．航空制造技术，55(19)：40-43．

王宁，王馨，臧晶晶，2018．中小学机器人竞赛现状及发展对策思考：以辽宁省 2014—2017 年机器人竞赛为例[J]．当代教育实践与教学研究(电子刊)(5)：671-672，706．

王若冰，2020．6-UPS 并联机构的主动柔顺控制研究[D]．南京：南京航空航天大学．

王田苗，郝雨飞，杨兴帮，等，2017．软体机器人：结构、驱动、传感与控制[J]．机械工程学报，53(13)：1-13．

吴春生，王丽江，刘清君，等，2007．嗅觉传导机理及仿生嗅觉传感器的研究进展[J]．科学通报，52(12)：1362-1371．

西西里安诺，夏维科，维拉尼，等，2015．机器人学：建模、规划与控制 [M]．张国良，曾静，陈励华，等译．西安：西安交通大学出版社．

谢存禧，张铁，2005．机器人技术及其应用[M]．北京：机械工业出版社．

徐文福，2020．机器人学：基础理论与应用实践[M]．哈尔滨：哈尔滨工业大学出版社．

易向东，2020．机器人竞赛对大学生创新能力培养的研究[J]．福建电脑，36(1)：52-53．

张浩晨，2020．基于 EtherCAT 的切割机器人控制系统研究及开发[D]．泉州：华侨大学．

张涛，2017．机器人引论[M]．2 版．北京：机械工业出版社．

张铁，覃彬彬，刘晓刚，2019．柔体动力学模型的机器人关节振动分析与抑制[J]．振动．测试与诊断，39(2)：242-248，438．

张宪民，2017．机器人技术及其应用[M]．2 版．北京：机械工业出版社．

赵智忠，索峰，万丽丽，等，2021．用于纹理辨识的磁致伸缩触觉传感器研究[J]．仪表技术与传感器(5)：16-21．

周万勇，邹方，薛贵军，等，2010．飞机翼面类部件柔性装配五坐标自动制孔设备的研制[J]．航空制造技术，53(2)：44-46．

朱世强，王宣银，2019．机器人技术及其应用[M]．2 版．杭州：浙江大学出版社．

CHIRI A, VITIELLO N, GIOVACCHINI F, et al., 2012. Mechatronic design and characterization of the index finger module of a hand exoskeleton for post-stroke rehabilitation[J]. IEEE/ASME transactions on mechatronics, 17(5): 884-894.

DEVLIEG R, 2011. High-accuracy robotic drilling/milling of 737 inboard flaps[J]. SAE international journal of aerospace, 4(2): 1373-1379.

DING Y, KIM M, KUINDERSMA S, et al., 2018. Human-in-the-loop optimization of hip assistance with a soft exosuit during walking[J]. Science robotics, 3(15) : 1-8.

FOIX S, ALENYA G, TORRAS C, 2011. Lock-in time-of-flight (ToF) cameras: a survey[J]. IEEE sensors journal, 11(9): 1917-1926.

GIDARO S, BUSCARINI M, RUIZ E, et al. , 2012. Telelap alf-X: a novel telesurgical system for the 21st century[J]. Surgical technology international, 22: 20-25.

GONZALEZ-MARTINEZ J, VADERA S, MULLIN J, et al., 2014. Robot-assisted stereotactic laser ablation in medically intractable epilepsy: operative technique[J]. Operative neurosurgery, 10(2): 167-173.

LI Q H, ZAMORANO L, PANDYA A, et al., 2002. The application accuracy of the NeuroMate Robot-a quantitative comparison with frameless and frame-based surgical localization systems[J]. Computer assisted radiology and surgery, 7(2): 90-98.

MERLET J P, 2006. Parallel robots[M]. 2nd ed. Dordrecht: Springer.

NAKAMURA N, SUGANO N, NISHII T, et al., 2010. A comparison between robotic-assisted and manual implantation of cementless total hip arthroplasty[J]. Clinical orthopaedics and related research®, 468(4): 1072-1081.

SADUN A S, JALANI J, SUKOR J A, 2016. Force sensing resistor (FSR): a brief overview and the low-cost sensor for active compliance control[C]. 2016 International Workshop on Pattern Recognition, Tokyo: 1-5.

SEEGMILLER N A, BAILIFF J A, FRANKS R K, 2009. Precision robotic coating application and thickness control optimization for F-35 final finishes[J]. SAE international journal of aerospace, 2(1): 284-290.

SICILIANO B, KHABIT D, 2016. Springer handbook of robotics[M]. 2nd ed. Heidelberg: Springer.

SMITH J R, RICHES P E, ROWE P J, 2014. Accuracy of a freehand sculpting tool for unicondylar knee replacement[J]. The international journal of medical robotics and computer assisted surgery, 10(2): 162-169.

SONG A G, HAN Y Z, HU H H, et al., 2014. A novel texture sensor for fabric texture measurement and classification[J]. IEEE transactions on instrumentation and measurement, 63(7): 1739-1747.

WETTELS N, SANTOS V J, JOHANSSON R S, et al., 2008. Biomimetic tactile sensor array[J]. Advanced robotics, 22(8): 829-849.

XU D W, WU Q C, ZHU Y H, 2021. Development of a soft cable-driven hand exoskeleton for assisted rehabilitation training[J]. Industrial robot: the international journal of robotics research and application, 48(2) : 189-198.

YUN Y H, JU F, ZHANG Y X, et al., 2020. Palpation-based multi-tumor detection method considering moving distance for robot-assisted minimally invasive surgery[C]. 2020 42nd Annual International Conference of the IEEE Engineering in Medicine & Biology Society (EMBC), Montreal: 4899-4902.